住宅太阳能热泵系统

Solar and Heat Pump Systems for Residential Buildings

[瑞士]珍-克里斯多夫·哈多恩　主编

康 磊　邵超峰　么 旭　主译

中国环境出版社·北京

版权登记号：01-2017-0331

图书在版编目（CIP）数据

住宅太阳能热泵系统/（瑞士）珍-克里斯多夫·哈多恩主编；康磊，邵超峰，么旭主译. —北京：中国环境出版社，2017.5

ISBN 978-7-5111-3112-6

Ⅰ.①住… Ⅱ.①珍… ②康… ③邵… ④么… Ⅲ.①太阳能住宅—热泵系统 Ⅳ.①TU241.91

中国版本图书馆CIP数据核字（2017）第057073号

出 版 人　王新程
责任编辑　董蓓蓓
责任校对　尹　芳
封面设计　岳　师

出版发行　中国环境出版社
（100062　北京市东城区广渠门内大街16号）
网　　址：http://www.cesp.com.cn
电子邮箱：bjgl@cesp.com.cn
联系电话：010-67112765（编辑管理部）
010-67113412（教材图书出版中心）
发行热线：010-67125803，010-67113405（传真）
印　　刷　北京中科印刷有限公司
经　　销　各地新华书店
版　　次　2017年5月第1版
印　　次　2017年5月第1次印刷
开　　本　787×1092　1/16
印　　张　16.5
字　　数　358千字
定　　价　52.00元

编译组名单

编译组组长：康　磊

编译组副组长：邵超峰　么　旭

编译组成员：（以姓氏拼音排序，排名不分先后）

安　龙　陈　瑞　陈　伟　陈　颖　邓春雨

杜　煊　高文旭　谷　峰　贾　睿　姜　晶

李　杰　吴　方　吴　璇　肖　雪　曾　辉

张　芮　张　余　张　宁

相关书籍

Athienitis, A., O'Brien, W. (eds.)

Modeling, Design, and Optimization of Net-Zero Energy Buildings
零能源建筑模型、设计与优化 2015
国际标准书号：978-3-433-03083-7

Hens, H.S.

Performance Based Building Design 2
From Timber-framed Construction to Partition Walls
建筑性能设计 2：从木结构的建筑隔断墙 2013
国际标准书号：978-3-433-03023-3

Hens, H.S.

Performance Based Building Design 1
From Below Grade Construction to Cavity Walls
建筑性能设计 1：从不合格建筑建设空心墙 2012
国际标准书号：978-3-433-03022-6

Eicker, U.

Energy Efficient Buildings with Solar and Geothermal Resources
利用太阳能和地热资源的节能建筑 2014
国际标准书号：978-1-118-35224-3

译 序

当前，我国大气污染形势严峻，以可吸入颗粒物（PM_{10}）、细颗粒物（$PM_{2.5}$）为特征污染物的区域性大气环境问题日益突出，损害人民群众身体健康，影响社会和谐稳定。为切实改善空气质量，2013年国务院印发《关于印发〈大气污染防治行动计划〉的通知》（国发〔2013〕37号），要求到2017年，全国地级及以上城市可吸入颗粒物浓度比2012年下降10%以上，优良天数逐年提高；京津冀、长三角、珠三角等区域细颗粒物浓度分别下降25%、20%、15%左右。为加大京津冀及周边地区大气污染防治工作力度，环保部、国家发改委、工信部、财政部、住建部、国家能源局联合发布《关于印发〈京津冀及周边地区落实大气污染防治行动计划实施细则〉的通知》（环发〔2013〕104号），要求经过五年努力，京津冀及周边地区空气质量明显好转，重污染天气较大幅度减少。力争再用五年或更长时间，逐步消除重污染天气，空气质量全面改善。

同时，天津市委、市政府高度重视环境保护工作，结合天津市实际，印发了《天津市人民政府关于印发〈天津市清新空气行动方案〉的通知》（津政发〔2013〕35号），并实施"美丽天津一号工程"，即"四清一绿"行动，改善天津市大气环境。在天津市清新空气行动中，"控煤"是治理雾霾措施中的首要任务。2014年，天津市政府印发《天津市散煤清洁化替代工作实施方案》（津政办发〔2014〕89号），要求到2017年年底，散煤清洁化替代率达到90%。为做好天津市散煤清洁化治理工作，天津市环保局在推动居民使用优质低硫散煤、洁净型煤的同时，已将推广清洁能源技术列入重要工作议程。

《住宅太阳能热泵系统》一书展示了两种可再生能源供热系统的集成整合系统，该系统能够提供建筑物100%的热量需求，是解决居民散煤散烧采暖问题的有效方案之一。此项成果来自太阳能制热制冷计划和国际能源署（IEA）热泵计划的国际合作项目，在此由衷地感谢该项目研究团队全体成员的辛勤工作与无私奉献。该书的翻译得到了天津市环保局的鼓励和支持，天津市环境科学研究院、天津市低碳发展研究中心的许多同事均对本书的出版给予了不同形式的帮助，虽然译者无法在这里将所有给予帮助和支持的单位和个人一一列举，但是没有众多领导以及友人的帮助就没有本书的出版，在此译者谨致最深切的谢意！

译 者

2017年3月22日

编写者和导师

主　编

珍-克里斯多夫·哈多恩（Jean-Christophe Hadorn）作为深部含水层大规模存储太阳能热量研究员开始了他的职业生涯（1979—1981）。几年前哈多恩先生已被瑞士政府任命为太阳能热和蓄热研究计划的对外经理。哈多恩先生是 IEA SHC 任务 7“中央太阳能供热厂季节蓄热”的参与者（1981—1985），也参与了任务 26“太阳能组合系统”（1996—2000）。他是任务 32“储热器”的经营代理（2003—2007）。自 2000 年以来，他经营了一家设计太阳热能和光伏（PV）工程公司。

2010 年，他被 IEA 国际协会任命为 IEA SHC 任务 44“太阳能热泵系统”的经营代理，并且受到附属任务 38 的热泵项目的支持，并因此产生了这本书。

导　师

马泰奥·德安东尼博士（Dr. Matteo D’Antoni）是一个高级研究员，他在意大利博尔扎诺欧洲科学院（EURAC）的可再生能源机构工作。他活跃在住宅混合可再生能源系统开发和商业运营领域，并且致力于设计建筑太阳热能集成技术。他是数值计算和能源系统顺势模拟领域的专家。他管理欧盟资助和行业委托项目。安东尼博士是可再生能源和能源系统模拟主题的论文设计师。

米歇尔·哈勒博士（Dr. Michel Y. Haller）是瑞士 HSR 应用科学大学太阳能季节性能系数研究所的研究部主管。他拥有苏黎世联邦理工学院环境科学硕士学位并且在格拉茨科技大学获得了工程学博士学位。他是欧盟项目 MacSheep 协调员，也是书中 50 多篇引文的作者。哈勒博士是 IEASHC 任务 44/HP 附属任务 38“太阳能热泵系统”的子任务 C“模型和模拟”的领导者。

塞巴斯蒂安·海格（Sebastian Herkel）是德国弗赖堡弗劳恩霍夫研究所太阳能系统 ISE 的研究员和太阳能建筑系主任。他致力于研究建筑能源性能和可再生能源系统。他的关注重点是建筑物和街区整体能源概念、建筑性能的科学分析和在建筑中集成可在生能源的技术研究。

伊凡·麦伦克维（Ivan Malenković）是弗劳恩霍夫研究所太阳能系统 ISE 的研究员，有 10 年的 R&D、检测和热泵技术领域的标准化工作经验。他目前在 ISE 技术中心负责热泵制冷机的性能评估。他参与了许多 IEA SHC 和 HPP 的任务和附属任务，并且是 IEA SHC 任务 44/HPP 附属任务 38 子任务的领导。他是许多会议程序和评审期刊文章的作者或者合作者。

克里斯蒂安·施密特（Christian Schmidt）是弗劳恩霍夫研究所太阳能系统 ISE 太阳能热系统的实验室研究员（2009—2014）。目前，他正在攻读博士学位，正在进行用于建筑制冷制热的多化合价传热器的性能测试开发。2010年，他在卡塞尔大学获得了可再生能源和能源效率的科学硕士学位。2008 年，他在应用科学大学宾根高等专业学院获得了机械工程文凭。

沃尔夫拉姆·施帕贝尔（Wolfram Sparber）是博尔扎诺欧洲科学院可再生能源研究机构自 2005 年建立以来的领导者，该机构的一个主要研究领域是可持续制热和制冷系统，并且有几个项目涉及了太阳热能和热驱动或者电驱动热泵的组合。2011 年以来，沃尔弗拉姆·斯帕博担任欧洲可再生制热制冷技术平台董事会的副主席，致力于混合动力系统研究，包括在一个系统中有多个热源的情况。同样在 2011年，他接受了 SEL AG 的董事会主席职位，一个专注于可再生能源生产、能源分配和集中供热的区域能源公用事业。

贡献者名单

托马斯·安杰（Thomas Afjei）
瑞士西北高等专业学院（FHNW）
能源工程研究所（IEBau）
圣雅科布斯大道 84 号
穆顿兹 4132
瑞士

克里斯·贝尔斯（Chris Bales）
太阳能研究中心（SERC）
工业技术与商业研究学院
达拉那大学学院
法伦 791 88
瑞典

埃里克·伯特伦（Erik Bertram）
哈默尔恩
埃梅尔恩塔尔 31860
德国

塞巴斯蒂安·邦克（Sebastian Bonk）
斯图加特大学
热力学与热能工程研究院（ITW）
斯图加特 70550
德国

雅克·博尼（Jacques Bony）
圣罗克中心
瑞士

曹孙良（Sunliang Cao）
阿尔托大学
工程学院
能源技术系
暖通空调技术
阿尔托 00076
芬兰

丹尼尔·卡博内尔（Daniel Carbonell）
拉珀斯维尔 8640
瑞士

玛丽亚·乔奥·卡瓦略
（Maria João Carvalho）
里斯本 1649-038
葡萄牙

马泰奥·德安东尼（Matteo D'Antoni）
EURAC 研究
可再生能源研究所
博尔扎诺 39100
意大利

拉尔夫·多特（Ralf Dott）
瑞士西北高等专业学院（FHNW）
能源工程研究所（IEBau）
圣雅科布斯大道 84 号
穆顿兹 4132
瑞士

哈拉尔德·多克（Harald Drück）
斯图加特大学
热力学与热能工程研究院
斯图加特 70550
德国

莎拉·艾彻（Sara Eicher）
圣罗克中心
瑞士

豪尔赫·方可（Jorge Facão）
里斯本 1649-038
葡萄牙

罗伯托·费德里齐（Roberto Fedrizzi）
EURAC 研究
可再生能源研究所
博尔扎诺 39100
意大利

卡罗琳娜·苏萨·弗拉加
（Carolina de Sousa Fraga）
瑞士日内瓦大学
环境科学研究院
能源集团
卡鲁日
瑞士

罗伯特·哈波尔（Robert Haberl）
拉珀斯维尔 8640
瑞士

珍-克里斯多夫·哈多恩
（Jean-Christophe Hadorn）
基地顾问 SA
日内瓦 1207
瑞士

米歇尔·哈勒（Michel Y. Haller）
拉珀斯维尔 8640
瑞士

迈克尔·哈特尔（Michael Hartl）
奥地利技术研究院（AIT）
能源部门
维也纳 1210
奥地利

安德里亚斯·海因茨（Andreas Heinz）
格拉茨 8010
奥地利

塞巴斯蒂安·海格（Sebastian Herkel）
弗劳恩霍夫太阳能系统研究所
热力系统与建筑部门
弗莱堡 79110
德国

皮埃尔·胡雷穆勒（Pierre Hollmuller）
日内瓦大学
环境科学研究院
能源集团
卡鲁日 1227
瑞士

安雅·洛泽（Anja Loose）
斯图加特大学
热力学与热能工程研究院（ITW）
斯图加特 70550
德国

伊凡·麦伦克维（Iran Malenković）
弗劳恩霍夫太阳能系统研究所
热力系统与建筑部门
弗莱堡 79110
德国
以及
奥地利技术研究院（AIT）
能源部门
维也纳 1210
奥地利

佛罗莱恩·麦默德（Floriane Mermoud）
日内瓦大学
环境科学研究院
能源集团
卡鲁日 1227
瑞士

马雷克·米亚拉（Marek Miara）
弗劳恩霍夫太阳能系统研究所
热力系统与建筑部门
弗莱堡 79110
德国

法比安·奥克斯（Fabian Ochs）
因斯布鲁克大学
节能建筑单元
因斯布鲁克 6020
奥地利

彼得·帕琪（Reter Pärisch）
埃梅尔恩塔尔 31860
德国

本特·佩雷尔斯（Bengt Perers）
丹麦技术大学
丹麦大学土木工程&瑞典电监会
灵比
丹麦

耶恩·鲁申堡（Jörn Ruschenburg）
弗劳恩霍夫太阳能系统研究所
热力系统与建筑部门
弗莱堡 79110
德国

克里斯蒂安·施密特
（Christian Schmidt）
弗劳恩霍夫太阳能系统研究所
热力系统与建筑部门
弗莱堡 79110
德国

卡伊·塞任（Kai Siren）
阿尔托大学
工程学院
能源技术系
暖通空调技术
阿尔托 00076
芬兰

沃尔夫拉姆·施帕贝尔
（Wolfram Sparber）
EURAC 研究
可再生能源研究所
博尔扎诺 39100
意大利

伯纳德·西森（Bernard Thissen）
谢尔 3960
瑞士

亚历山大·索尔（Alexander Thür）
因斯布鲁克 6020
奥地利

马丁·威克斯（Martin Vukits）
格莱斯多夫
奥地利

国际能源署太阳能制冷制热计划

太阳能制冷制热建立于 1977 年，是国际能源署开展得最早的多边技术倡议（实施协议）之一。它的任务是“推进太阳能国际合作努力，以在 2030 年达到在低温制热制冷需求中占比 50%的愿景”。

该计划的成员国在研究领域、开发领域、示范（RD&D）领域和太阳热能、太阳能建筑检测方法领域进行了合作项目（如“任务”）。

一共有 53 个这样的项目已经启动，到目前为止有 39 个项目已经完成。研究主题包括：

太阳能空间采暖和生活热水制备（任务 14、19、26 和 44）

太阳能制冷（任务 25、38、48 和 53）

太阳热或者工农业生产（任务 29、33 和 49）

太阳能集中供热（任务 7 和 45）

太阳能建筑/建筑/城市规划（任务 8、11、12、13、20、22、23、28、37、40、41、47、51 和 52）

太阳热能&PV（任务 16 和 35）

日光/灯光（任务 21、31 和 50）

太阳能加热和冷却材料/组件（任务 2、3、6、10、18、27 和 39）

标准、认证和测试方法（任务 14、24、34 和 43）

资源评估（任务 1、4、5、9、17、36 和 46）

太阳热能蓄热器（任务 7、32 和 42）

除了项目工作外，一些特殊活动——理解太阳热能贸易组织、数据收集和分析、会议和研讨会的备忘录——已经开展。每年一次的建筑和工业太阳能制热制冷国际会议在 2012 年开展。其中的第一次会议——SHC2012 在美国加利福尼亚州旧金山举行。

IEA SHC 计划的当前成员：

澳大利亚	德国	中东可再生能源和能源效率中心
奥地利	德国海湾研究与发展组织	新加坡
比利时	法国	南非
加拿大	意大利	西班牙
中国	墨西哥	瑞典
丹麦	挪威	瑞士

西非国家经济共同体可再生能源开发中心（ECREEE）

葡萄牙	荷兰	土耳其
欧盟委员会	欧洲铜研究所	英国

更多信息

包括很多免费出版物和 IEA SHC 其他更新的信息请参考 www.iea-shc.org。

前 言

太阳热能系统经过 30 多年的稳步发展，逐渐成熟并且在技术上是可靠的。然而，太阳热能系统经常是被作为传统热水或者空间供暖系统的附加产品出售。

在未来，我们需要开发基于可再生的完整供热系统的混合系统，它能够提供建筑物100%的热量需求。

一个非常有前景的方向就是太阳能系统和热泵系统的组合。

本书展示了将这两种技术结合的不同方法，并且呈现了实现高性能混合系统的方法。

本书的成果来自太阳能制热制冷计划和国际能源署（IEA）热泵计划的国际合作项目。作为 IEA SHC 执行委员会前主席，我是有很大压力来介绍这本书的。

这个国际项目已经促成许多基于检测数据和模拟的太阳能热泵组合有趣的发现。这本书展示了所有这些发现和评估这些组合能源性能的方法。这本书对可再生热的科学知识方面做出了巨大贡献，这也是 IEA 40 年来一直支持的。

我确信读者将会通过本书获得基于可再生能源的未来导向混合热系统的新知识和新想法。

维尔纳·魏斯

（Werner Weiss）

IEA SHC 主席（2010—2014）

要想实现基于能源消耗和温室气体（GHG）排放的高性能或者零碳建筑，需要高能效技术和可再生能源技术的使用。热泵和太阳能的结合是实现这一目标非常有前景的方案。这项技术正是国际能源署热泵项目附加任务 38、任务 44 和太阳能制热制冷实施协议共同探索的。本书展示了这一研究成果，对 HVAC 和再生能源系统应用有参考价值和显著贡献。

索菲 · 哈斯特

（Sophie Hosatte）

IEA HPP 主席（2005—2014）

致　谢

所有 T44A38 的参与者，四个子任务的领导者和经营代理向以下在项目中给予科学和技术研究机会的人和机构表示诚挚谢意：

- IEA 太阳能制热制冷计划协会、热泵计划协会和它们的秘书处接受将 SHP 主题作为一个国际合作的研究主题，并且做出了一部分的金融支持。
- 所有向研究提供资金支持的国家体制机构的每一个团队，即大多数参与国家的能源部门。
- 与我们一起合作的商业伙伴，并且理解在 SHP 领域知识是商业必不可少和持续的财富。
- 所有 T44A38 的国际参与者和提供 SHC 项目或者模拟工具的参与者。
- 所有同意监测和公布监测结果的安装了 SHP 装置的房屋所有者。
- 三位 T44A38 报告和书籍的评审员，来自瑞士的安德烈亚斯・艾克曼斯，来自澳大利亚的肯・格思里和来自意大利的米歇尔・林茨，三位专家都是各自国家 SHC 执行委员会的代表。

营运代理向所有 T44A38 的参与者和四个子任务领导者和组织这一国际项目、撰写技术子任务报告和本书的很多部分的助手们致谢。

珍-克里斯多夫·哈多恩

（Jean-Christophe Hadorn）

瑞士营运代理

2014 年 5 月

目 录

第二部分 实际问题

1 引言

珍-克里斯多夫·哈多恩（Jean-Christophe Hadorn）

1.1 研究范围

本书介绍的是一项叫作“太阳能热泵”的混合技术。这项技术主要是通过太阳能系统和热泵的结合向建筑供热。

当有太阳光照射时，太阳能集热器将成为生活热水制备以及房间供暖能源的主要来源。此外，日常太阳能可以被存储以备未来几天的使用。当太阳光不是很充足，或者太阳能存储量用光时，热泵将会取代太阳能系统工作。低能耗热泵热量的主要来源是空气、地表，以及来自河流或者蓄水层的水。这一混合技术未来的发展方向是太阳能集热器也可以给热泵提供热源。这两个组件将会以所谓的串联方式运行。

本书将通过实际项目、模拟和实验室检验的结果，分析主要的太阳能热泵组合系统的性能，本书的结论基于4年来由国际能源署主办的合作项目。

1.2 谁应该读这本书?

这本书会推荐给暖通空调（HVAC，供暖、通风和空调）工业、暖通空调工程师和学生、能源系统设计师和规划师、建筑师、能源政客、太阳能组件制造商、热泵制造商、标准化组织、供暖设备经销商，以及HVAC和建筑系统的研究者。

1.3 为什么要写这本书?

用太阳能产生热量是20世纪90年代以来建立的技术。

热泵技术自1930年以来就成为了许多国家建筑供暖以及提供生活热水的标准解决方法。自2000年以来，这两种市场不断扩大，尤其是各国的热泵市场在其通过水力电气供能时显著扩大。

这些年来，太阳能热技术和热泵组合系统已经开创了提供空间供热和提供生活热水的市场。能源的价格、减少全部电力功能的需求、迈向比当前更有效的供暖方式战略、欧盟立法和未来对可再生能源的需求，都推动了这一改变。

几年前，一些欧洲国家早期工业和研究团体推动了太阳能和热泵组合最初的快速发展。在最初阶段，创新企业就取得了一些成绩，并且通过实际经验不断促进太阳能热泵组件的优势。

国际能源署于2010年发起了太阳能制热制冷计划（SHC），其中任务44（Task 44）是一个4年的项目，被称为“太阳能热泵系统”。其与IEA“附加任务38”（Annex 38）下的热泵计划（HPP）联合努力，以便更好地理解SHP（太阳能热泵）系统。

这本书介绍了有关太阳能集热器和电热泵组合技术工艺，这项技术组合是基于任务44和附加任务38计划所付出的努力，在这本书中被称为T44A38。来自13个国家的50多个参与者都在这项4年的国际项目中贡献了协同努力。

可以预计的是，由于我们需要考虑二氧化碳排放成本和能源资源缺乏的问题，因此未来地球上的电价会不断上涨。如果能够大量运用太阳能光伏发电技术，那么将会改变未来电价上涨的趋势。但是高效率、低耗电的热泵仍然被看好用来取代燃料热泵，并占据21世纪10年代的能源市场。结合太阳能集热器可以提高热泵系统的性能，因此是一个很好的解决方案。

太阳能集热器和热泵组件结合仍存在科学和技术方面的问题。其复杂性在于需要将两个变量源组合起来并达到最优化的运行。热量存储管理和控制策略也是最为重要的优化设计。这本书将要介绍所有的挑战和解决方案。

T44A38致力于研究电力驱动的热泵，不仅因为吸附机器技术的不可行，还因为在这项国际活动中并没有参与者研究有关热力驱动机器的项目。

1.4 你将在这本书中学到什么？

这本书涉及：

— 供热系统；

— 以水为传热介质的热分配系统（如散热器和地暖系统）；

— 小规模系统，从单元房到小型民宅（5～100 kW）；

— 电驱动热泵机组；

— 居民别墅；

— 新建建筑和翻新建筑。

（1）您将更好地理解太阳能热泵系统是一个需要认真设计、优化整合的复杂系统。

（2）您将会了解到在适合的条件下，正确使用可以实现太阳能和热泵系统的良好组合。案例将会被展示和讨论。

（3）您将会了解各种装置季节性能系数（SPF）的可行性分析，主要集中在供热方案比较、技术评估、环境分析以及经济考虑等方面。

（4）您将会通过 T44A38 的“能量流程图”，以一个新的系统视角来对所有太阳能热泵系统进行分类，且可用其表示各种能量系统。

（5）您将会了解市场上不同太阳能热泵组合的优点，并且可以向系统的设计和性能供应商提出质问。

（6）您将会学习到详细的现有模拟工具和一个在 T44A38 网站上可获得的特殊体系来模拟太阳能热泵系统。

（7）您将知道在一个项目或者实验室中应该测定哪种能源流，以及预测会得到什么样的季节性能系数。

（8）您可以使用工具去评估一种太阳能热泵组合获得的能源和经济利益以及其他可量化的利益。

（9）您可以估量太阳能热泵系统传送热量的成本，以及如果成功提高太阳能热泵系统性能将会减少的二氧化碳排放量。

这本书的逻辑结构如下：

第一部分：理论思考。

第 2 章介绍了 2010—2012 年，80 家 SHP 公司通力协作完成的市场上 SHP 系统的系统性分类工作。

第 3 章介绍 SHP 系统主要组件背后的理论知识，包括集热器、储存罐、地埋管和热泵。

第 4 章介绍各种复杂系统的性能表现，如性能系数（COP）以及根据界限设定的各种季节性能系数。

第 5 章回顾了实验室监测 SHP 系统的方法，这样有助于样机和商品的定性和未来的优化。

第二部分：实际问题。

第 6 章介绍了 SHP 系统监测的基础知识，并且介绍了 SHP 系统数据采集中最好的实践，同时展示了相关系统实地监测的结果。

第 7 章介绍了如何使用 T33A38 体系来模拟 SHP 系统，也介绍了 SHP 组合和敏感度分析的重要结果。SHP 中的太阳能系统的效益也通过模拟进行了量化评估。

第 8 章介绍了一个有趣的 SHP 系统的成本评估方法，该方法的评价结果能够与传统的或是无太阳能系统的热泵系统进行比较。经过 T4438 中众多专家 4 年的努力，实现了对太阳能热系统为热泵带来的好处的定性与定量评估。

作为这本书的补充，T44A38 网站提供了所有的附件。例如，模拟体系、在 T44A38 项目过程中的其他文件和来自 T44A38 专家的学术会议文章、投稿等都可以在网站上下载。

希望您能愉快阅读本书！

网络资源

task44.iea-shc.org/publications

http：//www.heatpumpcentre.org/en/projects/ongoingprojects/annex38

www.iea-shc.org/

www.heatpumpcentre.org/

www.ehpa.org/

www.estif.org/

www.rhc-platform.org

第一部分

理 论 思 考

2　系统描述、分类和比较

耶恩·鲁中堡和塞巴斯蒂安·海格（Jörn Ruschenburg and Sebastian Herkel）

概　要

第一步介绍了一些太阳能热泵（SHP）系统的分析和分类方法。文章引用了一种图形工具将不同系统的概念本质可视化。主要的分析和分类条件是基于组件水平（太阳能集热器特性、热泵、涂料等）和系统水平上的。例如，系统包括空间采暖、生活热水（DHW），甚至是空间制冷——可能是几种功能的组合也可能是一种功能。也介绍了系统分类方法——并联、串联和太阳能集热器和热泵之前新生的相互作用——在本书中贯穿运用。

限定太阳能和热泵系统的性能数据和监测方法的先决条件（参考第 4 章）是对市场上可获取系统的审查，调查非标准组件和配置的相关性。书中描写的审查是在国际水平上进行的，是有关组件和系统水平上的技术方案分析。这项调查是由国际能源署太阳能制热制冷计划任务 44 附加任务 38（IEA SHC Task 44/Annex 38）中来自不同国家的参与者进行的，识别了 128 种市场上可获得的太阳能热泵系统。大部分公司都提供了空间供暖和生活热水的“传统”平板集热器系统。尽管如此，各种各样的代替品和技术、特定市场的特殊性也被发现了。例如，光伏发电-集热器或太阳能热泵。

2.1　系统分析和分类

本章的目的在于陈述对现存和未来太阳能热泵系统分析和分类的各种方法。主要有 5 种表述太阳能热泵系统的标准：①传送热需求的种类；②热泵的低温热源；③驱动系统的能源形式；④蓄热器在系统中的位置及功能；⑤组件之间的相互作用。除此之外，系统可以通过使用组件的类型、组件的涂料和控制装置来描述。因此，读者需要知道全球并没有统一的分类方式适合各种需求。

2.1.1　方法和原则

在文献中，通过分析各种规格的系统以描述或者比较 SHP 系统[1]。根据各自的利益，独立设计者关注的参数很少会达成一致。本章选择的范围和其他设计者的使用情况请参考

表 2.1。

表 2.1 考察参数及其在文献中的应用

参数	文献[2]	文献[3]	文献[4]	文献[5,6]	文献[1]
原产地和分销				√	
系统功能	√	√		√	√
系统原理	√	√	√		√
热泵特性		√	√	√	√
集热器特性		√			√

原产地和分销比起技术参数更能称得上是组成参数，比如，有关气候的设计就会影响到欧洲南北方系统的比较。系统功能包括 DHW 制备、空间采暖和制冷。系统原理通常通过热泵、集热器和蓄热器的相互作用来定义（参见第 2.1.3 节）。热泵和集热器特性指的是一些性能，将会在相应的部分进行讨论。

建立类别目录的可能性同样是多种多样的。例如，系统可以通过运用的组件进行描述，如平板集热器、无釉集热器、真空管集热器，另外还可以通过热泵循环中使用的制冷剂分类。太阳能热泵系统的性能还取决于安装位置、组件的涂料和控制装置。所以，类别定义是多样的，并且受分类目的的强烈影响。

本章介绍了一种图形表达形式来系统地分析和比较太阳能和热泵系统。然后这种检测方法也产生了一种分类方法。

2.1.2 太阳能和热泵系统的图形化

本章介绍的可视化最开始是由弗兰克等[1]出版的，它类似于能流图，并且频繁应用于建筑能耗工程中。除了整个建筑，白色背景还集中体现了供暖系统，包括能源储备（①）和能量转化组件（②）。对许多太阳能和热泵系统的分析都是由于发现 5 种循环组件得出的。它们包括集热器、热泵、备用加热器和两个补充存储器，一个在热源的一侧，另一个在热泵的热沉一侧。这些典型部件都有明确的固定位置。组件的规格，如集热器的种类是可以选择的。由于有明确的界限（③），环保能源（④）显示在系统的上方，最终能源或者“待购”能源——在电能驱动系统的情况，甚至是“双向贸易”能源——要显示在左边（⑤），有用的能源，如生活热水依托于右边（⑥）。

由图 2.1 提供信息在任何情况下都是一种附加功能，也就是说，它对于理解并不是最重要的。理论上，任何热量损失都是从系统向下流失的。然而，由于没有说明该方法的纯定性性质、组件的大小和效率等信息，因此并没有损失。制造商商标和原理名称在左下方位置标注。

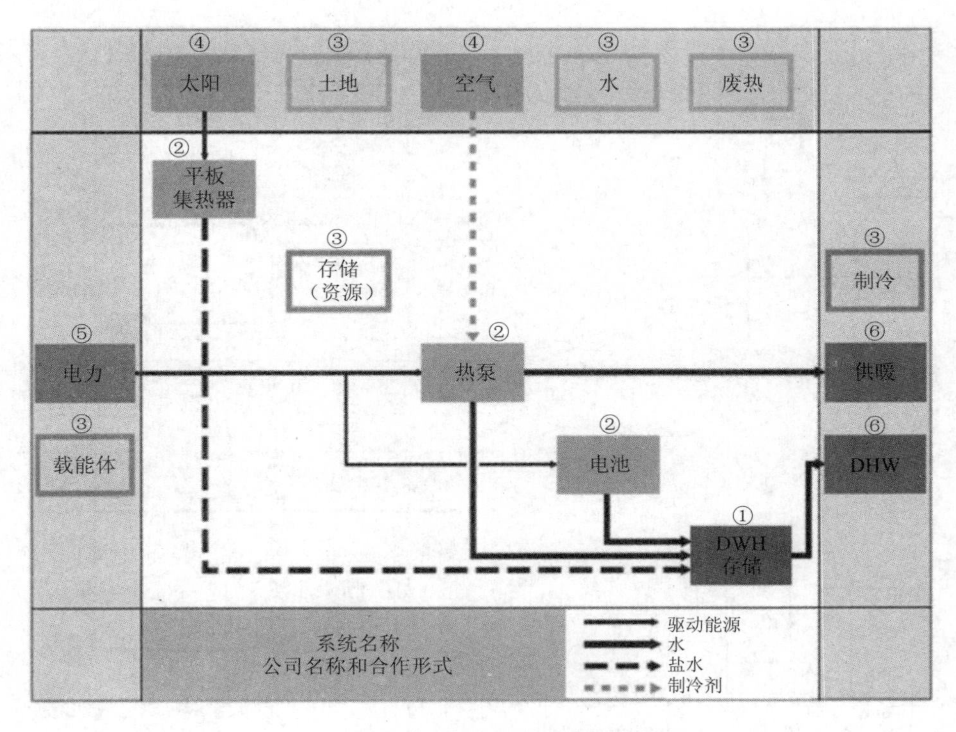

图 2.1 可视化方案的案例介绍

最后一步是连接相应组件能源流的描述。为了进行描述，图 2.1 被确定为一个定性能流图。线条类型是指载体介质（水、盐水和制冷剂）或指示驱动能源，如太阳能照射、气体或电。一个简单完整的可视化图见图 2.1。

必须指出的是，在一个方案中可以同时显示一个系统（不包括除霜）的所有可能的操作模式。为了方便操作和比较，特定系统中所有的存在组件都用有填充色的图标表示，不存在的组件用灰色图框表示。这种安排使能流基本上是以左至右、上至下的方向，当然，还是会存在例外情况。

图 2.2 的可视化图描述的是一个典型系统。图 2.2 中也显示了简单的液压方案，但是也忽略了细节，如备用加热元件。图中各个部分的比较也体现了可视化方法的性能。

2.1.3 分类

系统理念是由热泵和太阳能子系统相互影响确定的。这一主题的介绍可以在参考文献[7,8]中找到。本书中做了区别，所有的介绍可以参考文献[9]。

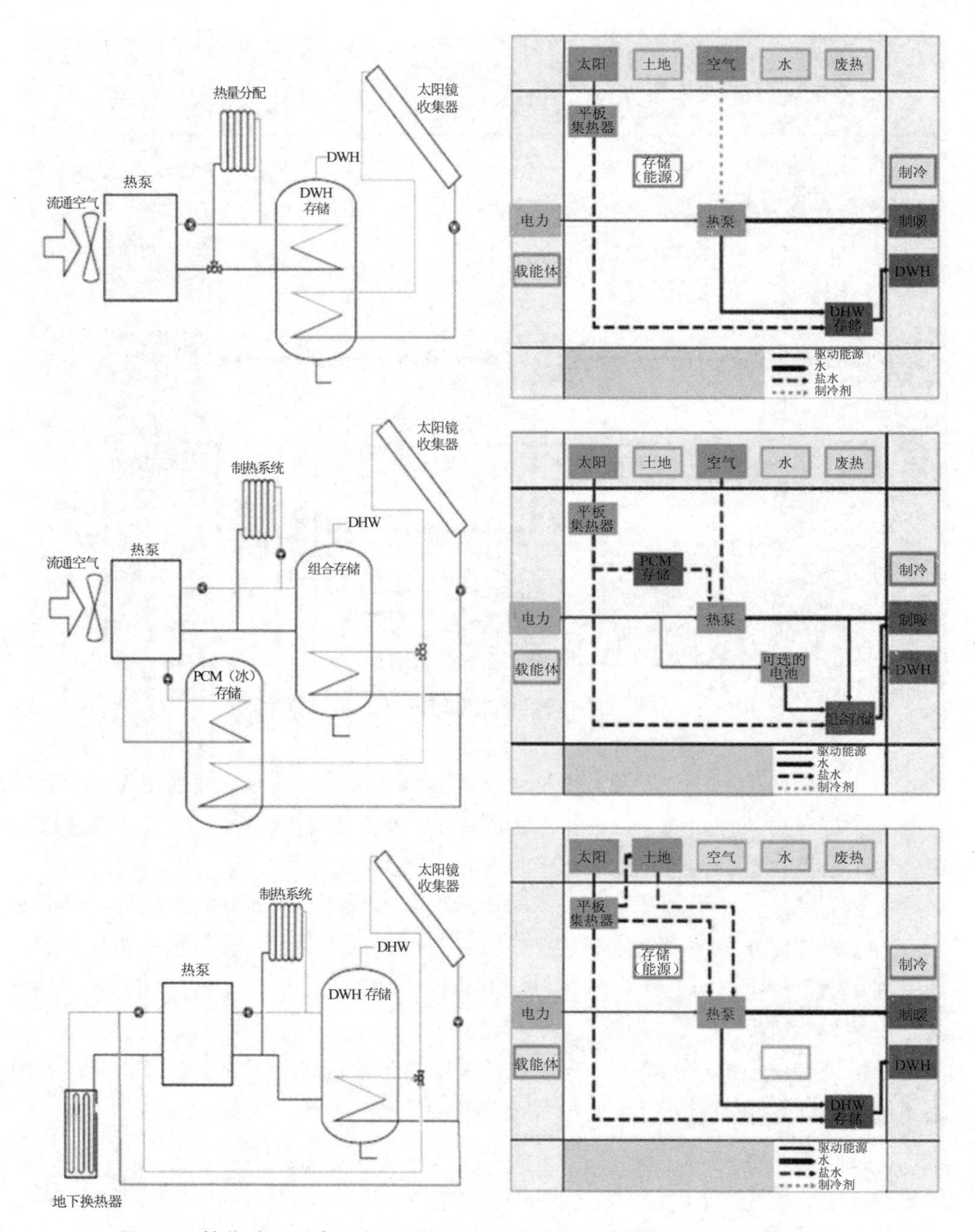

图 2.2　简化液压方案（左）和相应的不同太阳能和热泵系统可视化（右）

集热器和热泵都独立供应可用能源（空间采暖和/或 DWH），通常由一个或多个存储器存储。这种结构被称为并联式，它独立于热泵的热源。

集热器作为热泵的热源，也作为独立或者额外的能源，并且它直接或者通过缓冲进入存储器。这一结构被认为是一种串联。

使用太阳能作为热泵的主要热源，在这种情况下地表被认为是一种再生。

我们需要知道这一串联和/或再生模式可以共同存在于同一个系统。因此，实际上许多系统的理念都是这些模式的组合。

这种再生式方法——被 Kjellson[10]和梅格斯等[11]详细描述——也许可以被看作是系列的串联。它们存在原理上和操作上的不同，尽管再生式操作通常应用于提高或者至少长时间地保持地热源的质量，或者仅是阻止太阳能集热器的停滞。所以，再生式操作通常在能够获得最多太阳光，并且对热量需求最少的夏天进行，即热泵不工作的时候。我们在市场上调查的许多系统都安装了再生式模式，部分系统并没有特意安装串联模式。

我们已经意识到同一个系统中可以同时存在并联、串联和可再生的部署。根据需求和气候条件，在这些方法中可能采用多个系统集热器和液压。所有可能组合——当排出排列组合、充分和琐碎的“零”的情况下——一共有 7 种。图 2.2 中所展示的图形系统是一些举例。从上到下分别是并联式、并联-串联式、并联-串联-再生式系统。虽然太阳能热泵系统的制冷功能也会对可再生式产生影响，但是在这种方法中没有显示制冷功能。

这种方法划分的 7 种类别可以在今天知道的所有太阳能热泵系统中应用，这将在下文详细介绍。

2.2 市场上可获取的太阳能光热系统和热泵系统的统计分析

大量热泵和太阳能集热器的组合已经在几年前就拥有了市场。在 2.2.2.1 节展示的数据可以证明，1979 年的石油危机推动了一些系统更早地进入市场。一个明确又长久的趋势仅仅是在当前一个世纪中发展的。

根据对 SHP 系统的测试和评估，现存的方法和标准是有限的（参考第 4 章）。例如，使用太阳热能作为热泵的能源忽略了当今国家和国际上的标准。用于限定 SHP 系统的性能数据和测试方法的前提条件是对市场现有系统的审查，调查非标准组件和配置的相关性。本章所介绍的审查是基于国际化水准完成的，并且是在组件水平和系统水平上有关技术方案的分析。

有关 SHP 系统的早期回顾可以参考文献[2-5]，它们各自介绍了 5 种、13 种、19 种和 25 种系统。最近，Trojek 和奥格斯汀（Augsten）[5] 的文章对系统进行了更新，伯纳（Berner）[6] 也描写了 19 种系统。一个新的方法——更加国际化和更容易理解——在任务 44/附加任务 38 中被采用。

中间结果由罗森伯格（Ruschenburg）等[9]提出。但是，公司在 2012 年 9 月的分析需要被再次审核，以确保所有对公司和产品的分析在 2014 年仍然可以使用。总之，审查依据是由来自 11 个国家的 72 家公司提供的 128 个组合太阳能光热和热泵系统形成的。方法和结果在下面部分说明。

2.2.1 方法

分析的系统是于 2011 年 10 月—2012 年 9 月由 T44A38 参与者研究调查的。公司都是用当地语言进行联系和调查的。所有 T44A38 项目中的 SHP 系统的市场调研和随后的分析都将 SHP 系统限定为电驱动压缩热泵，并且是用于生活热水制备和/或住宅采暖的。制冷功能只作为补充信息。

原则上，任何热泵都能与任何太阳能集热器组合。因此，只有真正提供至少一种主要组件的公司才会被调查，主要组件包括太阳能集热器、热泵、蓄热器和/或者集热器。研究项目也被忽略。

为了确保可比性，每个 SHP 系统的特点都协调地将双面实况报道记录在案，包括所有原理上的数据、液压、尺寸和系统控制，以及集热器的主要技术规范、热泵和蓄热器（多个）。这些记录都可以在 T44A38 网站上找到（task44.iea-shc.org）。

数据主要来源于网络或者纸质资源，虽然通常情况下都可以与公司代表建立个人联系以有助于调查。总之，显然我们检索的信息的正确性不能系统地和独立地进行检查，并且我们不能要求信息是完整的。事实上，正式参加 T44A38 的主要公司都来自不同的国家，通过有障碍的语言描述，很可能会导致一部分国家（如亚洲国家）错误地表达或者是表达不充分。

必须指出的是，在下面的分析中所有的系统都一视同仁，也就是说并不考虑装置的数量。如果参考系统中装置的数量，将会导致相当不同的结果。数据库是不完整的，当涉及市场渗透时，最传统的方法——这些类似于锅炉和太阳能集热器组合——数量比少量典型装置要多（详见 2.2.2.3 节）。最后指出，由于数据采集存在缺陷，本章中的样本大小不一定是恒定不变的。例如，在图 2.3 中显示了所有 72 家公司，但是在图 2.4 中，仅显示了 56 家公司。但是由于所有公司都标有了绝对数值，所以样本的大小可以简单地被计算出来。

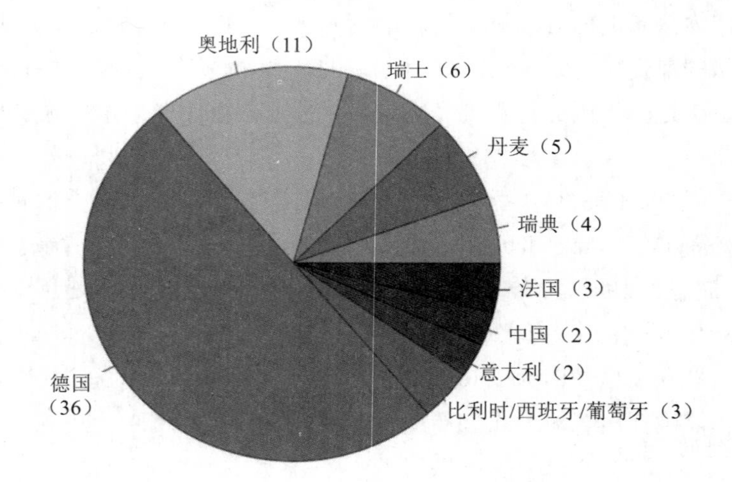

图 2.3 以国家为单位调查的企业

注：根据 ISO 3166-1 国家代码标注，括号内数字为企业个数。

— 一部分调查的方面并没有在这里计算。原因是它们的应用是非常灵活的，因此，这几乎没有可比性和构成性。

— 额外的热量发电是备用组件，如电加热元件、燃气锅炉或者木材炉，有时会提供多种种类、数量和集成方式的选择。

— 存储特性，例如，系统可以选择供暖和热水分离式蓄热器，也可以选择组合式蓄热器。

— 组件的尺寸，例如，额定制热量、集热面积和储存容积，对于指定它们做统计分析来说，这些都太灵活。

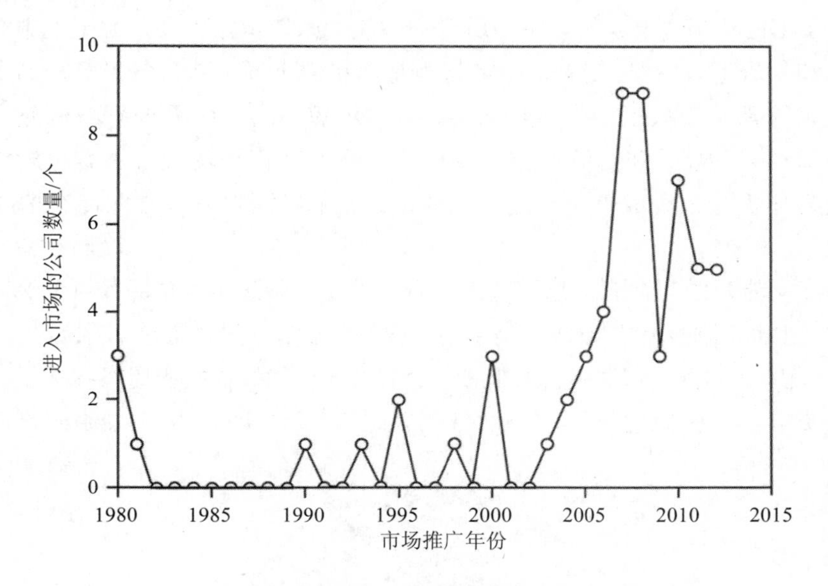

图 2.4 进入太阳能热泵系统市场的企业

注：每个企业最老的系统被作为标志，但必须仍在销售。

在本章提到，许多公司都提供不止一种系统。所以，结合参数讨论进行分析，问题就是参数都有不同的定义。在调查范围之内，无论是热泵的定义不同还是能源的不同都能分辨出“不同的”系统。这个决定在一定程度上是武断的。对于读者来说，集热器的种类和热泵使用的制冷剂是相对重要的，并且对这些方面的考虑无疑会导致更多的“可区别的”系统。

2.2.2 结果

2.2.2.1 被调查的企业

由图 2.3 可知，被调查的企业大部分来自德国（50%）或者是奥地利（15%）。完整的企业名单可以在 T44A38 网站上看到。但是发现，调查的少数公司的市场只面向一两个国家。大部分强大的企业都将它们的系统卖到三个或者更多的特定国家去，甚至超出了列表中的国家，如克罗地亚和希腊。在“欧洲”或者“全球”可获得的系统是少数的。

图 2.4 表明大部分企业都是近几年进入 SHP 系统市场的。值得注意的是退出市场的系统——在调研之前、之中、之后——都被忽略了。作者了解到这些系统大概有 15 种。

2.2.2.2 系统功能

SHP 系统的主要功能，特别是针对住宅的应用，主要包括空间采暖和生活热水制备。图 2.5 显示基本上所有的案例中都包含了这几项功能。与之相反，少量市场上可买到的系统是专门为了 DHW 制备设计的。中国所有的系统和系统份额主要来源于地中海国家（法国、意大利和西班牙），包括后来一组被认为是对特殊市场和特定气候布局的重要指标。关于技术设计，那些“只用于生活热水制备”（DHW-only）的系统可以被分为两组：热泵和热虹吸管组合的屋顶机，在中国应用广泛。在欧洲正相反，蓄热器和热泵（通常为废气源）通常作为一个集成单元安装在室内，热泵的冷凝器则是浸入储存槽或者盘绕在储存槽上。

空间制冷功能是作为补充信息调查的。有趣的是，超过一半的系统（59%）通过热泵运行都能够“主动”制冷，并且/或者是不通过热泵运行，通过地面或者水源“被动”制冷，也被称作“自由”“自然”或“地理”制冷。由图 2.5 可知，这些应用只存在于已经可以提供供暖的系统中。一些制造商提供的热泵产品都是有默认集成制冷功能的。

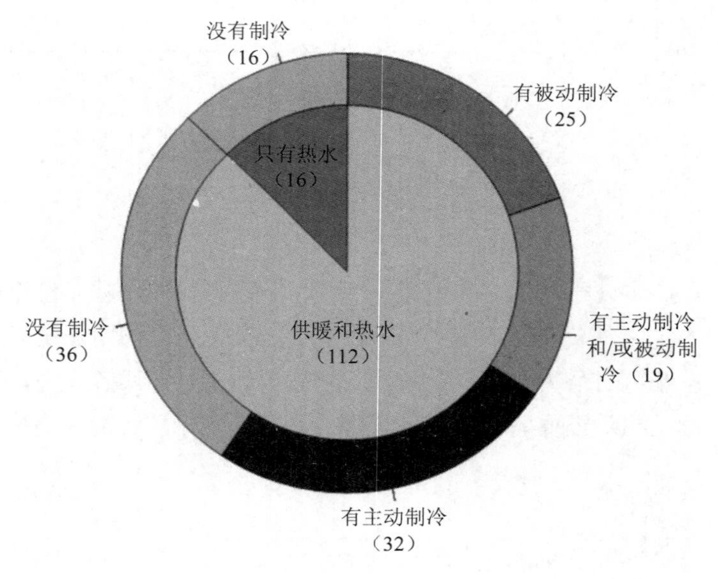

图 2.5 调查系统功能

注：括号内数字为太阳能热泵系统数量。

显然，由于其住宅制冷和供暖功能，空气/空气热泵是受欢迎的，但是它们并没有与太阳能光热系统组合。相反，水力加热分别无一例外地采用了。在此，地板供暖系统一再地被建议采用，虽然几乎不是强制的。

而对于生活热水制备系统而言，使用现代卫生换热方法的系统比较流行，其中，有由内部换热器提供的（20%的系统），例如，波纹管；有由外部淡水站提供的（23%）；或者是由其他装置提供的（剩下的 6%）。奥地利公司的这种技术高于平均水平。

2.2.2.3　系统理念

在这一点上，2.1.3 节中描述的系统原理可适用于调查的系统。结果如图 2.6 所示。

“并联”理念在设计、安装和控制方面比较简单，占有优势（63%）。“串联”（6%）或者“再生式”（1%）SHP 系统理念占比较少。最值得注意的是，串联、并联和再生式的组合模式的数量都不少于 30%。

2.2.2.4　热泵特性——热源

先不考虑空气/空气源热泵，地中海国家主要使用的是空间制冷功能，安装在欧洲热泵的能源通常是流动空气源和地源，而水源和废气源占的比重较少[12]。虽然没有这样的统计记录，但图 2.6 显示，通过太阳能集热器转换后的能量多次被用作能源，那就是串联和串联衍生模式的理念。可以明确的是，“串联”理念可以允许在同一个系统中存在其他可能的资源。

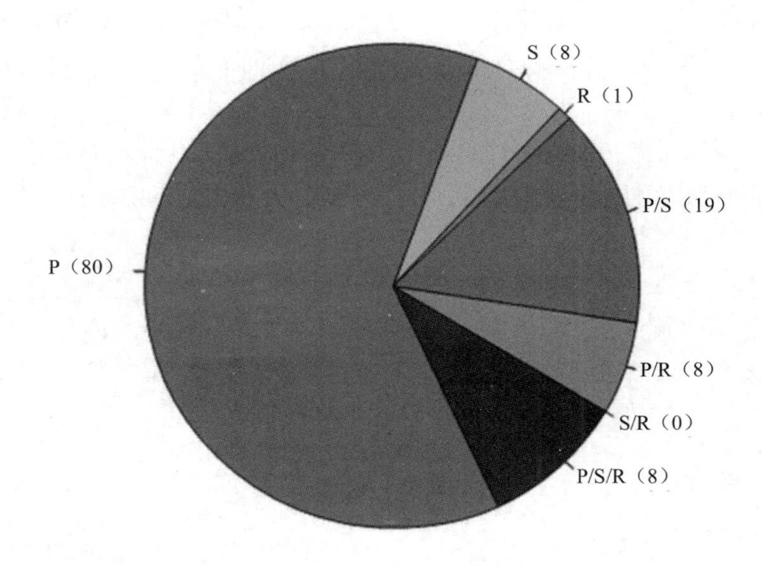

图 2.6　调查系统的理念

注：P：并联；S 串联；R：再生式；括号内的数字为太阳能热泵系统数量。

关于传统能源，图 2.7 显示，纯空气源或纯地源热泵加在一起占系统调查的一半，即分别是 27%和 24%。水源（9%）和废气源（6%）在一少部分系统中应用。出售的废水源或者其他商业 SHP 系统几乎没有。

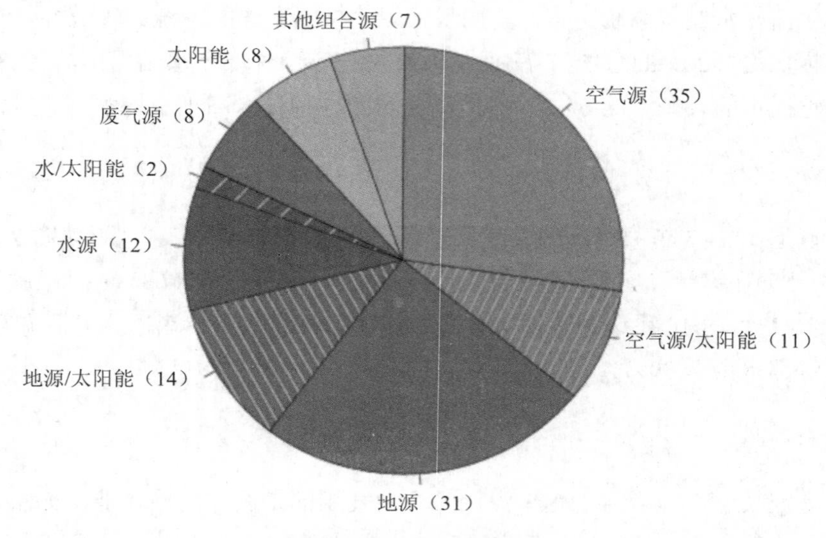

图 2.7 调查系统的能源

注：括号内数字为太阳能热泵系统的数量。

太阳能作为唯一能源的系统占 6%。在未来，太阳能源在传统能源（空气源、地源、水源）之外，将会占到 21%。像多能源的系统，需要将技术方案分成两组：外部方案和内部方案。前者指在太阳能子系统和热泵之间对液压技术的调整，例如，通过太阳能回路和地源回路之间的热量转换器，甚至是通过联合盐水回路进行调整。由此传统热泵和太阳能集热器才可以使用。后者指的是要对热泵和太阳能集热器进行特定的设计，来与一系列 SHP 系统集成。虽然这种方法只有不超过 6 家企业提供，但是它包含了最有代替性的方案，包括：

— 多源的蒸发器（两个蒸发器共用同一制冷循环）。

— 直接蒸发式太阳能集热器（将制冷剂作为太阳回路的循环液体）。

— 混合集热器（太阳能光热集热器包括有集成风扇或者其他“主动”技术的流动空气单元）。

2.2.2.5 集热器种类

在调查中，将集热器的种类作为比较太阳能子系统的重要参数，结果如图 2.8 所示。有关附加性能的问题——例如，循环液体、原料、运行模式、太阳能合格认证（太阳能 Keymark 认证）和停滞处理等——都没有深刻地解决，因此，这些参数都不能以比较的形式出现。

太阳能集热板（FPCs）几乎占了系统一半的比例（48%），而真空管集热器（ETCs）

是必不可少的，但是只占到了 2%。但是在这两种类型间的选择是频繁公开的，即受到地点条件以及客户和安装者的喜好的影响（38%）。在具体应用中（参考 2.2.2.6 节），无遮盖或者无釉集热器（UCs）占 6%。根据 2011 年最开始的调查，近几年开发的光伏集热器只在 SHP 系统的少部分市场中销售（5%）。

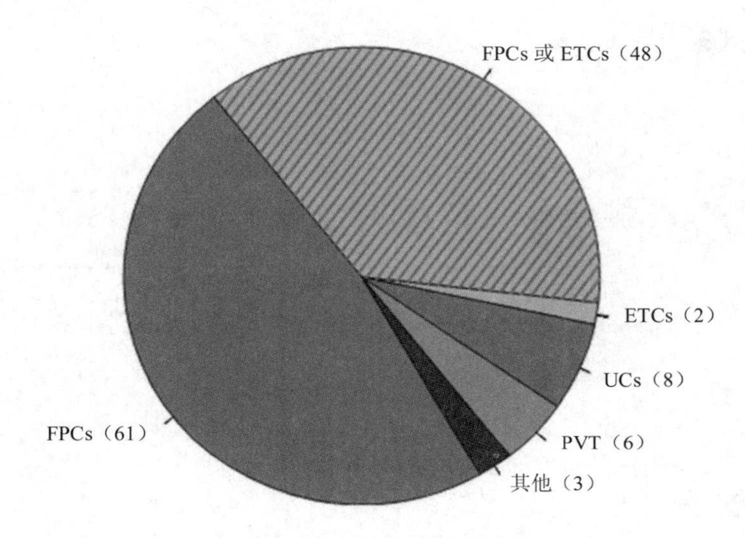

图 2.8 调查系统的集热器种类

注：括号内数字为太阳能热泵系统的数目。

2.2.2.6 集热器种类和系统理念的交叉分析

与平板集热器和真空管集热器相比，光伏集热器和无釉集热器只有在低温的情况下是高效率的，因此，在供暖方面，甚至当有足够温度制备热水时都可能是低效率的。理论上，当热泵的能源温度太低时就不能在加热时直接使用，虽然是希望尽可能高地——考虑到当地条件——提高热泵的效率。在逻辑上推理得出的意见主要是，如果安装 SHP 系统，UCs 和 PVT 集热器更加适合串联和/或再生式系统理念，而 FPCs 和 ETCs 比较适合并联理念。

已获得的数据（图 2.6 和图 2.8）可以通过相互关系进行核查。图 2.9 通过实心圆来表示两个层面的离散值。面积的大小表示每个系统数量成比例。

FPCs 和 ETCs 在“并联”模式和其组合方面占有优势。与之相反的是 UCs 和 PVT 集热器从来不应用于“并联”系统，但是在“串联”和“再生式”产品中应用广泛。而值得注意的是，FPCs 和 ETCs 集热器的应用占总数的 87%。总之，这些是销售系统所反映理论思考的依据。

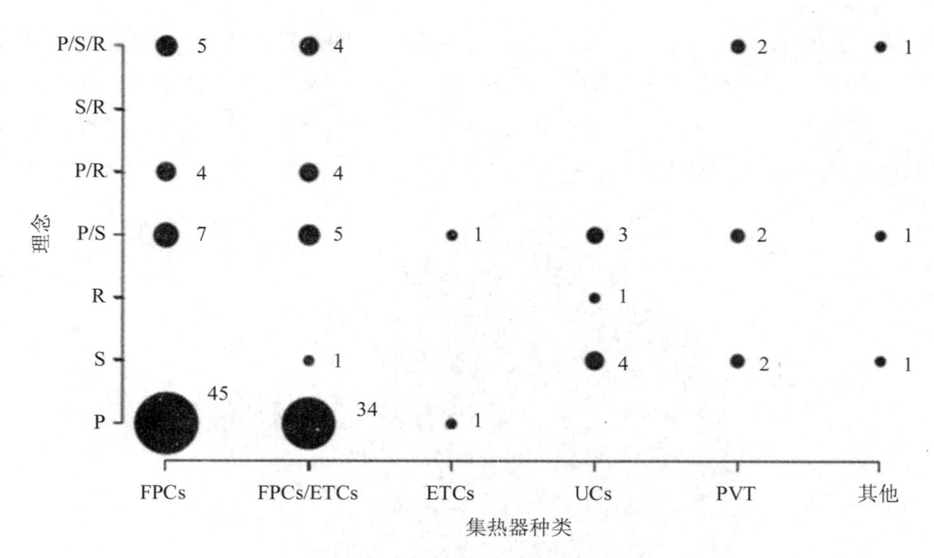

图 2.9 集热器种类和系统模式的相关性

2.3 结论和展望

在由各个国家参与协作的市场调查中，我们对市面上现存的 128 种 SHP 系统进行了鉴定。大部分的公司都提供的是 FPCs 集热器并联安装的“传统”系统，其功能包含了空间供暖和热水制备。同时，其他多种选择也可以通过分析的参数了解。

依据调查结果，我们了解到了很多有关 SHP 系统技术和特定市场的细节信息。例如，中国所有的系统和系统份额主要来源于地中海国家，这些系统一般只有制备热水的功能而没有供暖功能，并且认为这些系统是对特殊市场和特定气候布局的重要指标。

有关系统设计最好的例子也许就是串联系统中广泛使用的无盖板集热器。行业对此进行了有关能源和经济的思考。理论上，这种方法在无太阳能热泵系统和燃料热泵、太阳能热泵系统组合系统中不可行。

与此同时，我们需要更为灵活的性能指标和测试方法。例如，欧洲市场上广泛分布的并联式或是配置更为复杂的系统，现存的标准中并没有相关的评价指标与测试方法。在这些案例中，太阳能被大量用作热泵的能源，而不是作为直接有用能源使用。PVT 集热器的应用在现存的市场上是一个相当新兴的发展趋势。总之，评估方法需要考虑来自电网消耗的能源以及电网的输入，这与热电联系统相似。

基于这一结果，性能数据和监测理念都可以被开发来评估现存的甚至是未来的系统（详见第 4 章）。例如，我们可能发现一些理念通常是低效率的或者它增加了技术复杂度而需要一些配置，但是不能提高相应的性能。

图 2.4 的趋势表明，最近几年很多企业将要进入 SHP 系统市场。更主要的是，当前存

在的系统可能有改变系统理念和组件的倾向。对 PVT 集热器的介绍和多种制冷剂的选择就是例证。流动的历史告诉读者，本章介绍的情况仅仅是历史长河中的一景。

2.4 相关性和市场渗入——以德国为例说明

本章要解决的问题是哪些广泛的 SHP 系统已经渗入市场。结果是通过绝对数值和与非太阳能热泵的传统系统的比较进行陈述。

但是，无论是在国内还是国际水平上，这些数值都不是系统监测的。只有个别数据，不包括所有可能组合的信息，很好地建立了热泵和太阳能集热器的数据。

例如，欧洲太阳能热工业联合会（ESTIF）涵盖了非常详尽的欧洲太阳能光热市场，并且其容易理解的统计可以在网上获取。欧洲热泵协会（EHPA）代表了欧洲热泵市场的发展，虽然只能代表其成员。但是，这两个组织或是其他机构都没有解决这两个组合起来的问题。

更重要的是，制热设备制造商们仔细地控制了设备的数量。在与作者私底下的谈话中，他们指出一般热泵生产量的 5%～10%才会在太阳能光热组合中安装。一个将热泵作为分散零件而不是系统组件销售的公司甚至都不会提供上述比例的热泵。部分企业因为商业原因不愿意透露数据。

然而，一些其他指示的值可以在这里提及，涉及德国市场。选择德国市场的原因有两个：首先，图 2.3 表明了与其他任何调查国家相比，德国市场最为可观；其次，德国是唯一一个可以获得所有数据的国家，由四个独立机构集成。结果如下：

— *德国联邦统计局（Statistisches Bundesamt）*：联邦当局最近开始评估有关一次加热技术和其他组件的建筑许可。2012 年在新住宅建筑许可中记录了 36 160 个热泵。其中，2 610 个是太阳能光热组件，占 7.2%（非公开数据/个人谈话）。

— *德国联邦经济与出口管制局（Bundesamt für Wirtschaft und Ausfuhrkontrolle，BAFA）*：在其他活动中，该局通过补贴手段促进新能源的发展。从 2008 年开始，如果将一个热泵安装在太阳能光热系统中，将会得到一个额外“组合津贴”。从那以后，大约 11%的支持热泵安装的企业也获得了组合津贴[13]。需要强调的是，BAFA 补贴仅适用于一定规模的创新项目，并且仅适用于应用程序创新。因此，只涉及了少于 1/4 的德国热泵或者太阳能光热市场。

— *建筑和环境学院（IWU）和布莱梅能源研究所（BEI）*：2009 年，这些机构向房屋所有者或者房地产经理分发了 7 500 份调查问卷，通过问卷调查的形式进行研究。在评估和同比例放大这些数据之后，发现在大约 1.8×10^7 住房建筑中的 1.5%安装了热泵。其中大约有 0.4%的建筑存在 SHP 系统；换句话说，26%的热泵都安装了太阳能光热组件。有关不确定性的数据可以在报告中找到[14]。

— *制热和石油技术研究所（Institutfür Wärme und Oeltechnik，IWO）*：这一机构做了一

个有关 1 000 家制热装置公司的年度调查，调查了传统制热器的数量，尤其是与太阳能光热系统组合的制热器数量。新建筑和创新项目都涉及了。根据 2008—2011 年的调查，20%～27%的电驱热泵是与太阳能光热系统结合的[15]。

所有的这些出版物不仅涉及了热泵，也包括了可以和太阳能光热系统组合的其他制热器。对于从德国联邦统计局获得的数据，图 2.10 显示的是在一般的住宅中，组合热泵所占的份额要比燃气、燃油、燃木热泵低。至少在一定程度上，德国建筑法规可以将这些差别解释成新建筑制热系统需要一个新能源份额。与热泵相反，将燃油或者燃气热泵与太阳能光热能源结合，甚至是没有太阳能组件的这种部分新能源的形式是更加容易满足需要的。图 2.10 中不能显示的是建筑大小的影响。对于适合一家人或者是两家人居住的住房，7%的热泵（各种能源）是和太阳能光热集热器组合的，但是对于适合三家人或者更多人居住的住房超过了 11%。

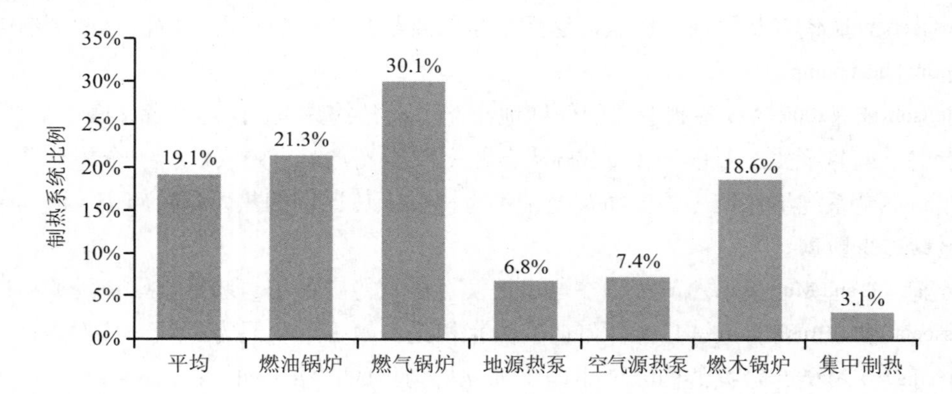

图 2.10　住宅建筑中与太阳能光热系统组合的各种型号热泵（空间制暖和 DHW）的比例

注：最左边的条块表示的是所有制热系统比例的平均值（基于 2012 年德国新住宅建筑许可，数据来自德国联邦统计局）。

参考文献

[1] Frank，E.，Haller，M.，Her kel, S and Ruschenburg，J.（2010）Systematic classification of combined solar thermal and heat pump systems . Proceedings of the EuroSun International Conference on Solar Heating，Cooling and Buildings，September 28–October 1，Graz，Austria.

[2] Tepe，R. and Rönnelid，M.（2002）Solfångere och värmepump：Marknadsöversikt och preliminära simuleringsresultat，Centrum för Solenergiforskning，Solar Energy Research Center，Högskolan Dalarna，Borlänge，Sweden.

[3] Müller，H.，Trinkl，C.，and Zörner，W.（2008）Kurzstudie Niederst- und Niedertemperaturkollektoren，Hochschule Ingolstadt，Germany.

[4] Henning，H.- M. and Miara，M.（2009）Kombination Solarthermie und Wärmepumpe– Lösungsansätze，Chancen und Grenzen. Proceedings of the 19th Symposium“Thermische Solarenergie”，Bad Staffelstein，

Germany.

[5] Trojek，S. and Augsten，E.（2009）So lartechnik und Wärmepumpe – sie findenzusammen. *Sonne Wind & Wärme*，33（6），62-71.

[6] Berner，J.（2011）Wärmepumpe und solar – solarenergie den vortritt lassen. *Sonne Wind & Wärme*，35（8），182-186.

[7] Freeman，T.L.，Mitchell，J.W.，and Audit，T.E.（1979）Performance of combined solar-heat pump systems. *Solar Energy*，22（2），125-135.

[8] Citherlet，S.，Bony，J.，and Nguyen，B.（2008）SOL-PAC：Analyse des performances du couplage d'une pompe à chaleur avec une installation solaire thermique pour la renovation. Final report，Haute Ecole d'Ingénierie et de Gestion du Canton de Vaud（HEIG-VD），Laboratoire d'Energétique Solaire et de Physique du Bâtiment（LESBAT），Yverdon-les-Bains，Switzerland.

[9] Ruschenburg，J.，Herkel，S.，and Henning，H.-M.（2013）A statistical analysis on market-available solar thermal heat pump systems. *Solar Energy*，95，79-89.

[10] Kjellson，E.（2009）Solar collectors combined with ground-source heat pumps in dwellings. Ph.D. thesis，Lund University，Sweden.

[11] Meggers，F.，Ritter，V.，Goffin，P.，Baetschmann，M.，and Leibundgut，H.（2012）Low exergy building systems implementation. Energy，41，48-55.

[12] Nowak，T. and Murphy，P.（2012）Outlook 2012 – European Heat Pump Statistics，European Heat Pump Association，Brussels，Belgium.

[13] Bundesamt für Wirtschaft und Ausfuhrkontrolle（BAFA）（2012）Marktanreizprogramm – geförderte Anlagen.

[14] Diefenbach，N.，Cischinsky，H.，Rodenfels，M.（Institut Wohnen und Umwelt），and Clausnitzer，K.-D.（Bremer Energie Institut）（2010）Datenbasis Gebäudebestand –Datenerhebung zur energetischen Qualität und zu den Modernisierungstrends im deutschen Wohngebäudebestand，Darmstadt，Germany.

[15] Institut für Wärme und Oeltechnik（IWO）（2012）Anlagenbaubefragung 2008–2011 –Solaranteile in Modernisierung plus Neubau，Hamburg，Germany.

3 组件和热力学环节

米歇尔·哈勒，埃里克·伯特伦，拉尔夫·多特，托马斯·安杰，丹尼尔·卡博尔内，法比安·奥克斯，安德里亚斯·海因茨，曹孙良，卡伊·塞任（Michel Y. Haller，Erik Bertram，Ralf Dott，Thomas Afjei，Daniel Carbonell，Fabian Ochs，Andreas Heinz，Sunliang Cao，and Kai Siren）

概 要

本章将介绍太阳能热泵系统（SHP）的主要组件。包括太阳能集热器（参见 3.1 节）、热泵（参见 3.2 节）、地埋管换热器（参见 3.3 节）、蓄热器（参见 3.4 节）。

我们将从技术的角度对这些组件进行讨论，并对那些影响太阳能热泵系统能量性能的指标和特征进行分析。为了对复杂的太阳能系统进行可靠的评估，我们通常需要对其进行能量性能的模拟。因此，本章将要介绍模拟每一个组件的热力学背景及其采用的模拟模型。我们关注的重点是模型及其特征，尤其是对太阳能和热泵系统组合模拟的研究。

值得注意的是，在串联和再生式 SHP 系统中，其运行条件不同于普通并联运行 SHP 系统，或者其他包括太阳能光热或者热泵系统。这也许可以发展设计组件新设备。例如，选择性吸收涂层和集热器隔热需要在吸收表面上凝结是兼容的，或者热泵回路的冷凝剂必须设计成不同的，为了从更高的能源温度中获益。这可能会影响到压缩机和膨胀阀的选择。这也意味着现存组件模拟模型必须是经过验证的，并且尽可能地去适应新的 SHP 系统运行条件。

最后，3.5 节介绍了有关太阳能集热器和热泵组合的特殊方面。例如，是否和何时因为热泵的蒸发器要使用来自太阳能集热器中的热量，而不是使用并联热泵系统运行，以及 SHP 系统炯效率和存储分层的重要性。

3.1 太阳能集热器

太阳能光热集热器将太阳光线转化为可用的热量。目前，绝大多数与热泵结合的太阳能集热器是不集中、液冷的集热器。所以，集热器最显著的特性就是看它的吸收器是否被透明的盖子覆盖。盖板集热器和无釉集热器的性能特征是十分不同的[图 3.1（a）]。

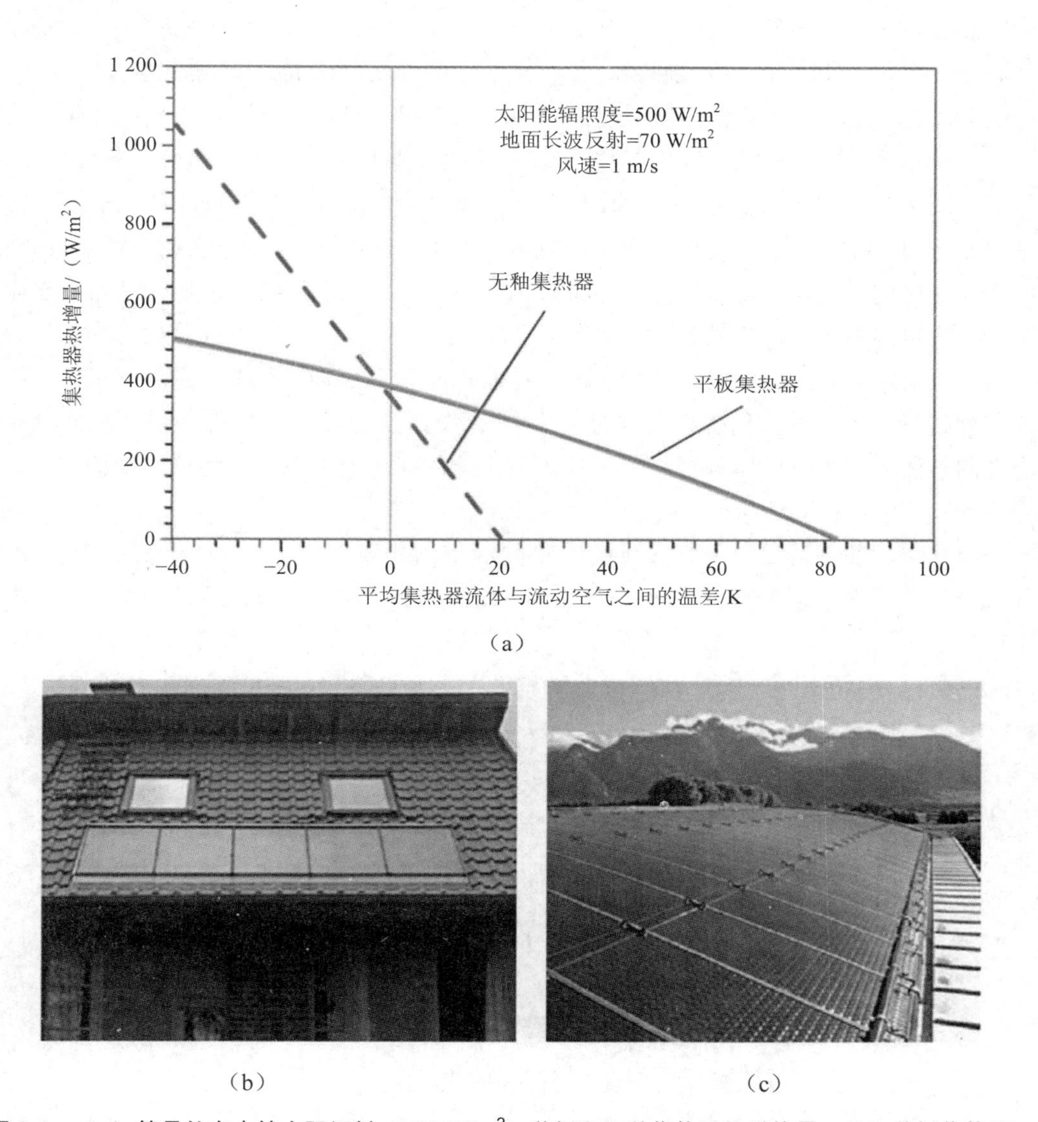

图 3.1 （a）简易的在中等太阳辐射（500 W/m^2）盖板和无釉集热器的增热量；（b）盖板集热器；（c）瑞士武夫里的一个无釉集热器

此外，对于使用无釉集热器的热泵系统而言，即使是在无太阳辐射的天气条件下或者是在晚上，它仍然可以作为空气换热器使用。

盖板太阳能集热器一般都会设计为平板集热器[图 3.1（b）]和真空管集热器。它们的透明盖子可以减少热量的对流交换，与无釉集热器相比，在高温下会有更高的效率。因此，它们不需要热泵，更适合直接用于生活热水制备或空间采暖。

无釉集热器[图 3.1（c）]是最基本的太阳能集热器设计。由于没有透明盖子覆盖，当接近流动空气的温度时集热器可以获得较大的热量，当有较高的对流热交换时，就会获得较少的热量。它们最典型的应用就是泳池供热。此外，当运行时温度比流动空气低而产生高对流热交换时，相较于盖板集热器，无釉集热器的性能会得到显著的提高。

在新兴技术中，光伏热集热器可能再一次地在透明板和光伏电池之间或者是和热吸收器之间不设空气隙。尤其是与热泵的组合，光伏热集热器具有很大潜力和快速发展的市场。原则上，光伏热集热器的热力性能要比标准集热器性能低，因为需要将部分太阳辐射转化为电力，还因为在集热器中需要集成光伏电池。当在光伏电池上增加镶板，由于散热制冷影响而使光伏电池的运行温度降低时，将会稍微提高光伏性能。这通常是针对无釉设计的情况，但它可能不适合盖板的设计。

当与热泵组合时，太阳能集热器可能会在低于流动空气温度和露点温度下工作。还没有在这种运行模式下设计传统集热器的能源平衡。因此，它们必须去适应以便对低温条件下出现的热流做出正确的解释。一个包括所有可能的能源流的正常能源平衡如图 3.2 和式（3.1）所示。

可能获得的热增益包括吸收的短波辐射 $\dot{q}_{\mathrm{rad,L}}$、长波辐射转换 $\dot{q}_{\mathrm{rad,L}}$、与空气的热对流交换（分为显热交换 $\dot{q}_{\mathrm{amb,sens}}$ 和潜热交换 $\dot{q}_{\mathrm{amb,lat}}$）、热传导 $\dot{q}_{\mathrm{k}}$（通常在后方向），以及从雨水中获得的能量增益 $\dot{q}_{\mathrm{rain}}$。潜热交换可以进一步分为冷凝 $\dot{q}_{\mathrm{amb,cond}}>0$、蒸发 $\dot{q}_{\mathrm{amb,cond}}<0$、结霜 $\dot{q}_{\mathrm{amb,frost}}<0$。一般情况下，这些热增益不仅会出现在吸收器的正面，还会出现在其后面。

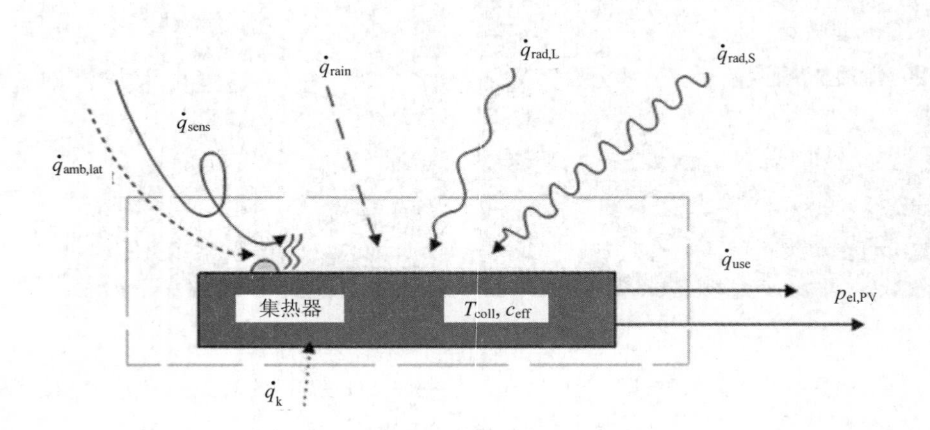

图 3.2 光伏集热器或者吸收器的能源平衡图

$$\frac{\dot{Q}_{\mathrm{gain}}}{A_{\mathrm{coll}}}=\dot{q}_{\mathrm{gain}}=\dot{q}_{\mathrm{rad,S}}=\dot{q}_{\mathrm{rad,L}}+\dot{q}_{\mathrm{amb,sens}}+\dot{q}_{\mathrm{amb,lat}}+\dot{q}_{\mathrm{k}}+\dot{q}_{\mathrm{rain}} \tag{3.1}$$

以及

$$\dot{q}_{\mathrm{amb,lat}}=\dot{q}_{\mathrm{amb,cond}}+\dot{q}_{\mathrm{amb,frost}}$$

集热器得到的有用能量包括可用的热量 $\dot{q}_{\mathrm{gain}}$ 和在光伏集热器的条件下具有额外的电

能 $p_{\mathrm{el,pv}}$。并且还需要计算由于集热器的有效热容 c_{eff} 导致的内能变化[式（3.2）]：

$$\dot{q}_{\mathrm{use}} = \dot{q}_{\mathrm{gain}} - p_{\mathrm{el,pv}} - \frac{\delta T_{\mathrm{coll}}}{\delta \tau} c_{\mathrm{eff}} \tag{3.2}$$

$\delta T_{\mathrm{coll}} / \delta \tau$ 是集热器的热容量的平均温度的时间导数。根据图 3.2 所示，流入的热流为正，流出的热流为负。

集热器模拟模型提供了解决式（3.1）和式（3.2）中能量平衡的方案。大部分的模拟集热器都将它们忽略或者简化成一个或多个热传递原理。

太阳能集热器和热泵的结合可能会导致典型工作范围的扩大，包括没有太阳辐射和集热器运行温度低于流动空气温度的情况。在这些情况中，将会有 3 个额外的效应对太阳能集热器性能产生影响：

— 冷凝。

— 冰冻。

— 从雨中获得热增益。

在这些效应中，至少对于无釉集热器来说，冷凝产生的能量似乎是最主要的。除此之外，对于这些应用，在晚上没有太阳辐射的工作条件下对能源产量的正确预测是十分重要的。

冷凝热增益已经在集中集热器模型中描述[1-9]。这些模型有一个共同的特点就是冷凝热增益是基于标准教科书中热与质量传递原理的。一般模型方程是基于对流传热系数、流动空气的相对湿度、水的相变焓值和环境水蒸气负荷和吸收器表面水蒸气负荷的差值。然而，每个模型对吸收器表面的最大水蒸气负荷的评估是不同的。

近年来，一些学者对考虑了冷凝热增益的无釉集热器模型进行了验证[6,10,11]。艾森曼（Eisenmann）等[6]在低入口温度和风速为 1.5 m/s、3 m/s 的条件下，在实验室不同湿度的风道内测试了有金属顶盖集热器。佩雷尔斯（Perers）等[10]在室外条件下测试了一种具有高导热率的高分子吸收器。在 T44A38 项目中，布内亚（Bunea）等[11]在瑞士天气条件下，实地测量并比较了选择性和背面绝缘的集热器。

冷凝热增量的日产量的最大误差大约是 50%[6,11]，虽然在大部分运行条件下偏差是较小的，但是偏差不能在更长的运行阶段中检测出来。在特定条件下的高偏差是通过吸收器表面辐射系数、内部热量导热率、对流热损失系数的恒定值简化估算得来的。实际上，模型在长阶段的实际测试中展示了良好的实用性，包括冷凝和夜间操作[10,11]。总之，冷凝模型的高误差会在一些特定条件下产生，因为确定一个全球都适用的参数是困难的。此外，所有包括冷凝模型的长时间户外测试都显示出模型具有很好的实用性。

风对吸收器对流热和传质系数的影响由于具有很大的不确定性而成为热门话题。不同种类的机型存在依据气象风速的风速估值，以及当地风速对对流传热的影响估值。Palyvos 对风的对流系数的相关性研究进行了回顾[12]。理论上，在没有风的情况下，冷却板的自然对流热传递系数取决于其倾斜度。虽然，菲利彭（Philippen）等[13]实测了户外吸收器在更大的倾斜度的条件下增加的热增益，但这些增加的热量是由于吸收器边界吸收了更多的长波辐射导致的。目前并没有有关吸收器的倾斜度和对流换热系数关系的研究。

对于系统的模拟，基于标准测试数据的性能模型在各种不同的平台被使用，如瞬时系统模拟程序（TRNSYS）、MATLAB 和 IDA ICE。它们被运行来对不同的系统和配置进行评价。机型的选择强烈依赖于系统中集热器的应用程序以及调查研究的目的。除一些建议外，还需要将以下方面牢记于心，以便更好地选择实用可靠的机型：

盖板集热器

— 盖板集热器不会从潜换热器中获得大量能源产量。因此，模拟模型中必须要考虑非潜热增量。更重要的是，大多数的盖板集热器内的冷凝都会损害选择性图层或者是绝缘层，因此需要避免这种情况。

— 根据欧洲标准 EN 12975 的集热器方程中的二次损失函数 a_2，表明不断增加的热损失与集热器和流动空气之间的温差无关。一般都建议无釉集热器设置 $a_2=0$。对于其他集热器温度低于环境温度时，建议将式子 $a_2 \cdot \Delta T^2$ 由 $a_2 \cdot \Delta T \cdot |\Delta T|$ 代替。

无釉集热器

— 对于有选择性表层的无釉太阳能集热器特殊机型来说，一旦吸收器上产生露水就会立刻改变其光学性质。在这种情况下，模型系数可能必须在模拟过程中进行调整。

— 在没有太阳光辐射、无釉集热器仅作为流通空气热转换器操作的情况下，有关细分太阳能辐射产出热量效率的定义对其是毫无意义的。模型如果依靠这种计算可能会导致无法预期或者错误的结果。

— 对于在没有太阳能辐射条件下的小质量流率，在入口和出口之间流体温度线性增长的简单假设（如欧洲标准）经常会被仔细检查。可能会选择一些不同的方法，或者将集热器的热容沿着流体流动路径离散成几个控制值。

盖板和无釉光伏光热集热器

— 当运用传统的集热模型对 PVT 集热器进行模拟时，我们需要从获得的太阳辐射中扣除光伏产量。

总之，在集热器作为热泵的热源运行的特殊操作条件下，使用传统的集热器模型进行模拟可能会出现预期之外的结果。尤其是要注意没有太阳辐射、低环境温度和低质量流率的情况下系统的运行情况。

表 3.1 列举了一些常用于与热泵系统结合的太阳能集热器模拟机型。模型的明显缺陷包括来自冷冻水的热增益、雨水的影响、集热器不自然对流空气的影响。因此，我们需要不断地研发新的模型和组件。

3.2 热泵

热泵可以从低温环境中提取热量，也就是通常我们说的“抽热”。为了驱动这次“热泵过程”，就需要有很高内能的能源。本章会主要讲解电动压缩式热泵，高能量的电力被用于压缩机的制冷循环。图 3.3 展示了一个热泵循环的原理：（a）原理图；（b） 桑基能量分流图（Sankey diagram）；（c）一个制冷剂的热力学状态以及盐水源和热水的热焓和温度例子。有关热泵过程的详细细节不在本书的讨论范围内，读者可以参考普通教科书。

热泵过程的能量平衡（无损失）可以由式（3.3）表示：

$$\dot{Q}_{\text{sink}} = \dot{Q}_{\text{source}} + P_{\text{el,comp}} \tag{3.3}$$

式中，$\dot{Q}_{\text{sink}}$ 是冷凝器中产出的有用热量，$\dot{Q}_{\text{source}}$ 是输入蒸发器中的热量，$P_{\text{el,comp}}$ 是驱动压缩机的电能。性能系数（COP）被定义为有用热能占电力输入的比例：

$$\text{COP} = \dot{Q}_{\text{sink}} / W_{\text{el}}$$

表 3.1 太阳能热泵系统的集热器模型（逻辑）

平台-名称和编号	集热器种类	模型的种类	热交换影响[a]				备注	文件（D）/校验文献（V）
			风	冷凝	IR	容量		
TRNSYS Type132	CC，UC	G	√	_	√	1×2		D：[14]
TRNSYS Type136	CC，UC	G	√	√	√	1×1	基于 Type132	D/V：[9，14]
TRNSYS Type 202/203	UC	G	√	√	√	N×1	无釉集热器/PVT	D/V：[6，8]
TRNSYS Type222	UC	W	√	√	√	1×1	包括背面流失	D：[7，15]
TRNSYS Type301	CC	G	√	_	√	N×1		D：[16]
TRNSYS Type832 v5.00	CC，UC	G	√	√	√	N×1	基于 Type132	D：[14，17]
RD_{mes} white1	CC	W	√	_	√	N×1	来自光学性质的 IAM	D：[18]
Matlab_ Carnot	CC	W	没有可获得的数据			10×1		D：[16]
T-Sol	CC，UC	G	没有可获得的数据					D：T Sol 使用手册
Polysun	CC，UC	G	√	_	√	1×1	标准：美国、欧盟、中国	D：[19]和集热器测试标准

注：CC=盖板集热器（真空管/平板集热器）；UC=无釉集热器；W=白箱（物理）模型；G=灰箱（半经验）模型；IAM=入射角修正方法；b_0/b_1=第一或者第二阶 IAM 美国空调冷冻工程师学会（[20]，p.298）；r =安布罗塞蒂指数-r[21]；biax=也有双轴 IAM 计算的可能；表中 IAM 可以在性能图标/数据文件中找到；风=风速的影响；冷凝=在露点下操作时会冷凝；IR=红外辐射平衡；容量=沿流体路径热容量节点数×流体温度热容；N=可获节点的数量；D=文件；V=校验。

a：每种模型都考虑到了直接辐射和散射辐射。

理论上 COP 的限值是由热泵循环的卡诺效率定义的，即

$$COP_{lim}=T_{sink}/(T_{sink}-T_{source}) \tag{3.4}$$

其中，高温热库和低温热源的温度 T 单位为 K。

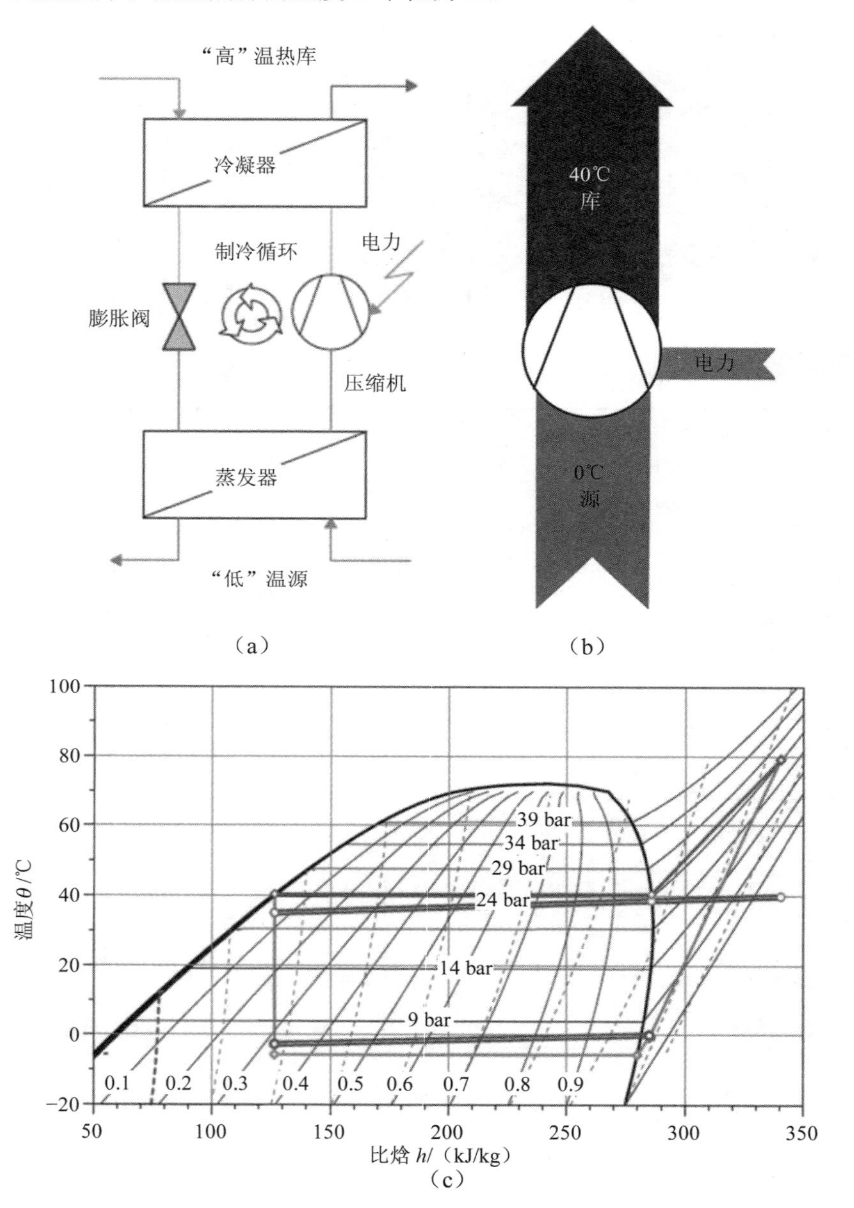

图 3.3　热泵循环

注：（a）原理图；（b）桑基能量分流图；（c）一个制冷剂的热力学状态以及源和库的温度。

来源：SPF Source：Andreas Heinz，TU Graz and Michel Haller，SPF。

1 bar=10.0 kPa。

对于在住宅中的应用，今天一般使用的热源都是室外空气源和地源。在空气源热泵中，蒸发器通常位于空气—制冷剂热转换器中，它可能安置在建筑外壳内或者建筑之外[分机或者室外安装的整机如图 3.4（a）所示]。在大部分地源热泵中，通过盐水运输回路将热能从地面传输到热泵，如图 3.4（c）和图 3.4（d）所示。年均性能①，在最近的一个中欧空气源热泵实地研究中测得 SPF_{HP}=2.9，但是垂直埋管地源热泵的平均值为 SPF_{HP}=3.9，水平埋管地热源热泵的平均值为 SPF_{HP}=3.7[22,23]。导致这一差别的原因是在那一年对较高温的地源热源温度需求量大。空气—制冷剂热转换器的除霜过程中产生的损失是导致空气源 SPF 较低的另一个原因。依据现场测试的平均结果算得的系统性能值可能会存在较大偏差。一部分原因是市场上热泵的性能不同，但主要原因是热源的温度或是需输送的有用热能的温度过高/过低。根据一般经验规则，在典型的操作条件下，蒸发和冷凝的温差减少 1 K 就会导致 2%～3%COP 的增长。

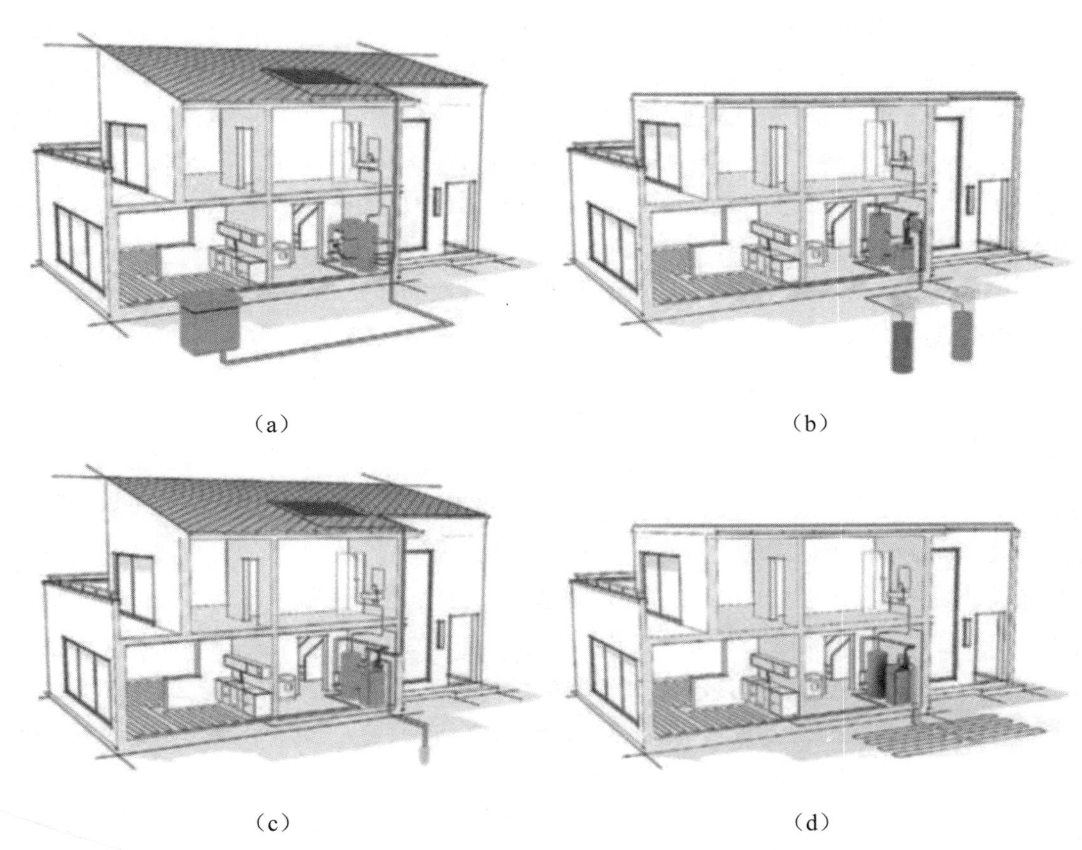

图 3.4 （a）空气源热泵示意图；（b）地下水源热泵示意图；（c）垂直埋管地源热泵示意图（d）有水平地埋管热泵示意图

注：由斯宝亚创公司提供 Stiebel Eltron AG。

① 关于季节性能系数（SPE）的定义，见第 4 章。

最近有关热泵技术开发（不包括细节方面）如下所述：

— 省煤器的循环运用克服了低热源和高热库之间更大的温差。

— 当冷凝器的运行温度和地暖系统温度相同时，使用减温器充分利用㶲热量提供生活热水。

— 使用容量控制压缩器，尤其是空气源热泵，来减少加热能量和所需能量之间的错误匹配。

— 逐渐淘汰有显著臭氧消耗潜力的制冷剂，并且开发对全球气候变暖有较小影响的制冷剂。

— 开发具有较高 COP 的低温升降压缩机，如涡轮压缩机[24]。

— 三流体蒸发器可以直接传输两种具有制冷剂的不同热源的热量[25]。

在 T44A38 项目中多特（Dott）等对热泵的模拟模型进行了评述[26]。吉恩和斯皮特勒（Jin and Spitler）对热泵和制冷机模型进行了述评[27]。在标准中，大部分容易使用的计算方法都需要常用热泵的 SPF 值。对于新的或者是更复杂的系统的评估，更加详细的模型需要考虑系统的动力学分析，或者在不同的限制条件下评估系统。其中热负荷的交互，如建筑或者生活热水需要热量的存储和热源，例如，垂直埋管换热器或者太阳能制热在评估系统长时间（一整年）的表现性能中起到很重要的作用，同样也在短期评估中很重要，如控制策略。

经验黑箱模型是相当普遍的。这是因为对组件性能的描述要十分精确，这就需要获得各个产品数据。物理模型，或者基于物理效应的模型没有广泛地应用于年度能源性能模拟，由于在每一个模拟过程中，都要计算制冷剂循环的状态和流动的时间，因此需要的计算时间会显著增多。准稳态性能图模型（即黑箱模型）便成为了动态仿真程序（如 TRNSYS、ESP-r、Insel、Energy Plus、IDAICE 或 MATLAB/Simulink Blocksets）中最常用的热泵模型。这些模型的案例可以参考文献[28]，并且也在模拟软件博日胜（Polysun）中进行了实施[29]。其中，性能图测试采样点有数量限制，因此采用了两点间内插的方法或者用一个二维多项式平面来表示性能图[图 3.5（a）]。这些模型将低热源的温度作为入口温度，将高温热库的温度作为出口温度，来计算产出的热量和电力需求量。黑箱稳态模型的扩展包括动态效应，如描述了蒸发器和冷凝器中的冷冻/解冻和热惯性，案例可参考文献[28]。

还有更复杂的模型是基于压缩机性能和蒸发器、冷凝器总传热系数来计算热泵性能的[27,30-34]。由此，压缩机模拟可以基于体积和等熵效率假设，或者基于从压缩机经销商那里获得的性能图。这些模型的优点是更加灵活，因此可以用来研究热泵制冷剂循环的变化，如包括两个蒸发式换热器的串联系统——一个是作用空气热源使用，另一个是作为太阳热源的盐水使用，并且/或者在热泵传送空间供暖时增加一个额外的减温器来提供生活热水。这些额外的模型特征表明：热泵循环中的制冷剂的热力学状态迭代计算需要花费更多的工作量。

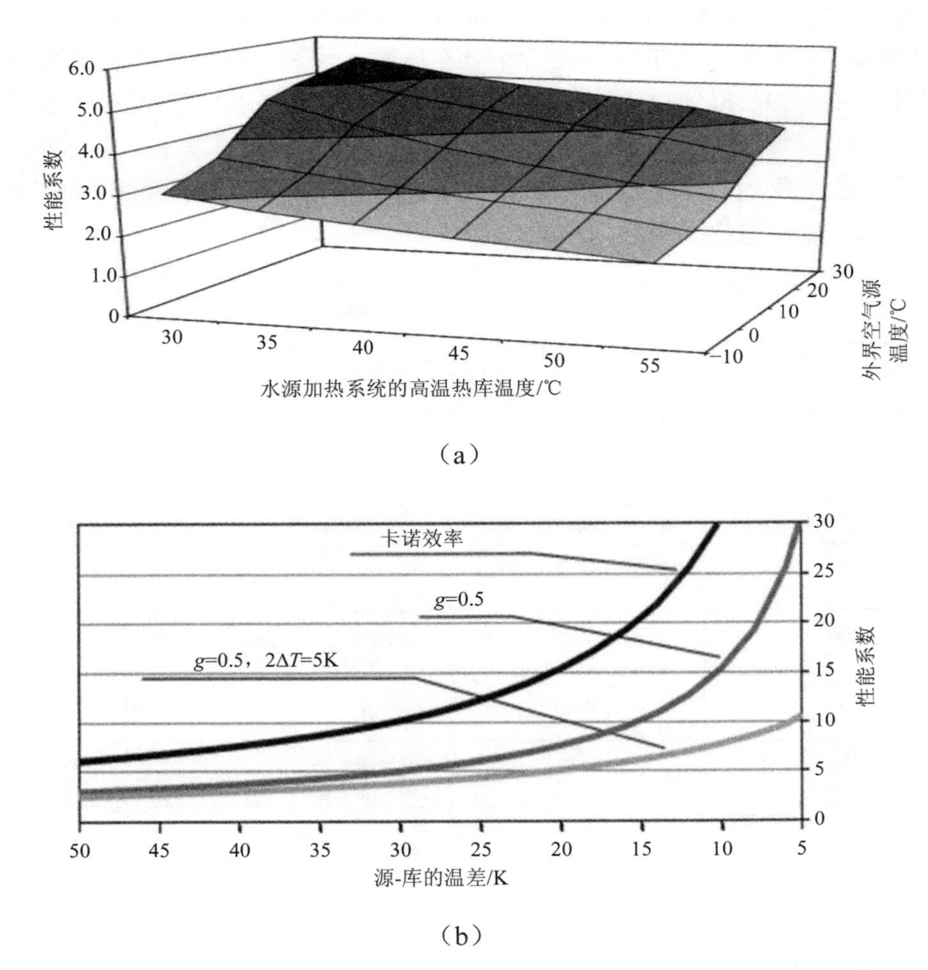

图 3.5 （a）空气-水源热泵的 COP 性能示例图（来源：[26]）；（b）基于源和库温差、卡诺效率、㶲效率 g、加上或者不加上一个额外的从源和库到制冷剂的温度差（ΔT），来计算热泵的 COP

对于可以将太阳能集热器吸收的热量传输到蒸发器的热泵模型，可能因此会比平时运行中达到更高的温度，故而需要注意避免在热泵应用中过高评价其性能：

— 一个非常简单的黑箱模型方法是假设整体热泵的性能系数是最大热力学卡诺效率的一部分。然而，这种方法外推的性能系数值在升温时要高于或者低于其他模型，并且不能通过校正使其产生可靠的结果。此外，如果将提升的温度看作是低温热源和高温热库之间的温差，就需要考虑这个值与制冷剂在蒸发和冷凝之间的温差是不相等的。各个换热器之间的温差是需要考虑的。因此，通过恒定卡诺效率值外推法求得的上升温度较低时的热泵性能是被高估的[35][图 3.5（b）]。

— 一些热泵模型计算制冷剂在循环中不同点的状态时，是基于假设在制冷剂蒸发之后的过热是一个恒定值。然而，尤其是那些配备了恒温阀的热泵，在蒸发之后的热量会随着低温热源温度的升高而增加，因此就会降低在这种运行条件下获得的性能系数[34]。

容量控制热泵的模拟模型在文献[33，36-40]中有介绍。然而，几乎没有数据可以去校验容量控制热泵模型（表 3.2）。物理模型的参数缺少可用数据，尤其是容量控制热泵的建模缺乏可用数据，限制了这些模型在热泵系统研发项目中的使用。而在非常规的高源温度下运行热泵系统的观察数据，也同样缺乏。

表 3.2 热泵模型（并未全部列举）

名称和编号	热泵种类	模型种类	瞬时效应	容量控制	备注	参考文献
模拟模型						
TRNSYS Type 877	All	Ref-Cycle，C-Perf /（ηv 和ηs），ε-NTU	QSTAT，Cond-Cap	√	a，b	[34]
RDmes Carbonell	W/W，B/W	Ref-Cycle，ηv 和ηs，ε-NTU	QSTAT	—	c	[27，41]
TRNSYS Type 176	All	Ref-Cycle，C-Perf，ε-NTU		√		[30]
TRNSYS Type 372		Ref-Cycle，C-Perf	QSTAT	—		[42]
Madani EES –model		Ref-Cycle，C-Perf	QSTAT	√	b，d	[33]
TRNSYS Type401（201）（YUM）	All	HP-Perf（二次拟合）	Evap-Cap，Cond-Cap	—		[43]
TRNSYS Type 204（YUM）	All	HP-Perf（二次曲线拟合）	QSTAT，Cond-Cap	—	e	[44]
TRNSYS Types504，505，665，668	All	HP-Perf		—		[45]
Carnot HP	All	HP-Perf	Evap-Cap，Cond-Cap	—		[46]
Polysun	All	HP-Perf（插值）		—		[19]
温度箱计算						
EN 15316-4-2：2008	All	HP-Perf		—		EN 15316-4-2：2008
EN 14825：2012	All	HP-Perf		√		EN 14825：2012
ANSI/ASHRAE Standard137—2009	All	HP-Perf		—		ANSI/ASHRAE Standard137—2009

注：Ref-Cycle=在周期的不同点的制冷剂的热力学状态参考周期；C-Perf=压缩器性能图（单点插值或者曲线拟合）；HP-Perf=热泵性能图（单点插值或者曲线拟合）；QSTAT=准静态；Cond-Cap=冷凝器的热容量；ε-NTU=效力-NTU 模型换热器。

a：依靠湿温相对度（RH）和除冰效率实现热量输出的静态减少的解冻损失。

b：包括减温器模拟。

c：根据目录数据模型参数的自动识别。

d：分别适用于变速压缩机、单速压缩机、蒸发器和冷凝器的模型。

e：双级压缩机（二性能图）热泵，包括除霜损失。

3.3 地埋管换热器

土壤源热泵使用土壤、地下水、地表水作为热源，或在制冷时作为散热器。

土壤源热泵系统在世界范围内的广泛应用是由于其具有高节能潜力以及可以减少二氧化碳的排放。与空气源热泵相比，土壤源热泵具有更高的性能是因为其土壤具有特性。由深度函数得到的原土壤温度，是通过热传导分析函数得到的，如图 3.6 所示。在地下 6～50 m 或者 6～100 m 的温度接近特定位置的地表年均温度。因此，在冬天要比环境温度高，在夏天温度低，并且在一年中温度是相对恒定的，因此，土壤相较于空气可以给热泵提供更好的能源。尤其在极端天气、需要大量热量或者冷气时最能表现出土壤源的优越性。土壤源热泵的性能要比同样空气源热泵的性能高 20%～30%。要使两种系统有更好的整体系统性能，可以结合太阳能热技术，以减少运行时间和热泵电力的需求。

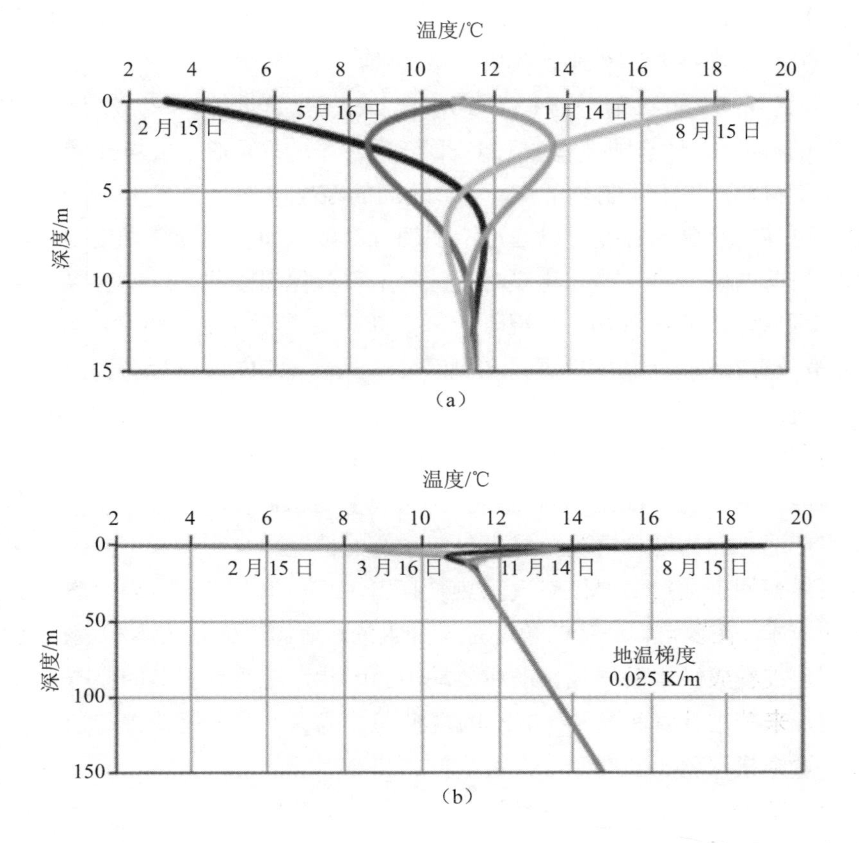

图 3.6 选择北半球气候作为原地源温度，制作了为期一年的浅层（a）和深层（b）深度函数

地源热泵可以有开源循环，将空气作为热载体，或者将储水器作为一个直接能源。当一个地埋管换热器（GHX）连接了一个水源或者盐水源热泵时，闭合循环可以被分为非直膨式系统；当热泵制冷剂直接通过地埋管换热器循环时，可称为直膨式系统。直膨式系统是更有效率的但也是更难安装的，因此非膨直式系统更加常用。闭合循环系统也称为土壤源热泵，也是本章主要重点。

与空气源换热器相比，地埋管换热器没有除霜过程，并且热源温度更为稳定，因此热泵压缩机承受的机械压力和热应力较小。所以，拥有 20～25 年使用寿命的土壤源热泵的可行性更高。一般由聚乙烯或者聚丁烯制成的接地线有接近50年，甚至更长的使用寿命[47]。

依据换热器物理分机在地下的深度，又可以将 GHX 分为水平和垂直两种（HGHXs 和 VGHXs）。这两种配置均可以参考图 3.4。一般情况下，VGHXs 效率更高，它们需要更少的占地面积，并且由于其在地表深层的热源热性，需要更少的热泵能源。因此，它们更适合规模较大的系统。然而，HGHXs 的安装更加便宜，并且在建设过程中比埋管的风险小。从地层中获取热量时，从地表获取要比从地下获取热源慢。当然，当从极深的地下和在特殊地理条件下汲取热量是要比从地表获取热量慢的。

VGHXs 包括 45～150 m 长、直径为 10～15 cm 的垂直埋管。每一个埋管都配备了直径为 2～4 cm 的同心 U 形热塑性管或双 U 形热塑性管，并且通常会填充增强传热效果的沙和皂土等灌浆材料。为了限制热干扰，埋管之间的距离应该至少有 5～7 m，这要依据土壤性质确定。更高的热泵源温度可以通过增加埋管深度从而提高土壤源的自然温度获得。深埋管施工是当前的研究热点[48]。建议对埋管的上部分保温隔热，以便获取更高的热源温度[49]。在多重埋管，或者埋管场的情况下，每年都需要重新划定土地存储容量。

HGHXs 被放置在浅层地层中，通常在地下 1～3 m。HGHXs 可以分为三类：①水平方向；②垂直方向；③建筑集成。水平方向的类别有河曲形、竖琴形、双管形和毛管形。垂直方向的类别有沟槽形、阀笼形、篮子形/螺旋形。HGHXs 可以安装在建筑的地下室、墙内，或者作为能量桩。这些配置的解说性案例可以参考文献[50]。对于建筑集成系统，需要注意热短路情况，因为这种情况会显著降低系统的性能。

地源热泵最初的资金投资要比空气源热泵高出 30%～40%，这是因为增加了埋管和安装地下盘线的成本。在以前，埋管的长度是十分大的，增加了原始成本和运行成本。所以，投资高的障碍也被看成技术发展加快的重要动力。因此，需要有更多的模拟工具在可接受的计算时间内，来精准计算和预测 GHX 的规模和性能。了解土壤特性和地下水条件也是十分重要的；否则模拟就不会得到一个可靠的结果。

一般都会界定 GHX 规模，以便流体入口总是保持在规定温度限值之上。年净热量获取量和标定热量获取量都对这一温度产生影响。并且 HGHX 的这一温度经过几个月就会下降，VGHX 经过几年就会下降，VGHXs 场会经过几十年后下降。因此，计算的几年之后入口温度的最小值通常用来定义 GHX 的规模大小。假设已知建筑负荷，那么 GHX 模型主要的不确定性就是对土壤性质和自然地下水流体的了解程度。接地的导电性和地埋管的有效热阻对 GHX 的性能有很大的影响。土壤的性质可以从地质图中获得，也可以从地方当局获得，或者通过地热效应测试获得。

VGHXs 和 HGHXs 模型最基本的区别在于对地表季节性温度的影响。这些主要是对 HGHXs 性能产生相当大的影响，而对 VGHXs 几乎不造成影响（图 3.6）。总之，对 GHX 模型的简化假设实质上在 VGHXs 和 HGHXs 之间有很大不同。对 GHX 的详细介绍可以参考 T44A38 中的技术报告[50]。下文提供了一个简短的概述。

3.3.1 垂直地埋管换热器

一般垂直地埋管换热器的模型主要是计算远源场问题（全球问题）和近源场问题（当地问题）（表 3.3）。近源场、埋管和附近的建筑在热量获取、注入或者在上下流动流体传输热量时会受到短期改变，并且会在几分钟或者几小时的短时间内得到恢复。远源场问题决定了近源场一定时间（几天或者是几个月）后的外边界温度。这取决于轴向效应和负荷埋管之间的热干扰。

为了解决 GHX 的近源场问题，使用子模型来计算埋管热阻是十分必要的，而这取决于计算灌浆性质、管材、循环液和管脚的形状。有关埋管热阻重要模型的述评请参考文献[67]。

解决远源场问题较为流行的方法是由 Eskilson[68]提出的通过数值模拟派生的 *g*-函数。这些函数通过有恒定热量获取/注入的埋管场的无量纲化热响应因子来定义。一旦一个 *g*-函数是已知的，埋管出口边限的温度和在获取或注入恒定热量一定时间之后的原土壤温度的差值，就可以基于土壤热性质计算出来。在一个场中的一些埋管可以通过空间叠加和通过时间叠加的方式计算的不同热量获取/注入来解决。为了预测时间少于几个小时的瞬时效应，亚武兹蒂尔克和斯皮特勒（Yavuzturk and Spitler）列出了短期 *g*-函数[69]。

对于 VGHXs 模型，在计算时间上最简单和有效的方法就是使用分析模型。在这些分析模型中，最精确的方案是由克拉松和 Eskilson 提出的有限线源模型[70]，并且由拉马切和比彻姆完成了数字模型[71]。当前的有限线源模型，包括使用 *g*-函数计算的倾斜埋管，其精确度与数字模型相似。因此，分析模型可能被认为是长期埋管分析。大部分文献中提及的分析模型都不适合短期分析预测，也只有在近期的一些研究中，强调了这一问题[71,72]。

表 3.3 垂直地埋管换热器模型（非全部类型）

平台和编号	Use	Coax	U	2U	Fields	Far-f	Near-f	Bore-Cap	Grd-Prop	GWF	文件（D）/校验文献（V）
TRNSYSType 557（DST）	AS	√	√	√	√	3DFD	1DFD	—	*N*	—	D：[51]；V：[52]
TRNSYS Type 451	AS	—	—	√	—	ILS	1DFD	√	*N*	—	[53，54]

平台和编号	Use	Coax	U	2U	Fields	Far-f	Near-f	Bore-Cap	Grd-Prop	GWF	文件（D）/校验文献（V）
TRNSYS DSTP Type280	AS	√	√	√	√	3DFD	1DFD	—	*N*	√ a	D：[51，55]；V：[56]
TRNSYS SBM Type281	AS	√	√	√	√	3DFD	1DFD	—	1	—	D：[57，58] V：[59]
PILESIM2（单机）	Size	√	√	√	√	3DFD	1DFD	—	*N*	√ a	D：[60]；V：[61]
EED（单机）	Size	√	√	√	√	g（FLS）	Anal	—	1	—	[62]
GLHEPRO（单机）	Size	√		√	√	g（FLS）	Anal	—	1	—	[63]
EWS（单机）	Size	√		√	√	g（FLS）	1DFD	√	*N*	—	[64]
Polysun EWS	AS	√	√	√	√	g（FLS）	1DFD	√	10	—	[64]
Simulink EWS	AS	√		√	√	g（FLS）	1DFD	√	*N*	—	[65，66]

注：AS=年度模拟；Size=埋管规模；Coax=同轴管；U=U 形管；2U=双 U 形管；Fields=几个相互影响的埋管场；Far-f=远源场温度开发方法；Near-f=近源场温度开发方法；Grd-Prop=可以定义土壤属性的水平层数量；GWF=地下水流的影响；1D/3D=一维/三维；FD=差分；FLS=有限线源；ILS=无限长线热源。

a：通过计算重要简化模型来确定地下水流影响——无验证。

g-函数与数字模型或者分析模型的主要区别在于，数字模型可以动态计算每种模拟情况。虽然，数字模型通常适用于短期分析和开发，并且使用分析模型分析短期埋管仍然是当前热门的调查话题。

3.3.2 水平地埋管换热器模型

由于深度浅，水平地埋管换热器受到天气条件的强烈影响，如环境温度的变化、热辐射（太阳能长波辐射）、下雨和下雪。除此之外，管子附近的水结冰对提高 GHX 性能有很大作用，这是缘于结冰区域的潜热释放、热量储存和土壤热导性提高[73]。结冰对于放置在潮湿土壤中的 HGHXs 来说一年中土壤温度低于 0℃的几周是十分重要的。文献中对热泵系统年度性能模拟的不同模型的表述如表 3.4 所示。这些模型根据流体载体和循环种类通常被分为两种：①地表-空气换热器的开源循环；②使用浅层地下换热器的水/乙二醇闭合循环。地表-空气换热器在建筑部门基本上是用来空气预热或制冷的。

20 世纪 90 年代前，大部分闭合循环的 HGHXs 模型都是基于线源理论的，因此 GHX 的长度都是加长的。更精细的模型是基于在圆柱坐标中一个单管的热传导方程[73,74]或者基于一个二维笛卡尔坐标、位于垂直流体流动平面的管阵列[75,76]建立的。对于大部分配置如果不使用二维数字模型，HGHXs 可以结合分析模型通过一维土壤流体流向模型来建立[65]。

表 3.4　水平地埋管换热器模型（非全部列举）

平台和编号	换热器种类	模型种类	Grd-Prop	空间效应				备注	文件（D）/校验文献（V）
				Ice	Ihor	Rain	GWF		
TRNSYS Type 556/ORNL	H	3D FD	1	—	—	—	—		D/V：[73]；D：[74]
Glück（单机）	H	2D FD	*N*	√	√	—	—		D：[75]
TRNSYS – Ramming	H	2D FD	*N*	√	√	√	—		D：[76]
TRNSYS Type 460	H	3D FD	3D	—	—	—	—	a	D/V：[77]
Simulink 1D	H	1D FD	*N*	√	√	—	—		D/V：[78]
Simulink 2D	H，B，T	2D FEM	2D	√	√	—	—		D：[79]

注 H=水平管；B=篮子形；T=沟槽形；Ice=结冰的影响；Ihor=时间相关的辐射表面增益；Rain=下雨的影响；GWF=地下水流的影响。

a：通过地下输送管传输潮湿空气的炕热/显热和潜热。

3.3.3　太阳能地埋管换热器

与太阳能集热器结合的地埋管换热器提供了直接利用太阳能作为热泵的一种能源，或者将土地回热的可能。土地集成了太阳能可以提高土壤温度，或者减少由周围埋管的增加导致的制冷/制热负载不平衡的长期退化效应。在最近几年，一些研究分析了集成埋管可能的好处。原则上，直接使用太阳能，至少在夏天是比地面充热系统有更好的 SPF。集成的效益是低的，并且单埋管是不适合集成的，因为它不会随着时间的流失产生热源损失（即最大的损失范围为 1～3 K），但是对于长期运行的大型埋管场，其热损失即使在 10 年之后也一直存在，并且损失要超过 10 K（[80]，p. 34ff）。需要强调的是多个邻近的单一地源换热器可以被看作一个 GHX 场，即使它们一般不按照场的方法计算。同时也发现一些规模小的 GHX 系统会从地源集成上获益[81]。在这种情况下，需要注意 GHX 热泵的电力消耗，并且建议以低流速进行热再生[82]。地源会受到地下水流的强烈影响，集成就可能被淘汰。其次，地源充热时的温度需要保持在一定温度以下来避免使土壤干燥、压迫管材、关注地下水的质量或者其他问题。然而，作者没能找到这一焦点的详细信息或者科学证据。

3.4　蓄热器

为了克服热量产出和消耗的不匹配，太阳能热泵系统经常会配置热能储存装置。最常安装的蓄热设备都是基于显热的，通常使用水作为存储媒介。并且通过相变过程（固体-液体、液体-气体）和吸收及释放热量的热化学过程来存储热量。对通过相变材料（PCMs）和吸收过程增加存储密度和/或效率的期望，已经导致了对这两个领域研究的增加。然而，目前只有一种相变存储技术成功地打开了液体媒介市场，即经过验证的可以给高压交流电系统带来经济效益的水-冰相变蓄热器。吸热过程用于太阳能驱动的热泵中，通过废热制冷或者太阳能光热制冷。使用吸热过程的季节性蓄热器在一些项目中被研究[83-85]，但是还没有可行的商业方案。热化学存储也可以通过可逆的化学反应来实现。其能源密度要比显热蓄热器高出 10 倍，但是市场上并没有能够存储温度在 100～150℃范围的技术，并且这一温度范围也是在建筑太阳能装置中合理的最大温度范围。国际能源保护署的太阳能制热制冷计划中的任务 32（IEA SHC Task 32）以及任务 42（IEA SHC Task 42）在这一领域付出了努力[86，87]。

3.4.1 显热蓄热器和一般蓄热器

显热需要以液体或者固体材料作为媒介存储。液体显热存储包括众所周知的储水槽和盐梯度太阳能池[88,89]，合成油或熔盐用于更高温度的存储[88]。固体材料包括岩层热存储[90]和混凝土，也包括建筑构件的热活化，如混凝土地板。水和固体的存储方案有含水层热能存储、洞室热能存储、砾石-水热能储存和埋管热能存储[91,92]。由于 3.3 节主要讲了埋管，本章仅介绍地下存储容器。

大部分太阳能热泵的应用都使用水作为存储媒介。水作为显热存储媒介是非常好的，因为它有较大的比热、低廉的价格、无毒和化学惰性。水的比热[大约为 4.19 kJ/（kg·K）]从未被超越。但是与烃、氢的燃料能源存储相比，水存储的能量和㶲是相当低的。水的储热温度范围为 20～80℃，这是适合家庭使用的，水的储热容量为 70 kW·h/m^3，而民用燃料油储能是水的 100 倍，民用燃料油的㶲值是水的 500 多倍。由于水的储能密度是相当低的，以及随着时间的流失热量损耗会不断增加，因此水在短期储热方面有较高的经济吸引力，但是在季节储热方面应用不是很广泛。

生活热水存储器不仅仅是热量使用高峰期调整时需要，它也存储在非需求时段产生的太阳能热量。蓄热器可能也用来进行空间采暖，当空间的热负荷低于热泵的加热能力时，用来延长热泵的运行时间，并且也用来存储太阳热能。所谓的组合蓄热器就是通过一个组件来存储家庭用水和空间采暖热能。这种方案比两个蓄热器有更好的表面积和体积比，并且只有一个装置中的太阳能需要被传输，这样就简化了液压和操控。在组合蓄热器中获取生活热水的思路如图 3.7 所示。组合蓄热器原理依赖于水的温度，这是由于水的密度随温度的不同而变化导致的。因此，顶部的热水用来向消费者提供热水，底部的低温水用于电源冷水的太阳能预热，而中间的水用于空间供暖。内部或者外部换热器是用来将太阳能热量从集热器循环的防冻液运输到蓄热器媒介中，以及将热量从储热的水媒介中传输到 DHW 配送系统中。

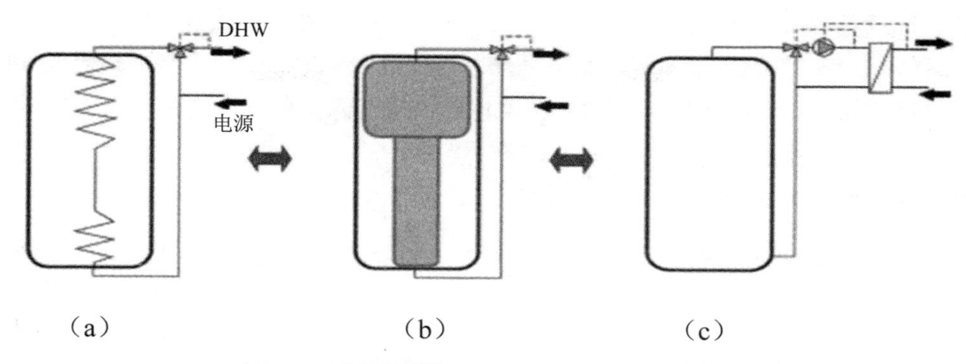

图 3.7 不同类型的 DHW 制备太阳能组合蓄热器

注：（a）卤化氢浸液的螺旋式组合蓄热器；（b）槽中槽式组合蓄热器；（c）DHW 模块外部式组合蓄热器。

水箱的容器基本上都是有加压钢容器，但是也可以设计成非加压的，或者是由其他像铝、聚合物这些有成本效益的材料制成。但是，非加压容器也许需要额外的换热器将热量传入加压系统中，并且是更容易腐蚀的，尤其如果它们是暴露于空气中的。加压钢容器的使用寿命一般为 20～80 年，但是如果设计不当可能会加快腐蚀并减短使用寿命。判断蓄热器的高效技术的关键问题如下：

— 无热桥效应的良好的绝缘性[典型 U 值最大值的范围是 0.3～0.5 W/（m^2·K）]。

— 止回阀或其他防止在连接回路中无用浮力驱动循环的装置（如夜间的集热器场、夏天的空间供暖回路和辅助加热器循环）。

— 在所有蓄热器连接处安装热疏水阀来避免在没有净体积流量的备用管道中所谓的逆流热量损失。

在蓄热器中实现和保持分层的性能对组合蓄热器是十分重要的，并且对由热泵充热的蓄热器更加重要。

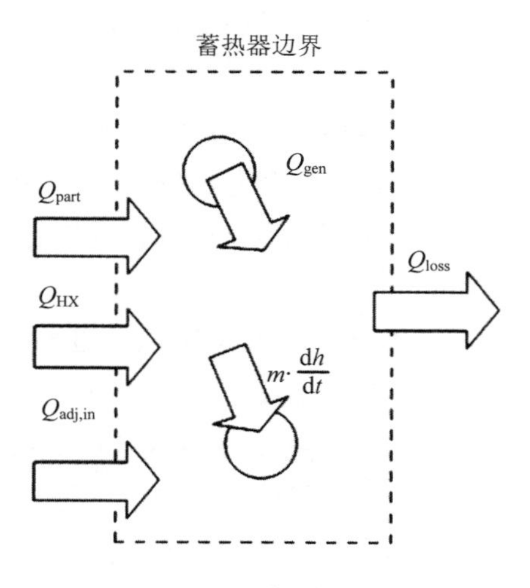

图 3.8 蓄热器能量平衡图

蓄热器蓄热或者放热是通过蓄热器（直接蓄热/放热）循环载热流体直接实现的，或者通过蓄热器中一个内部换热器实现。充热另外用内部热源实现，如浸没电加热器或集成燃料燃烧器。根据图 3.8、式（3.5）可知蓄热器中的一般能源平衡方程：

$$\dot{Q}_{\mathrm{HX}} + \dot{Q}_{\mathrm{port}} + \dot{Q}_{\mathrm{gen}} - \dot{Q}_{\mathrm{loss}} = m\frac{\mathrm{d}h}{\mathrm{d}\tau} \quad (3.5)$$

$\dot{Q}_{\mathrm{HX}}$ 和 $\dot{Q}_{\mathrm{port}}$ 是蓄热器所有卤化氢和直接入口/出口的净传热率，$\dot{Q}_{\mathrm{gen}}$ 是存储器内部产生的热量，$\dot{Q}_{\mathrm{loss}}$ 是从蓄热器到环境时的热量损失。存储能量的变化率是存储器产量 m 和比焓变化率 $\frac{\mathrm{d}h}{\mathrm{d}\tau}$。对于分层式蓄热器，热质量被分为一系列有适当空间安排的节点来进行有限差分分析。对于每一个节点，能源平衡还需要计算与相邻节点的热交换，如式（3.6）和图 3.8：

$$\dot{Q}_{\mathrm{HX},i} + \dot{Q}_{\mathrm{port},i} + \dot{Q}_{\mathrm{adj,in},i} + \dot{Q}_{\mathrm{gen},i} - \dot{Q}_{\mathrm{loss},i} = m_i\frac{\mathrm{d}h_i}{\mathrm{d}\tau} \quad (3.6)$$

$\dot{Q}_{\mathrm{adj,in},i}$ 表示的是从所有相邻节点的净获取热量。这个净获取热量主要是热量传输和扩散及热传导过程中产生的。在蓄热器中的 PCM 模块，$\dot{Q}_{\mathrm{adj,in},i}$ 也在所谓的差分方法中使用来计算在 PCM 模块之间的热传输。只要特定差分——获得特定 PCM 的温度曲线，则每一个节点的条件都可以解决。

混合和分层式的蓄热水箱在充热或放热过程中的短期性能和特殊效应可以通过有计算流体力学（CFD）的三维有限体积法模拟出来[94-98]。计算需要消耗大量时间，如模拟 1 个小时的蓄热容器状态就需要花上几个小时甚至几天的时间。对于年性能预测，一维的方法（有限差分集总参数模型）通常只需要几秒或者几分钟来模拟一整年，但是精度不高。然而，一维模型通常是很重要的简化方法，如水平方向上的均一温度和没有考虑到湍流流入导致的混合效应。

有两种不同的方法来辨别一维模型：利用固定在空间域的容量元素的固定节点方法，容量通常都是相同的。因此，当液体沿着分层存储槽模型的垂直轴线移动时，即从一个容量单元移动到另一个单元，如果柯郎数不等于 1，就会导致“数值扩散”。数值扩散在很大程度上可以通过塞流模型避免，其中，每一个充热质量流产生的新的流体活塞都与相应的入口模拟时间步长与提及流率的乘积相等。当充热或者放热时，这些流体活塞都会沿着存储器的垂直轴线移动。

固定节点模拟方法的数值扩散在一些程度上可以通过不考虑蓄热器中其他扩散过程来抵消[99]，活塞流体的方法在模型没有考虑其他扩散过程时可能会高估了存储器的分层容量。虽然在一些案例中对一维模型中入口喷射混合或者羽流卷吸的夹杂影响[96,100,101]进行了研究，但是这些方法在较大规模条件下仍然缺少验证。因此。表 3.3 中影响一维存储模型分层效率的设备通常的局限性有：①减少了固定体积单元（节点），因此增加了数值扩散。②在逆温或者通过在温度偏差很小的存储器单元中加入进液元件建立理想模型的条件下，重复地将流入液体与相邻液体体积单元复杂化。③通过经验调整存储媒介的有效热扩散。

其他辨别以应用的蓄热器模型的重要特点是可以模拟的换热器数量、可以直接模拟存储的充热连接（“双端口”）和模拟槽中槽式或覆盖式水槽组合存储器的能力。

一些模型假设了一个完全依据温度的分层[96]，而不是使用温度依赖性密度。这些模型不能展示当水温下降到4℃以下时的混合和逆温情况。

3.4.2 潜热蓄热器

最常用的潜热蓄热器技术是水冰的相变过程，这一相变过程曾在很长一段时用于蓄冷（固体=充热），最近引入到了太阳能热泵组件的蓄热器（液体=充热）中，其中太阳能热能用于充热，热泵用于放热。太阳能热泵系统的储冰器在建筑中是非常小的容器（300 L）[102]或者是埋在建筑外地下的较大容器（几立方米）[103]。在传热器表层形成的冰随着时间的流失以及冰层的不断增加，也增加了传热阻力。因此，大型的传热器表层需要定时除冰[104]。

其他有更高融化温度的相变材料可能会在热泵的高温部分使用。有关能源存储的相变材料（PCM）可以参考文献[105，106]。已经应用的材料基本上都是低热导性的，这可能会限制传热速率。这一问题可以通过增加高热导材料，如石墨，以及增加传热器表面效率实现：

— 在容器中添加有不同形状的外匣限，如球形或者柱型[107]；

— 向容器中加入只有5～10 μm的微型胶囊；微型胶囊可以和显热运输液体（如水）混合形成可以用泵送的PCM浆料[108]；

— 多层PCM单元和集成了翅片管换热器的大量PCM水槽[112,113]。

很多时候都会使用混合动力PCM显热蓄热器，如水槽中添加PCM的外匣限[112,113]。

3.4.3 热化学反应和吸附式蓄热

热可以通过化学物质在特定反应条件下吸收和释放。化合物分解成为其组成分子的其他化合物通常是放热反应，而化合过程是吸热反应。因此在充热过程中，吸收能量使用的是物质的分解，相当于反应热或者形成的焓。这个原则可以用于蓄热，如在有阳光的阶段蓄热，并且在需要时释放热。

在化学蓄热反应中，被描述为C+热=A+B，C被称为反应的热化学材料，A和B被称为反应体。A通常是水合物、氢氧化物、碳酸盐、氨化物等，B通常是氨水、水、一氧化碳、氢等。C一般是固体或者液体，而A和B可以是任何状态。

一些反应作为候选方案在以存储太阳热能为目的、在相当低温（20～200℃）的条件下进行了更加详细的研究。没有一个经济可行的方案是负荷可持续发展方案的主要标准的，如可逆性、非毒性、低成本以及有限容量，但都尚未实现。

物理吸附反应也可以释放热量。在吸附过程中，吸附剂吸收（液体吸附剂）或者吸附

（固体吸附剂）吸着剂。解吸就是将吸着剂从吸附剂上分离开，这需要热量提供（通常需要更高的温度）。吸附过程通常指的是化学热泵过程，为了获得释放的有用热量，吸附需要更低㶲热源[114]。在开源过程中，第一眼经常是看不到隐藏的较低的㶲热源的，如水蒸气在跨越进程边界的时候。理论上，吸附式蓄热的密度是显热低压蓄热水槽的 3～4 倍。同时，一旦蓄热器充热（吸附剂和吸着剂分离），它们不会经历能量和㶲损失。这对于长期蓄热器是十分吸引人的，并且有许多以此为研究主题的项目。然而这一技术的商品阶段仅限于热驱动热泵，但尚未用于长期储存，因此不再进一步在这本书中阐明。

对不同种类的蓄热器举例如表 3.5 和表 3.6 所示。

表 3.5 蓄热水槽模型

名称和编码	节点（*N*）活塞（P）	HX	DP	槽中槽	覆盖式水槽	内部电加热器	分层选择	制热或制冷	备注	文件（D）/校验文献（V）
TRN Type 4	$N \leqslant 100$	0	2			2	PE，S	H，C	a，b	D：[119]
TRN Type 60	$N \leqslant 100$	3	2			2	PE，S	H，C	a，b	D：[119]
TRN Type 38	P var	0	2			1	PE，S	H，C	a，b	D：[119]
TRN Type340	$N \leqslant 200$	4	10	√	√	1	PE，S	H	a，b	D：[120]
Polysun storage	$N=12$	6	5	√	√	3	IJM，PE，S	H	a，b	D：[19]

注：C=制冷；H=制热；PE=羽流卷吸；IJM=入口喷射混合；S=分层的；TRN=瞬时系统模拟程序。

a：家庭使用。

b：太阳能。

表 3.6 相变材料蓄热器模型

名称和编码	储存种类	节点/活塞/平板	PCM 的形状					HX	DP	制热或者制冷	备注	文件（D）/校验文献（V）
			圆柱	球形	长方体	微型	大型+HX					
TRNType840	Water+PCM	N 节点	√	√	√	√		总 5		H/C	a，b	D/V：[115]；V[116]
Simard2003	PCM	S 平板			√			1		C	c	D/V：[110]
TRNType841	PCM						√	1		H/C	a，b	D/V：[117]
TRN Type 60pcm	Water+PCM	$N \leqslant 100$	√					3	2	H	a，b c	D/V：[112]
TRN Type 60pcm2	Water+PCM	$N \leqslant 100$	√	√	√			3	2	H	a，b	D/V：[113]
TRNType270	Water+ice									C		[118]

注：C=制冷；H=制热；TRN=瞬时系统模拟程序。

a：家庭使用。

b：太阳能。

c：运输。

3.5 太阳能热泵组合系统的特殊方面

3.5.1 并联和串联集热器集热应用

热泵通常将太阳能集热器获得的热源供蒸发器使用。这种操作模式被称作串联装置[20]或者间接集热器集热应用。对于串联装置的集热器运行一般低于环境温度。在这种情况下，集热器不会向环境损失热量，反而会从环境中获得热量。一般情况下，太阳能集热器在低温操作条件下总是会有更高的热量。与此同时，热泵的性能系数会随着热源的温度升高而提高。因此，在集热器利用太阳能而不是流通空气时，热泵的 COP 会更高。

原则上，太阳热能可以在热泵工作过程的两侧同时使用。集热器热量并联使用的原理取代了直接制热应用于在热泵制热一边的热泵循环。在制冷一边的集热器热量可能会提高能源的温度水平，因此提高了热泵的性能。在没有热泵的情况下，如果集热器温度没有上升到比由热量需求决定的储热和配热系统更高的温度，太阳辐射将会损失。这有可能在热需求和环境温差较高，而集热器上的太阳辐照度较低的情况下发生。图 3.9（a）说明集热器收集到的太阳辐射是有可能被集热器直接利用的。

性能系数的提高可以通过增加热泵热源 0.5%～2.5%的温度（K）来实现，并且很大程度上取决于热泵的工作点[122]。

更高 COP 和更高集热器产量的组合并不是系统所有性能都更佳的一个必然选择。基于一个稳态模拟的数学分析，海勒和弗兰克[121]发现只有在式（3.7）的等式左边大于 1 的时候，不是并联集热器热泵运行时间接使用集热器热量，可以提高整个系统的性能系数：

$$\frac{\Delta COP_{HP}}{\left(COP_{HP,par}-1\right)}\cdot\frac{\Delta\eta_{coll}}{\eta_{coll,par}}>1 \tag{3.7}$$

式中，当热量是以并联的形式提供服务时，$\eta_{coll,par}$ 是太阳能集热器效率。当集热器热量用于热泵蒸发器而不是并联时，可以提高集热器效率，$\Delta\eta_{coll}=\eta_{coll,ser}-\eta_{coll,par}$。同样的，$COP_{HP}$ 是热泵和太阳能集热器并联运行并且使用了不同能源（如流通空气）的性能系数。使用太阳热能的性能系数增加是 $\Delta COP_{HP}=\eta_{coll,ser}-\eta_{coll,par}$。

显然，集热器产量 150%（相对值）的增长意味着集热器产量要比并联运行的产量低 40%。因此，串联运行集热器产量在太阳能辐射较低时更加有优势。实际上，对于每一种集热器和热泵的效率参数，当以串联使用热量时，对辐射集热器产量有一个限制，会产生较低的串联热泵季节性能系数（SPF_{SHP}）。这一限制取决于热量需求和环境温度[121]。然而，需要牢记这些数学原理没有考虑系统中的瞬时影响，如热容量的影响。

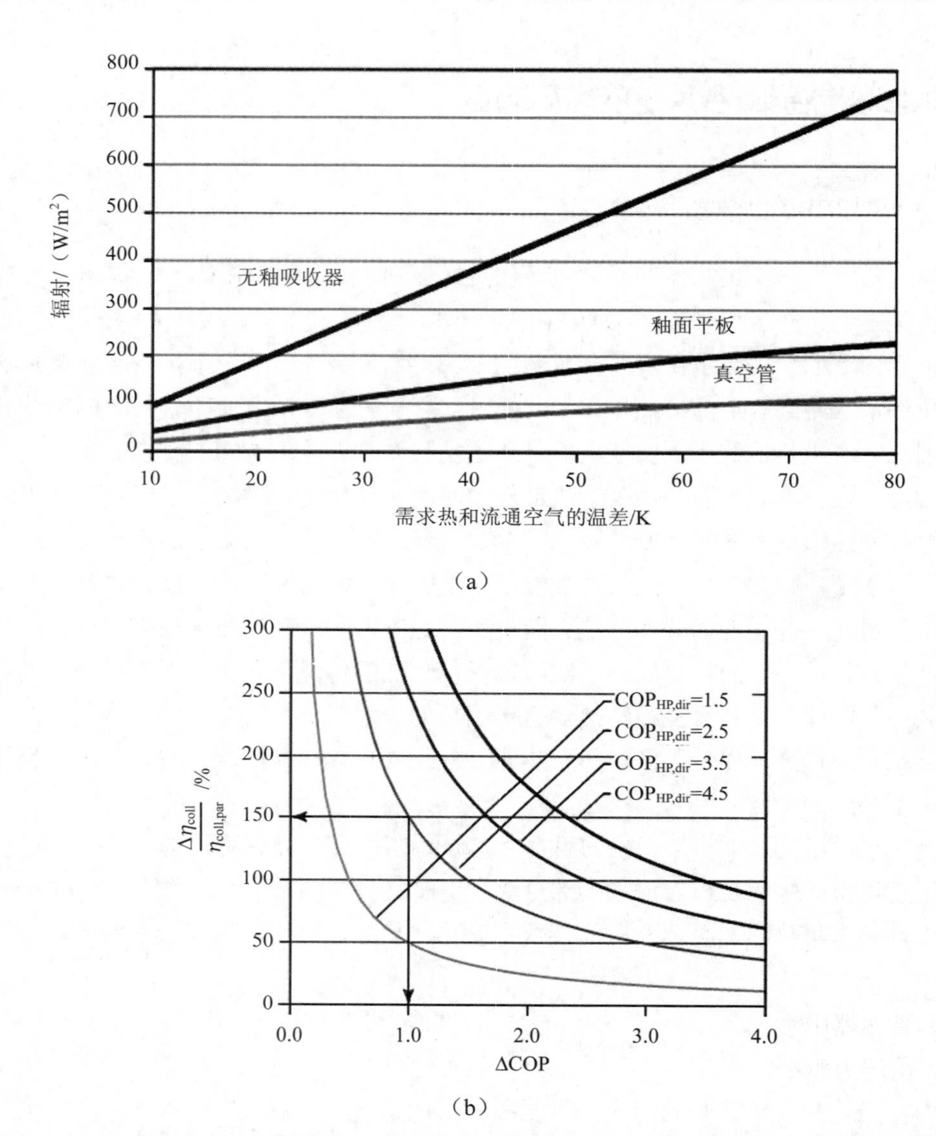

图 3.9 （a）三种并联集热器使用热量的热需求和环境温差与太阳辐射的关系；（b）切换到串联集热器热利用的并联热泵的性能系数值（$COP_{HP,\ PAR}$）曲线

来源：参考文献[121]。

3.5.2 烔效率和存储分层

太阳能集热器或者热泵冷凝器的低运行温度可以增加这些组件的运行性能。因此，太阳能热泵系统的效率会随着热量产品与供给到最终用途的热量的温差的升高而降低。因此，这些损失增加了集热器和热泵的运行温度，降低了系统的效率。热能损耗的例子如不同温度的流体的混合，以及热传输过程中——如换热器的一级和二级热载体流的巨大温

差——如图 3.10 所示。

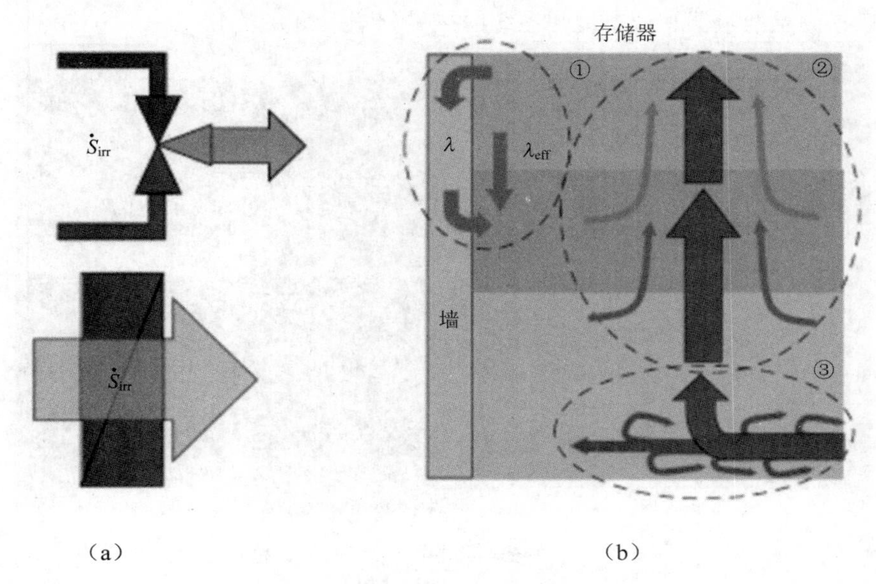

图 3.10 热能损失图解

注：（a）液压（两种不同温度的混合流体）和换热器；（b）蓄热水槽过程包括①热传导和热扩散；②羽流卷吸；③入口喷射混合。

热能损失的重要来源可能是蓄热水槽、液压系统和整个系统的控制。一个理想的蓄热水槽是具有完美分层的，并且没有热量扩散。减少蓄热水槽自然分层的主要驱动过程[123]如下：

（1）蓄热器中水或者其他材料的热传导和热扩散。

（2）由浮力驱动的自然对流导致的羽流卷吸，在蓄热器中可以看到热流柱夹带着周围的水。

（3）入口喷射混合是高速度的水进入蓄热水槽所产生的动能导致的。

入口喷射混合尤其是与有组合蓄热器的热泵有很大关联。热泵的性能系数获益于高体积流率，但是蓄热器的分层效率反过来会降低，由于流率的增加导致入口喷射混合。这一影响如图 3.11 所示，一个 2 英寸①直径入口的计算流体力学（CFD），水进入存储槽的温度是 30℃。图中可以看到最高质量流率 1 800 kg/h 在蓄热水槽上半部分更高温度下的负面影响要比质量流率为 360 kg/h 的大很多。换句话说，空间采暖区域的充热和放热会导致 DHW 区域的 DHW 温度传感器温度下降。因此，热泵再次补充 SHW 区域的蓄热器相应的更高温度，虽然只有低温热才是空间采暖需要的。

① 1 英寸=2.54 cm。

然而，混合过程不仅仅在蓄热器中出现，也出现在液压系统中。例如，来自蓄热器的热流与来自空间采暖的冷流混合导致达到空间采暖分配的理想供应温度。出于这个原因，应该避免包括高温散热器和低温地暖系统的热量分配系统并联组合。

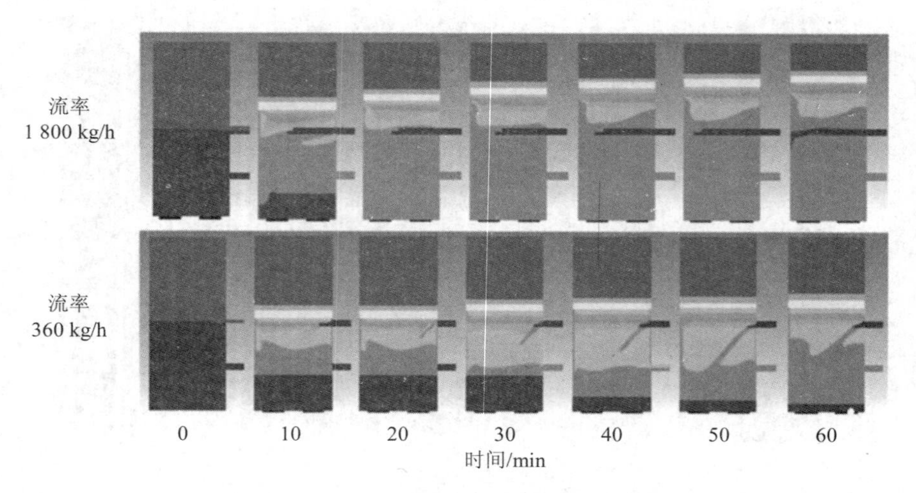

图 3.11 一个基本分层蓄热器的 CFD 模拟

注：上半部 50℃，下半部 30℃，入口直径 2 英寸、30℃，参考文献[124]。

在中欧的气候条件下，大部分室内热水供应和空间采暖的太阳能组合系统的 70%～80%的热量都是由热泵提供的，只有 20%～30%是由太阳能集热器提供的。因此，热泵效率对于一个好的整体性能是重要的。因此尽可能地减少系统的能量损失和热能损失是十分重要的。

参考文献

[1] Massmeyer，K. and Posorski，R.（1982） Wärmeübergänge am Energieabsorber undderen Abhängigkeit von meteorologischen Parametern，Institut für Kernphysik，Kernforschungsanlage Jülich GmbH，Jülich.

[2] Keller，J.（1985）Characterization of the thermal performance of uncovered solarcollectors by parameters including the dependence on wind velocity. Proceedings of the Second Workshop on Solar Assisted Heat Pumps with Ground Coupled Storage，May 1985，Vienna，Austria（ed. D. van Hattem），pp. 367-400.

[3] Pitz-Paal，R.（1988）Kondensation an unabgedeckten Sonnenkollektoren. Diplomathesis，Ludwig-Maximilians-Universität München.

[4] Soltau，H.（1992）Testing the thermal performance of uncovered solar collectors.Solar Energy，49（4），263-272.

[5] Morrison，G.L.（1994） Simulation of packaged solar heat-pump water heaters. SolarEnergy，53（3），249-257.

[6] Eisenmann，W.，Müller，O.，Pujiula，F.，and Zienterra，G.（2006） Metal roofs asunglazed solar collectors，coupled with heat pump and ground storage：gains fromcondensation，basics for system concepts. Proceedings of the EuroSun 2006 Conference，Glasgow，Scotland，Paper 256.

[7] Frank，E.（2007）Modellierung und Auslegungsoptimierung unabgedeckter Solarkollektorenfür die Vorerwärmung offener Fernwärmenetze. Ph.D. thesis，UniversitätKassel，Fachbereich Maschinenbau.

[8] Bertram，E.，Glembin，J.，Scheuren，J.，and Rockendorf，G.（2010） Condensationheat gains on unglazed solar collectors in heat pump systems. Proceedings of the EuroSun 2010 Conference，Graz，Austria.

[9] Perers，B.（2010） An improved dynamic solar collector model including condensationand asymmetric incidence angle modifiers. Proceedings of the EuroSun 2010 Conference，Graz，Austria.

[10] Perers，B.，Kovacs，P.，Pettersson，U.，Björkman，J.，Martinsson，C.，and Eriksson，J.（2011） Validation of a dynamic model for unglazed collectors including condensation. Application for standardised testing and simulation in TRNSYS and IDA. Proceedings of the ISES Solar World Congress 2011，August 28–September 2，Kassel，Germany.

[11] Bunea，M.，Eicher，S.，Hildbrand，C.，Bony，J.，Perers，B.，and Citherlet，S.（2012） Performance of solar collectors under low temperature conditions：measurementsand simulations results. Proceedings of the EuroSun 2012 Conference，Rijeka and Opatija，Croatia.

[12] Palyvos，J.（2008）A survey of wind convection coefficient correlations for buildingenvelope energy systems' modeling. Applied Thermal Engineering，28（8-9），801-808.

[13] Philippen，D.，Haller，M.Y.，and Frank，E.（2011）Einfluss der Neigung auf den äusseren konvektiven Wärmeübergang unabgedeckter Absorber. 21st Symposium "Thermische Solarenergie"，May 11-13，OTTI Regensburg，Bad Staffelstein，Germany，CD.

[14] Perers，B. and Bales，C.（2002）A Solar Collector Model for TRNSYS Simulationand System Testing. A Technical Report of Subtask B of the IEA-SHC – Task 26.

[15] Frank，E. and Vajen，K.（2006） Comparison and assessment of numerical models foruncovered collectors. Proceedings of the EuroSun 2006 Conference，Glasgow，Scotland，Paper 256.

[16] Isakson，P. and Eriksson，L.O.（1994）MFC 1.0Beta Matched Flow Collector Modelfor Simulation and Testing – User's Manual，Royal Institute of Technology，Stockholm，Sweden.

[17] Haller，M.（2012） TRNSYS Type 832 v5.00 "Dynamic Collector Model by BengtPerers" – Updated Input–Output Reference，Institut für Solartechnik SPF，Hochschulefür Technik HSR，Rapperswil，Switzerland.

[18] Carbonell，D.，Cadafalch，J.，and Consul，R.（2013） Dynamic modelling of flat platesolar collectors. Analysis and validation under thermosyphon conditions. SolarEnergy，89，100-112.

[19] Vela Solaris.（2012）Polysun Simulation Software Benutzerdokumentation，Winterthur，Switzerland.

[20] Duffie，J.A. and Beckman，W.A.（2006） Solar Engineering of Thermal Processes，John Wiley & Sons，Inc.，Hoboken，NJ.

[21] Ambrosetti，P. and Keller，J.（1985）Das neue Bruttowaermeertragsmodell fuerverglaste Sonnenkollektoren – Teil 1 Grundlagen – Teil 2 Tabellen – 2. ÜberarbeiteteAuflage，Eidgenössisches Institut für Reaktorforschung（EIR），Würenlingen.

[22] Wemhöner，C.（2011） Field monitoring. Results of field tests of heat pump systemsin low energy houses. IEA HPP Annex 32. Economical heating and cooling systemsfor low energy houses，International Energy Agency Heat Pump Programme.

[23] Miara，M.，Günther，D.，Kramer，T.，Oltersdorf，T.，and Wapler，J.（2011）Wärmepumpen Effizienz – Messtechnische Untersuchung von Wärmepumpenanlagenzur Analyse und Bewertung der Effizienz im realen Betrieb，Fraunhofer ISE，Freiburg，Germany.

[24] Wyssen，I.，Gasser，L.，and Wellig，B.（2013）Effiziente Niederhub-Wärmepumpenund -Klimakälteanlagen. News aus der Wärmepumpen-Forschung – 19. Tagung desBFE-Forschungsprogramms “Wärmepumpen und Kälte”，Burgdorf，Switzerland，pp. 22-35.

[25] Oltersdorf，T.，Oliva，A.，and Henning，H.-M.（2011） Experimentelle Untersuchungeines Direktverdampfers für solar unterstützte Luft/Wasser-Wärmepumpen kleinerLeistung mit zwei Wärmequellen. 21st OTTI Symposium “Thermische Solarenergie”，May 11-13，Bad Staffelstein，Germany.

[26] Dott，R.，Afjei，T. et al.（2013） Models of Sub-components and Validation for theIEA SHC Task 44/HPP Annex 38 – Report C2 Part C：Heat Pump Models. ATechnical Report of Subtask C – Final Draft.

[27] Jin，H. and Spitler，J.D.（2002） A parameter estimation based model of water-towaterheat pumps for use in energy calculation programs. ASHRAE Transactions，108（1），3-17.

[28] Afjei，T.（1989） YUM：A Yearly Utilization Model for Calculating the SeasonalPerformance Factor of Electric Driven Heat Pump Heating Systems，Eidgenössische Technische Hochschule，Zürich.

[29] Marti，J.，Witzig，A.，Huber，A.，and Ochs，M.（2009）Simulation von Wärmepumpen-Systemen in Polysun，im Auftrag des Bundesamt für Energie BFE，Bern.

[30] Bühring，A.（2001）Theoretische und experimentelle Untersuchungen zum Einsatzvon Lüftungs-Kompaktgeräten mit integrierter Kompressionswärmepumpe. Ph.D. thesis，Technical University Hamburg-Harburg.

[31] Bertsch，S.S. and Groll，E.A.（2008） Two-stage air-source heat pump for residentialheating and cooling applications in northern US climates. International Journal of Refrigeration，31（7），1282-1292.

[32] Sahinagic，R.，Gasser，L.，Wellig，B.，and Hilfiker，K.（2008） LOREF：Luftkühler-Optimierung mit Reduktion von Eis- und Frostbildung – Optimierung desLamellenluftkühlers/Verdampfers von Luft/Wasser-Wärmepumpen – Teil 2：Mathematisch-physikalische Simulation des Lamellenluftkühlers mit Kondensat- undFrostbildung，Hochschule Luzern – Technik & Architektur，Horw.

[33] Madani，H.，Claesson，J.，and Lundqvist，P.（2011） Capacity control in groundsource heat pump systems. Part I. Modeling and simulation. International Journal of Refrigeration，34（6），1338-1347.

[34] Heinz，A. and Haller，M.（2012） Appendix A3 – Description of TRNSYS Type 877 by IWT and SPF. Models of Sub-Components and Validation for the IEA SHC Task44/HPP Annex 38 – Part C：Heat Pump Models – Draft. A Technical Report of Subtask C Deliverable C2.1 Part C.

[35] Pärisch，P.，Mercker，O.，Warmuth，J.，Tepe，R.，Bertram，E.，and Rockendorf，G.（2014） Investigations and model validation of a ground-coupled heat pump for the combination with solar collectors. Applied Thermal Engineering，62（2），375-381.

[36] Hiller，C.C. and Glicksman，L.R.（1976） Improving Heat Pump Performance via Compressor Capacity Control：Analysis and Test，MIT Energy Lab.Krakow，K.I.，Lin，S.，and Matsuiki，K.（1987） A study of the primary effects of various means of refrigerant flow control and capacity control on the seasonalperformance of a heat pump. ASHRAE Transactions，93（2），511-524.

[37] Krakow，K.I.，Lin，S.，and Matsuiki，K.（1987）A study of the primary effects of various means of refrigerant flow control and capacity control on the seasonalperformance of a heat pump. ASHRAE Transactions，93（2），511-524.

[38] Afjei，T.（1993）Scrollverdichter mit Drehzahlvariation. Ph.D. thesis，Eidgenössische Technische Hochschule（ETH），Zürich.

[39] Lee，C.K.（2010）Dynamic performance of ground-source heat pumps fitted with frequency inverters for part-load control. Applied Energy，87（11），3507-3513.

[40] Vargas，J.V. and Parise，J.A.（1995） Simulation in transient regime of a heat pump with closed-loop and on-off control. International Journal of Refrigeration，18（4），235-243.

[41] Carbonell，D.，Cadafalch，J.，Pärisch，P.，and Consul，R.（2012） Numerical analysis of heat pump models. Comparative study between equation-fit and refrigerant cycle basedmodels. Proceedings of the EuroSun 2012 Conference，Rijeka and Opatija，Croatia.

[42] Hornberger，M.，E-PUMP：Simulation Tool for Electrical Heat Pumps.

[43] Afjei，T. and Wetter，M.（1997） TRNSYS Type. Compressor heat pump including frostand cycle losses. Version 1.1. Model description and implementing into TRNSYS.

[44] Afjei，T.，Wetter，M.，and Glass，A.（1997） Dual-stage compressor heat pumpincluding frost and cycle losses. Version 2.0. Model description and implementationin TRNSYS.

[45] Anonymous，TESS Component Libraries – General Descriptions. Available athttp：//www.trnsys.com/tess-libraries/TESSLibs17_General_Descriptions.pdf（accessed March 18，2013）.

[46] Schwamberger，K.（1991） Modellbildung und Regelung von Gebäudeheizungsanlagenmit Wärmepumpen，Als Ms. gedr. VDI-Verlag，Düsseldorf.

[47] Rawlings，R.H.D. and Sykulski，J.R.（1999）Ground source heat pumps：a technology review. Building Services Engineering Research and Technology，20（3），119-129.

[48] Huber，A.（2005） Erdwärmesonden für Direktheizung – Phase 1：Modellbildung und Simulation，Zürich.

[49] Goffin，P.，Ritter，V.，John，V.，Baetschmann，M.，and Leibundgut，H.（2011）Analyzing the potential

of low exergy building refurbishment by simulation. Proceedings of Building Simulation 2011：12th Conference of International Building Performance Simulation Association，November 14-16，Sydney.

[50] Ochs，F.，Haller，M.，and Carbonell，D.（2012） Models of Sub-components and Validation for the IEA SHC Task 44/HPP Annex 38 – Part D：Ground Heat Exchangers. A Technical Report of Subtask C.

[51] Hellström，G.（1989） Duct Ground Heat Storage Model – Manual for Computer Code，Department of Mathematical Physics，University of Lund，Sweden.

[52] Pahud，D.（1993） Etude du Centre Industriel et Artisanal Marcinhèsà Meyrin（GE）.

[53] Wetter，M. and Huber，A.（1997） TRNSYS Type 451 – Vertical Borehole Heat Exchanger EWS Model Version 2.4，Zentralschweizerisches Technikum Luzern &Huber Energietechnik.

[54] Huber，A. and Schuler，O.（1997） Berechnungsmodul für Erdwärmesonden，imAuftrag des Bundesamtes für Energiewirtschaft，Bern.

[55] Pahud，D.，Fromentin，A.，and Hadorn，J.C.（1996）The Duct Ground Heat Storage Model（DST） for TRNSYS Used for the Simulation of Heat Exchanger Piles，DGCLASEN，Lausanne.

[56] Pahud，D.（2007） Serso，stockage saisonnier solaire pour le dégivrage d'un pont.

[57] Pahud，D.（2012） The Superposition Borehole Model for TRNSYS 16 or 17（TRNSBM） – User Manual for the April 2012 Version – Internal Report，Scuolauniversitaria professionale della Svizzera italiana（SUPSI），Lugano.

[58] Eskilson，P.（1986）Superposition Borehole Model – Manual for Computer Code，Department of Mathematical Physics，University of Lund，Sweden.

[59] Pahud，D. and Lachal，B.（2005）Mesure des performances thermiques d'une pompe àchaleur couplée sur des sondes géothermiques à Lugano（TI），Bundesamt für Energie.

[60] Pahud，D.（2007） PILESIM2：Simulation Tool for Heating/Cooling Systems with Energy Piles or Multiple Borehole Heat Exchangers. User Manual，ISAAC–DACD–SUPSI，Switzerland.

[61] Pahud，D. and Hubbuch，M.（2007） Mesures et optimisation de l'installation avecpieux énergétiques du Dock Midfield de l'aéroport de Zürich. Rapport final，Officefédéral de l'énergie，Berne，Suisse.

[62] Hellström，G. and Sanner，B.（2000） Earth Energy Designer，User's Manual，Version 2.0.

[63] Spitler，J.D.（2000） GLHEPRO – a design tool for commercial building ground loopheat exchangers. Proceedings of the Fourth International Heat Pumps in Cold Climates Conference，Aylmer，Québec，pp. 17-18.

[64] Huber，A. and Pahud，D.（1999） Erweiterung des Programms EWS für Erdwärmesondenfelder，im Auftrag des Bundesamtes für Energie，Bern.

[65] Ochs，F. and Feist，W.（2012）Experimental results and simulation of ground heatexchangers for a solar and heat pump system for a passive house. Innostock 2012 –12th International Conference on Energy Storage，Lleida，Spain，INNO-U-23，pp. 1-10.

[66] Bianchi，M.A.（2006） Adaptive modellbasierte prädiktive Regelung einer Kleinwärmepumenanlage.Ph.D.

thesis，Eidgenössische Technische Hochschule（ETH），Zürich.

[67] Lamarche，L.，Kajl，S.，and Beauchamp，B.（2010）A review of methods to evaluateborehole thermal resistances in geothermal heat-pump systems. Geothermics，39（2），187-200.

[68] Eskilson，P.（1987） Thermal analysis of heat extraction boreholes. Ph.D. thesis，Department of Mathematical Physics，University of Lund.

[69] Yavuzturk，C. and Spitler，J.D.（1999） A short time step response factor modelfor vertical ground loop heat exchangers. ASHRAE Transactions，105（2），475-485.

[70] Claesson，J. and Eskilson，P.（1987）Conductive heat extraction by a deep borehole：analytical studies，in Thermal Analysis of Heat Extraction Boreholes，Department of Mathematics and Physics，University of Lund，Sweden，pp. 1-26.

[71] Lamarche，L. and Beauchamp，B.（2007）A new contribution to the finite line-sourcemodel for geothermal boreholes. Energy and Buildings，39（2），188-198.

[72] Javed，S. and Claesson，J.（2011）New analytical and numerical solutions for theshort-term analysis of vertical ground heat exchangers. ASHRAE Transactions，117（1），3.

[73] Mei，V.C.（1986） Horizontal Ground-Coil Heat Exchanger：Theoretical and Experimental Analysis，Oak Ridge National Laboratory，Oak Ridge，TN，USA.

[74] Giardina，J.J.（1995）Evaluation of ground coupled heat pumps for the State of Wisconsin. Master thesis，University of Wisconsin.

[75] Glück，B.（2009）Simulations modell “Erdwärmekollektor” zur wärmetechnischen Beurteilung von Wärmequellen，Wärmesenken und Wärme-/Kältespeichern，Rud.Otto Meyer-Umwelt-Stiftung，Hamburg.

[76] Ramming，K.（2007） Bewertung und Optimierung oberflächennaher Erdwärmekollektorenfür verschiedene Lastfälle. Ph.D. thesis，TU Dresden，Dresden，Germany.

[77] Hollmuller，P. and Lachal，B.（1998）TRNSYS compatible moist air hypocaust model.Final report，Centre universitaire d'études des problèmes de l'énergie，Genève.

[78] Ochs，F.，Peper，S.，Schnieders，J.，Pfluger，R.，Janetti，M.B.，and Feist，W.（2011）Monitoring and simulation of a passive house with innovative solar heat pumpsystem. ISES Solar World Congress，Kassel.

[79] Ochs，F. and Feist，W.（2012） FE Erdreich-Wärmeübertrager Model Für Dynamische Gebäude-und Anlagensimulation mit Matlab/Simulink. BAUSIM2012，Berlin，Germany.

[80] Javed，S.（2012） Thermal modelling and evaluation of borehole heat transfer. Ph.D. thesis，Building Services Engineering，Department of Energy and Environment，Chalmers University of Technology，Göteborg，Sweden.

[81] Kjellsson，E.，Hellström，G.，and Perers，B.（2010）Optimization of systems with the combination of ground-source heat pump and solar collectors in dwellings. Energy，35（6），2667-2673.

[82] Bertram，E.，Pärisch，P.，and Tepe，R.（2012）Impact of solar heat pump systemconcepts on seasonal

performance – simulation studies. Proceedings of the EuroSun 2012 Conference，Rijeka and Opatija，Croatia.

[83] Bales，C.，Gantenbein，P.，Jaenig，D.，Kerskes，H.，and van Essen，M.（2008）Final Report of Subtask B “Chemical and Sorption Storage”. The Overview. A Report of IEA SHC Task 32 “Advanced Storage Concepts for Solar and Low EnergyBuildings”.

[84] N'Tsoukpoe，K.E.，Liu，H.，Le Pierrès，N.，and Luo，L.（2009） A review on longtermsorption solar energy storage. Renewable and Sustainable Energy Reviews，13（9），2385-2396.

[85] Kerskes，H.，Mette，B.，Bertsch，F.，Asenbeck，S.，and Drück，H.（2011） Development of a thermo-chemical energy storage for solar thermal applications. Proceedings of the ISES，Solar World Congress Proceedings.

[86] Hadorn，J.C.（2005） Thermal Energy Storage for Solar and Low Energy Buildings.State of the Art by the IEA Solar Heating and Cooling Task 32，Servei depublicacions，Universitat de Lleida.

[87] Abedin，A.H. and Rosen，M.A.（2011） A critical review of thermo chemical energystorage systems. The Open Renewable Energy Journal，4，42-46.

[88] Duffie，J.A. and Beckman，W.A.（1996）Solar Engineering of Thermal Processes，3rd edn，John Wiley & Sons，Inc.，Hoboken，NJ.

[89] Shah，S.A.，Short，T.H.，and Peter Fynn，R.（1981） A solar pond-assisted heat pump for greenhouses. Solar Energy，26（6），491-496.

[90] Hughes，P.J.，Klein，S.A.，and Close，D.J.（1976） Packed bed thermal storage models for solar air heating and cooling systems. Journal of Heat Transfer（United States），98（2），336-338.

[91] Novo，A.V.，Bayon，J.R.，Castro-Fresno，D.，and Rodriguez-Hernandez，J.（2010）Review of seasonal heat storage in large basins：water tanks and gravel–water pits.Applied Energy，87（2），390-397.

[92] Bauer，D.，Marx，R.，Nußbicker-Lux，J.，Ochs，F.，Heidemann，W.，and Müller-Steinhagen，H.（2010） German central solar heating plants with seasonal heatstorage. Solar Energy，84（4），612-623.

[93] Haller，M.Y.（2010） Combined solar and pellet heating systems – improvement of energy efficiency by advanced heat storage techniques，hydraulics，and control.Ph.D. thesis，Graz University of Technology，Graz，Austria.

[94] Van Berkel，J.（1997） Thermocline entrainment in stratified energy stores. Ph.D.thesis，Technical University Eindhoven.

[95] Shah，L.J. and Furbo，S.（1998） Correlation of experimental and theoretical heattransfer in mantle tanks used in low flow SDHW systems. Solar Energy，64（4-6），245-256.

[96] Drück，H.（2007） Mathematische Modellierung und experimentelle Prüfung von Warmwasserspeichern für Solaranlagen. Ph.D. thesis，Institut für Thermodynamikund Wärmetechnik（ITW） der Universität Stuttgart，Shaker Verlag，Aachen.

[97] Nizami，D.（2010）Computational fluid dynamics study and modelling of inlet jetmixing in solar domestic

hot water tank systems. MASc thesis，McMasterUniversity，Ontario，Canada.

[98] Logie，W. and Frank，E.（2011） A computational fluid dynamics study on theaccuracy of heat transfer from a horizontal cylinder into quiescent water.Proceedings of the ISES Solar World Congress 2011，August 28–September 2，Kassel，Germany.

[99] Allard，Y.，Kummert，M.，Bernier，M.，and Moreau，A.（2011） Intermodelcomparison and experimental validation of electrical water heater models in TRNSYS. Proceedings of Building Simulation 2011 – 12th Conference of theIBPSA，Sydney，Australia.

[100] Zurigat，Y.H.，Maloney，K.J.，and Ghajar，A.J.（1989） A comparison study of onedimensionalmodels for stratified thermal storage tanks. Journal of Solar Energy Engineering，111（3），204-210.

[101] Zurigat，Y.H.，Liche，P.R.，and Ghajar，A.J.（1991） Influence of inlet geometry onmixing in thermocline thermal energy storage. International Journal of Heat and Mass Transfer，34（1），115-125.

[102] Leibfried，U.，Günzl，A.，and Sitzmann，B.（2008） SOLAERA：Solar-Wärmepumpe systemim Feldtest. 18th OTTI Symposium “Thermische Solarenergie”，BadStaffelstein，Germany.

[103] Loose，A.，Bonk，S.，and Drück，H.（2012） Investigation of combined solar thermaland heat pump systems – field and laboratory tests. Proceedings of the EuroSun2012 Conference，Rijeka and Opatija，Croatia.

[104] Philippen，D.，Haller，M.Y.，Logie，W.，Thalmann，M.，Brunold，S.，and Frank，E.（2012） Development of a heat exchanger that can be de-iced for the use in ice storesin solar thermal heat pump systems. Proceedings of the EuroSun 2012 Conference，Rijeka and Opatija，Croatia.

[105] Mehling，H. and Cabeza，L.F.（2008） Heat and Cold Storage with PCM，Springer.

[106] Sharma，A.，Tyagi，V.V.，Chen，C.R.，and Buddhi，D.（2009） Review on thermalenergy storage with phase change materials and applications. Renewable and Sustainable Energy Reviews，13（2），318-345.

[107] Regin，A.F.，Solanki，S.C.，and Saini，J.S.（2009） An analysis of a packed bed latentheat thermal energy storage system using PCM capsules：numerical investigation.Renewable Energy，34（7），1765-1773.

[108] Heinz，A. and Streicher，W.（2006） Application of phase change materials and PCM slurries for thermal energy storage. Proceedings of the Ecostock 2006，Stockton.

[109] Brousseau，P. and Lacroix，M.（1996） Study of the thermal performance of a multilayer PCM storage unit. Energy Conversion and Management，37（5），599-609.

[110] Simard，A.P. and Lacroix，M.（2003） Study of the thermal behavior of a latent heatcold storage unit operating under frosting conditions. Energy Conversion and Management，44（10），1605-1624.

[111] Stritih，U. and Butala，V.（2003） Optimisation of thermal storage combined withbiomass boiler for heating buildings. 9th International Conference on Thermal Energy Storage，Warsaw.

[112] Ibáñez，M.，Cabeza，L.F.，Solé，C.，Roca，J.，and Nogués，M.（2006） Modelization of a water tank including a PCM module. Applied Thermal Engineering，26（11-12），1328-1333.

[113] Bony，J. and Citherlet，S.（2007） Numerical model and experimental validation of heat storage with phase change materials. Energy and Buildings，39（10），1065-1072.

[114] Dincer，I. and Rosen，M.A.（2002） Thermal Energy Storage：Systems and Applications，John Wiley & Sons，Ltd，West Sussex，UK.

[115] Schranzhofer，H.，Puschnig，P.，Heinz，A.，and Streicher，W.（2006） Validation of a TRNSYS simulation model for PCM energy storages and PCM wall constructionelements. Proceedings of the Ecostock 2006，Stockton.

[116] Puschnig，P.，Heinz，A.，and Streicher，W.（2005） TRNSYS simulation model for anenergy storage for PCM slurries and/or PCM modules. Second Conference on Phase Change Material & Slurry：Scientific Conference & Business Forum，Yverdons-les-Bains，Switzerland.

[117] Streicher，W.（2008） Simulation Models of PCM Storage Units. A Report of IEA Solar Heating and Cooling Programme. Task 32 "Advanced Storage Concepts for Solar and Low Energy Buildings". Report C5 of Subtask C，Graz，Austria.

[118] Behschnitt，S.（1996） TRNSYS Type 207 – Ice Storage Tank. Available at http：//sel.me.wisc.edu/trnsys/trnlib/library16.htm（accessed April 9，2014）.

[119] SEL，CSTB，TRANSSOLAR，and TESS（2012） TRNSYS 17 – A Transient System Simulation Program.

[120] Drück，H.（2006） Multiport Store Model for TRNSYS – Type 340 – V1.99F.

[121] Haller，M.Y. and Frank，E.（2011） On the potential of using heat from solar thermal collectors for heat pump evaporators. Proceedings of the ISES Solar World Congress 2011，August 28–September 2，Kassel，Germany.

[122] Pärisch，P.，Warmuth，J.，Bertram，E.，and Tepe，R.（2012） Experiments for combinedsolar and heat pump systems. Proceedings of the EuroSun 2012 Conference，Rijekaand Opatija，Croatia.

[123] Hollands，K.G.T. and Lightstone，M.F.（1989） A review of low-flow，stratified-tanksolar water heating systems. Solar Energy，43（2），97-105.

[124] Huggenberger，A.（2013） Schichtung in thermischen Speichern – Konstruktive Massnahmen am Einlass zum Erhalt der Schichtung. Bachelor thesis，Hochschulefür Technik HSR，Institut für Solartechnik SPF，Rapperswil，Switzerland.

4 性能及其测评

伊凡·麦伦克维，彼得·帕琪，莎拉·艾彻，雅克·博尼，迈克尔·哈特尔（Ivan Malenković，Peter Pärisch，Sara Eicher，Jacques Bony，and Michael Hartl）

概　要

对任何一个能量转换系统的性能进行全面评估，明确其能量平衡的系统边界和性能指标尤为重要。通常，我们会依据不同的系统评价目标，选取不同的指标和能量平衡系统边界来进行评价。本章对太阳能热泵（SHP）系统能量性能和环境影响评价中需要用到的系统边界和性能指标进行了介绍。同时，这些指标和系统边界也可用于其他供热、冷却及生活热水系统的性能评价，从而为不同能量转换技术间的对比与评价提供依据。

本章 4.2 节对热泵和太阳能集热器的各式性能指标以及系统边界进行了展示与讨论。太阳能热泵的性能分析所涉及的一系列系统边界和相应的性能指标的选取则在本章 4.3 节展开。4.4 节则是对太阳能热泵系统的环境（影响）评价。4.5 节则通过实例分析对上述性能指标进行进一步阐释。

4.1 引言

太阳能热泵系统或是任意一个用于日常加热、冷却的能量转换系统的性能通常被简化计算或是等同于其效率。这种效率常常表现为一个单一的数字，并不会对计算过程中涉及的运行条件或系统边界给出适当的描述。然而，从广义上来说，系统的性能可视为在一定范围内、特定运行条件下、特定时期内的系统运作，包括能源、经济、环境等方面。

了解系统的性能十分重要。例如，对产品进行能量性能分析进而优化系统，可以实现产品整体或是部分的改进；产品的经济分析可以为客户提供重要的信息，帮助她/他选择合适的产品或技术；而通过环境影响分析，获得有关不可再生能源的耗减和温室气体排放的信息，可能有助于制定适当的能源政策、设立目标导向的科研基金或是激励国家/国际层面的制造商和终端用户。

一方面，要使评价结果满足目标客户的信息需求，并且适用于众多技术，我们不可能只选取一个评价指标。另一方面，与只选取单一指标进行评价相比，确定一组定义明确、广泛适用且一致的系统边界、性能指标和报告程序有助于我们对不同系统与技术进行公正、全面的对比与分析。项目 T44A38 介绍了一种可以相互比较的性能指标和系统边界的定义方法，并对其他涵盖了太阳能热泵系统的技术领域进行了讨论（IEE 项目 QAiST – 太阳能加热和冷却技术的质量保证 – www.qaist.org；IEA HPP 附件 34 – 用于加热和冷却的热驱动热泵 – www.annex34.org）。

我们可以依据评价方法、评价目标、数据的可得性等因素来确定系统性能评价的系统边界。系统边界可以在空间和时间尺度上延伸。这意味着，不同的系统边界不仅仅能够将其边界内不同数量的系统组件和接口包含在内，而且也能在系统寿命范围内进行不同时间尺度间的评价。例如，它可以只考虑系统运行过程中系统与环境的相互作用，也可以包括系统生产、运输和安装过程中所需的物质和能量及其产物。

依据不同的性能评价目标而选取不同的系统边界，那么性能指标的选取也会随之改变。不论我们的目标与选择是什么，最关键的是需要对系统边界和性能指标进行明确的定义，从而为用户提供准确的信息，避免误解。我们可以通过出版物、报告或技术手册，抑或是参考标准中使用的指标等其他相关文件（如技术导则等）获取这些系统边界和性能指标的定义。此外，为了评价系统的质量、展示报告数据，我们有必要获取系统运行环境下的气候、温度和平均太阳辐射量的数据。对于标准化的评价方法，如实验测试，数据往往包含于方法本身，因此我们只需引用其结果就足够了。否则，我们将难以做到在众多数据中筛选出适当的信息进而把控全局。

一般而言，系统的性能评价以两种方式展开：一是建立在系统或是系统环境相关的假设基础上的预测评价；二是基于系统运行时的实测数据（实际操作数据或是实验室测试数据）进行评价。而对于太阳能热泵系统的性能预测，目前常用的方法为数值模拟和实验室测试，或是两者的结合。到目前为止，在室内试验的基础上对单系统元素（部件）和简化的气候数据的简单计算方法已不再适用了[温湿频数法，如太阳能热泵标准（EN 148285/ EN 15316-4-2）]。评价安装系统的性能时，我们必须要对系统本身或是系统的热源或热沉处的接口进行测试。与此同时，数据采集与处理的难度会随着系统复杂性与分析的程度上升而不断增加。图 4.1 展示了不同的评价方法及其特征。

在下面的章节中，我们会就太阳能热泵系统的能源和环境性能评价给出参考。而有关其经济性能的相关问题的讨论将在第 8 章展开。

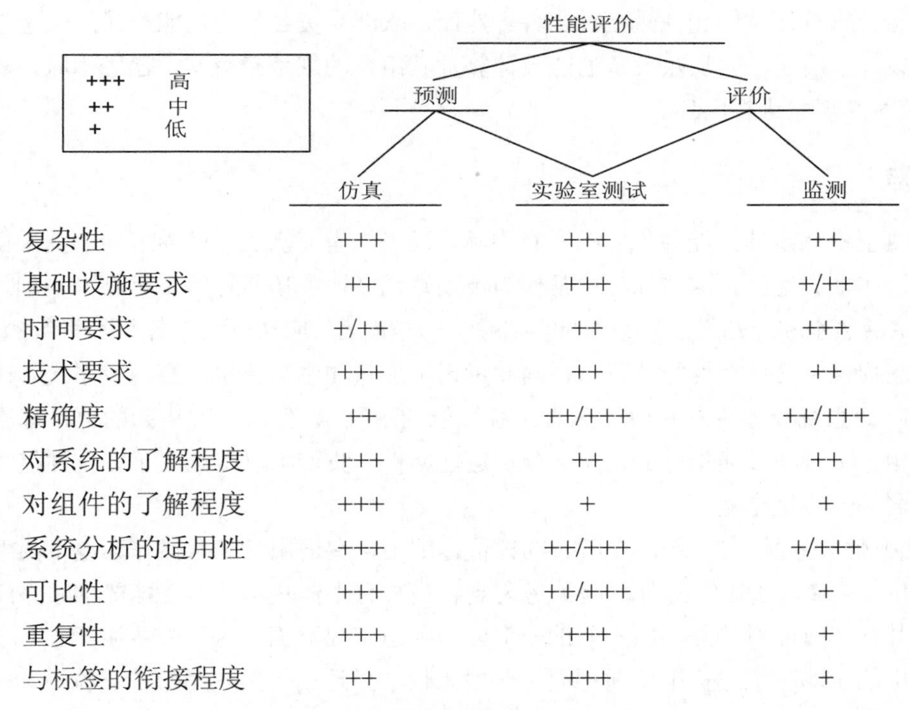

	仿真	实验室测试	监测
复杂性	+++	+++	++
基础设施要求	++	+++	+/++
时间要求	+/++	++	+++
技术要求	+++	++	++
精确度	++	++/+++	++/+++
对系统的了解程度	+++	++	++
对组件的了解程度	+++	+	+
系统分析的适用性	+++	++/+++	+/+++
可比性	+++	++/+++	+
重复性	+++	+++	+
与标签的衔接程度	++	+++	+

图 4.1 不同太阳能热泵系统评价方法的特征

4.2 性能指标的定义

4.2.1 现行规范文件中性能指标的概述

适用于太阳能热泵和太阳能热技术的国家和国际标准及其他规范性文件有很多。这些规范性文件涵盖了系统组件与系统测试，及其性能评价的计算方法等内容，且大多数规范都对单一组件的系统和包含多个组件的系统的性能指标进行了明确的定义（如热泵和蓄能量）。

然而，通过分析这些文件，我们很容易发现，相同的性能指标可能拥有不同的定义方式或者说同样的性能平衡以不同的方式定义了其性能指标。

为此，项目 T44A38 收集了对许多适用于太阳能热泵和太阳能集热器的重要标准文件，并对其进行了分析。由此得出了一个连贯的、适用于不同性能指标的命名系统，以便应用于系统的实际调查。如果没有特殊的要求，这个命名系统适用于整个评价任务（系统）。例如，某些时候，系统性能的测评完成于系统命名之前。那么，此时的系统边界就可能与我们现在描述的有所不同。

在本书创作期间，主要的规范性文件都是针对单一技术进行分析，还没有将太阳能与热泵系统结合进行测试的相关规范性文件。然而，欧洲委员会关于耗能产品的生态与环境保护标志设计、用于空间加热设备的能效计算及其组合的规范指令文件已经出版。我们将在 4.2.2 节对其现状进行阐述。

4.2.1.1 热泵

有关热泵检测及其性能评价的国家和国际标准（指南）已经在世界市场范围内得到广泛的应用。在多数地区，这些标准通常作为市场营销（比如质量标签和补贴）基础，运用于加热、生活热水和冷却等不同系统的测评中。一般而言，应当分别计算每种系统的性能。然而，一些规范性文件在性能计算时，同时考虑了加热和生活热水生产两种系统。同时计算加热和冷却系统或者冷却和生活热水系统性能的附录 4 列出了收集到的评价标准和指南，以及相关术语和性能指标的定义。分析这些文件，我们可以得到关于特定性能指标的定义与命名的一般性结论。

（制热）性能系数（COP）：在所有的评价标准中，它适用于正常操作环境下热泵机组的性能评价。而 EN 16147 除外，因为考虑到它是带有生活热水储存功能的热泵系统，并且在计算其性能时面对的是一组不同的、部分的瞬态工况数据。这种液体循环泵对于能量输入与输出的影响与上述标准所述不同。一般来说它只适用于加热系统的评价。

（制冷循环效率）能效比（EER）：与 COP 类似，但是在大多数欧洲标准中它被用于冷却系统的性能评价。

季节性（制热）性能系数（SCOP）：只在一个标准中提到，用于表达假定边界条件下（比如气候和建筑符合）热泵的季节性加热效率的计算。

季节性（制冷）性能效比（SEER）：与 SCOP 类似，适用于冷却系统。

季节性能系数（SPF）：在欧洲标准中（如 EN15316-4-2），SPF 用于表达系统的整体效率，包括循环泵、存储、备用加热器等所有辅助元件。在 VDI4650 指南中，SPF 被粗略地用于描述系统效率（与 SCOP 相似）—— 与 SCOP 不同的是它并不考虑系统的整体效率，而只考虑热泵机组的一些辅助能量的效率。与美国标准中的制热性能系数（HSPF）相同。

4.2.1.2 太阳能集热器

与热泵不同，太阳能集热器的测试和性能评价标准对集热器和系统整体都适用。参考的标准及其概述见附录 4.A.2。

关于太阳能集热装置性能指标和专用术语的定义，各评价标准之间有很高的一致性。主要有以下四个性能指标：

集热器（集）热效率（η）：系统组件性能指标，它用于表示集热器给限定集热区域提供的热能的热效率，以及集热器在稳态和非稳态条件下，特定时间段内的入射太阳辐射的热效率。

太阳能保证率（f_{sol}）：系统性能指标，指的是由太阳能系统提供的有效热能的比率。

即在同一时期（通常为一个季度或是一年），太阳能系统提供的热能占系统总负荷的比率。

节能率（f_{sav}）：系统性能指标，用于表示使用太阳能系统节约的能量百分率。即假设在规定时间内，太阳能热系统与常规加热系统提供相同的热舒适性的条件下，使用太阳能系统所减少的潜在能源购买量（与参考系统相比，假设两个系统在相同的指定期间给出相同的热舒适度）。

热性能：在收集到的评价标准中没找到与评价热泵系统的 SPF 指标相似的系统性能指标。但是标准中指出，对于系统传递的热量和寄生的能量，系统效率的计算可以参照热泵系统的计算。

4.2.2 太阳能热泵系统

在本书写作期间，欧盟已经颁布了《欧盟能源相关产品的生态设计指令》[1]。不同类型的能源相关产品按照不同的服务功能被分到不同的领域。Lot1 涵盖了用于空间加热、组合性空间加热以及生活热水制备加热能力低于 400 kW 的系统，lot2 则涵盖了纯家用热水器和热水储水箱。

指令规定了加热和生活热水制备产品的标志设置方式。这与我们早已熟知的各式各样的家用电器标志设置方式相似。带有等级 A+++和 G－标志的产品是最高效的，而 G 标志的产品则相对低效。“－”标志的运用在使加热装置的能耗量透明化的同时也引导着消费者关注带有能源“－”标志的高效产品。附录 4.A.3 对与指令有关的重要文件进行了概述。

我们依据能源效率的计算结果进行能源标志的分类。而能源效率（η_s）的计算则参照生态设计标准和相关标准。η_s 与 4.4.1.1 节中所述的一次能源利用率（PER）密切相关。根据欧洲委员会 No.813/2013、EN 14825 标准，式（4.1）给出了带有季节性能系数的热泵的能源效率计算方式。

$$\eta_s = \frac{\mathrm{SCOP}}{\mathrm{CC}} - F_i = \mathrm{PER} \tag{4.1}$$

式中，机械（蒸汽）压缩式热泵的电能转换效率（CC）取值 2.5。修正系数 F_i 以百分比表示，体现了由系统控制导致的季节性空间采暖能源效率的负面贡献。它们的计算方法仍处于草案阶段。

对组合系统进行生态标志的必要性已经获得了欧洲委员会的认可。因此，欧盟管理第 811/2013 号决议添加了关于加热器、温度控制装置和太阳能装置的组合的生态标志规定。此标志能计算由辅助空间考虑、加热装置（如太阳能装置）输入的附加热量。然而，这种计算方式十分简单，同时考虑到市场上现存产品的多样性与复杂性，我们需要对它用于对太阳能热泵系统进行评价的合理性与连贯性进行调查。

4.2.3 效率和性能指标

能效是反映加热和冷却系统性能的主要指标之一。它通常定义为系统的有效能量输出与其有效能量输入之比。而能量输入的大小通常受将最初和/或最终的能量转换为供终端用户使用的有效能量的驱动能量的限制。正如前文所述，对能源转换系统进行性能评价时，我们视不同的评价目标选择自己感兴趣的方面，如经济、环境或能效相关的方面进行系统评价。在本节，我们就系统能量相关的性能评价方法进行阐述，而系统环境方面的性能评价方法我们将在 4.4 节讨论。

通常，一个加热或者冷却系统的能效表示为一个能量转换系统用于加热或冷却所使用的一种或多种驱动能量输入的总和与其用于产生的有效能量输出总和之间的比率。

通常，能量转换系统在进行加热或冷却，或是产生有效的能量输出时会有一种或多种驱动能量输入，这些能量流的比率即为加热或冷却系统的效率（能源效率）。值得注意的是，用户制冷时造成的能量损耗已被纳入制冷系统的能效计算中，即便如此，这些损耗仍是系统的“有效的能量输出”，在计算时应被视为正值。

$$\eta_{sys}=\frac{\sum_{i=1}^{n}Q_{out,i}}{\sum_{j=1}^{m}Q_{in,j}}=\frac{Q_{out}}{Q_{in}} \tag{4.2}$$

Q_{out} 代表了系统提供的全部有效能量之和，Q_{in} 则代表了特定时段内系统能流输入的总和。一般来说，Q_{out} 和 Q_{in} 会因不同系统边界的选取而拥有不同的性能指标定义。4.4 节就此进行了讨论。

另外，我们可以依据系统操作条件的不同来确定性能指标的定义。对于热泵和其他能量转换单元而言，稳态操作条件与瞬态操作条件的区别就在于，前者多是在受控的实验室环境中实现的，而后者则总是产生于系统的实际操作过程。如第 5 章所述，在受控实验室条件下进行瞬时测量，特别是对于复杂的系统。我们应该为用户提供全面的信息，除了操作条件的时间关系外，我们还应为用户提供热泵的其他性能参数，如散热器（热沉）和热源的温度水平或是集热器的太阳辐射水平等，这是相当重要的。在不说明其操作条件的情况下单一地介绍系统的性能指标，可能会引起用户对产品性能的曲解。

对计算中涉及的“能质”进行明确的定义是极为必要的。能质指的是能量输入或输出过程中的一次能源产量。人们对于一次能源产量或是有效能量的解释通常都很随意，因此，明确的解释这些或是其他相关术语是相当重要的。我们将在 4.4 节介绍环境性能评价时对此进行详尽的讨论。

专栏 4-1 性能报告

我们通常只使用一个性能指标（如 COPη_{coll}或是 SPF）来报告一个系统或组件的性能。与此同时，也应当对指标的求得条件予以说明。否则，在只知道η_{coll}值为 98%或者 SPF 为 2.3 的情况下，我们是无法对系统或是组件进行定性评估的；也就是说，无论是读者——客户、设计者还是安装者，在没有将待评的系统或是组件与其他产品进行对比评价的情况下，是无法得出其性能好坏的结论的。在多数情况下，这种缺乏对比产品的性能评价报告会导致使用者对产品的误解或是错误应用。关于系统运行条件（操作条件）的信息，即系统性能是在怎样的操作环境下进行评价的有关信息以引用规范性文件的形式给出，或者是作为一套相关的环境和操作条件进行展示。总而言之，性能评价时给出的系统操作条件和环境的相关信息越具体，就越有助于读者理解性能指标值的意义！

4.2.4 组件的性能指标

4.2.4.1 （制热）性能系数

热泵的性能系数（COP）为其稳态操作条件下热容量与总用电量之间的比值。与之相对的制冷应用的 COP 指的是能源效率比（能效比）（EER）。其能量平衡的系统边界与图 4.8 中热泵的系统边界一致。因此，COP 的计算如下：

$$\mathrm{COP}=\frac{\overline{\dot{Q}}_{\mathrm{HP,H}}}{\overline{P}_{\mathrm{el,HP}}} \tag{4.3}$$

在欧洲标准（如 EN 14511-3j 或 EN 15879-1）中，水分配系统的加热（冷却）容量是对从液体循环泵耗散到导热流体中的能量修正量。热容量修正值是由测得的换热器压降和假设的循环泵效率值计算得到的。热泵运行时需要克服机组内的导热流体压力损失，我们将此部分的耗电量用于进行等额能量的修正。泵运行时耗电量需要克服为获得等额能量修正量造成的热泵机组内导热流体的压力损失。

4.2.4.2 季节性能系数

季节性制热性能系数（SCOP）以及与之相对的制冷应用的季节性制冷能效比（SEER）是效率指标。我们假设在特定时间段内其操作环境具有时间依赖性，经由实验测得数据，计算它的值。时间依赖性包括了一般的振荡环境和热源温度、变化的供热温度、低工况下进行系统操作等。其系统边界参照图 4.8。

依据欧洲标准 EN 14825 现在的版本，使用温湿频数能效计算法（温仓法）计算组件的季节性制热性能系数（SCOP）和季节性制冷能效比（SEER）。这种方法是基于室外干球温度的累计年频率值，将其按一定时间间隔的温度段（BIN）进行统计，实现对组件能效的计算。首先，对于每一个温度段，我们都要给出其典型的操作条件；然后假设热泵机组在该温度段（包括整个温度范围）对应的操作条件下运行；最后，我们通过汇总包括待机功耗在内的能量输入和有效能量输出数据，计算出该机组的能效。关于 BIN 法的具体介绍及一些开放性问题的讨论，参见参考文献[2]。

在 EN 14825 中，SCOP 和 SEER 的计算公式如下：

$$\mathrm{SCOP}=\frac{Q_{\mathrm{H}}}{\left(Q_{\mathrm{H}}/\mathrm{SCOP}_{\mathrm{on}}\right)+W_{\mathrm{el,off}}} \tag{4.4}$$

$$\mathrm{SEER}=\frac{Q_{\mathrm{C}}}{\left(Q_{\mathrm{C}}/\mathrm{SEER}_{\mathrm{on}}\right)+W_{\mathrm{el,off}}} \tag{4.5}$$

式中，Q_{H} 和 Q_{C} 分别表示全年累计热负荷/冷负荷。$\mathrm{SCOP}_{\mathrm{on}}$ 和 $\mathrm{SEER}_{\mathrm{on}}$ 仅仅是表示热泵机组制热/制冷运行时的能源消耗效率的指标。并且在 $\mathrm{SCOP}_{\mathrm{on}}$ 的情况下，辅助电加热器会直接提供/提取有效的能量。$W_{\mathrm{el,off}}$ 指的是机组空闲状态下（如待机模式）的耗电量。

$\mathrm{SEER}_{\mathrm{on}}$：指整个制冷季节制冷运行时的能源消耗效率。

SCOP：指整个制热季节能源消耗效率，包括停机、待机、曲轴箱加热器运行等状态。

$\mathrm{SCOP}_{\mathrm{on}}$：指整个制热季节制热运行模式下的季节能源消耗效率，包括辅助电加热工作状态。

4.2.4.3 太阳能集热器效率

稳态集热器效率为集热器实际获得的有效热输出与规定的集热器面积上入射的太阳能辐照度之比。即集热器实际获得的有用功率与集热器接收的太阳辐射功率之比。计算公式：

$$\eta_{\mathrm{coll}}=\frac{\dot{Q}_{\mathrm{gain}}}{G_{\mathrm{g}}\cdot A_{\mathrm{coll}}} \tag{4.6}$$

标准（如 EN 12975-2）提供了标准的测试方法，如最小太阳能辐照度、周围环境与空气的温度、风速以及测试程序（稳态或瞬态）。盖板集热器的稳态集热效率用集热器平均流体温度与周围环境和空气温度的温差的二次方程表示。而对于无盖板集热器而言，其非稳态集热效率用温差和考虑到风速和长波辐射损失的空气温度的线性方程组表示。

太阳能集热系统的效率定义为获得的有效热功率与入射在集热窗格上的太阳辐照度[3]之比。依据有效热功率（热量）不同的定义方式与测量方式，将停滞期、管道损失、实际天气条件以及传统加热系统的相互依赖性等因素纳入计算范围。因此，在本书中，集热器利用率 ω_{SC} 定义如下：

$$\omega_{SC} = \frac{Q_{SC,H}}{\int G_g \cdot A_{coll} dt} \tag{4.7}$$

与热泵系统类似，季节性能指标也可以用式(4.8)表示。值得注意的是，在项目 T44A38 中，$P_{el,SC}$ 只考虑太阳能集热器的直接能量消耗，如混合集热器风机的能耗。而对于标准太阳能集热器而言，SPF_{SC} 不代表循环泵的能耗，因此计算时不考虑 $P_{el,SC}$。

$$SPF_{SC} = \frac{Q_{SC,H}}{\int P_{el,SC} dt} \tag{4.8}$$

4.2.5 系统性能指标

季节性能系数

在规范性文件和常规实践中，季节性能系数一般被视为系统性能数据，即使在某些情况下它也能用来表示热泵机组的效率（如在 VDI4650 标准中）。对于给定的系统边界，SPF 表示了整个系统或其中一个子系统的终端能源效率，指的是系统的整体有用能量输出与选择的系统边界条件下系统的最终能量输入之间的比值[式（4.9）]。它代表了系统在一年或是一个季度的性能。对于更短的时间段，如一周或是一个月，此定义也同样适用。但是此时需要采用不同的命名方式，如周期性能系数。

$$SPF = \frac{\int \left(\dot{Q}_{SH} + \dot{Q}_{DHW} + \dot{Q}_C\right) dt}{\int \sum P_{et} dt} \tag{4.9}$$

此式能表示系统在所有运行模式下的效率的整体性季节性能系数，此外，它也能计算适用于单一运行模式（如加热模式、采暖和生活热水模式、一级制冷和生活热水模式）的个体季节性能系数。然而，如果加热和制冷或是采暖和生活热水是同时进行的，那么单一操作模式下的具体能量输入和输出可能会难以量化。因此，在评估测试或是模拟结果时，必须将这种情况纳入考虑。虽然从物理意义的角度来看，系统周围的有效制冷输出（Q_C）剔除有效制冷量后，其代数符号与系统提供的有效热量的代数符号（Q_{SH}+Q_{DHW}）相反。但是，由于在工程实践中 Q_C 性能系数被定义为有效的能量输出，因此我们在运用公式计算时，应当采取工程实践中的常见做法，即使用正值（绝对值）。

季节性能系数（SPF）能定量化表达一个系统或子系统在特定操作条件（如热源温度、太阳辐射以及供应温度情况等）下的效率。操作现场提供的最终电能视为能量输入。但是能量输入没有将驱动能量的“质量”纳入考虑，如在系统运行的整个生命周期内对不可再生资源的耗减或期间产生的温室气体排放。考虑到系统的环境性能，我们在计算时应将现场有效的混合能量都纳入。因此，我们将在 4.4 节对不可再生能源产生的能量输入即一次能源比率（PER_{NRE}）和系统的有效温室效应（EWI_{sys}）进行介绍。

还要注意的是，对于空气源热泵，除霜时需注意：

— 直接电热除霜：$P_{el,HP}$包括电力消耗；

— 热气除霜：$P_{el,HP}$也应包括能源消耗；

— 逆循环除霜：在适当的边界下，必须从有用的能量输出中减去蓄热器/建筑物产生的热能（如果热量表没有自动执行）。

4.2.6 其他性能指标

4.2.6.1 太阳能保证率

太阳能保证率指的是通过系统的太阳能部分传递到蓄热器上的能量份额。因此在计算时需要准确地定义系统的太阳能贡献率和整体的能量输出。对于太阳能热泵系统而言，只有传递到系统常规部件上的直接太阳能热量才能称作太阳能热。在一些标准与出版物中也有关于太阳能保证率的定义，但这些定义对于蓄热器的热损失量处理方式有所不同。

第一个定义来自于 ISO 9488 或 EN 12976-2 标准，它用于计算直接太阳能热占有效热量的比率[式（4.10）]。由于计算时没有考虑到蓄热器的热损失，此时得到的太阳能保证率为最高值。例如，对于散热侧蓄热体积大的太阳能活动房屋而言，它的太阳能保证率能达到 1 甚至是更高。然而，这并不意味着它不需要额外的热量。更高的蓄热损失在增加了对直接太阳能热的需求的同时也加大了对额外热量的需求，进而产生了更高的太阳能保证率。

$$f_{sol,1} = \frac{Q_{SC,H}}{Q_{DHW} + Q_{SH}} \tag{4.10}$$

与第一个定义相反，第二个定义[4]在计算时将蓄热器的总体热损失量从直接太阳能热中扣除，从而得到了较低太阳能保证率值[式（4.11）]。此时，它的值不超过 1。当没有额外热量传入时，其值为 1；而当蓄热器的热损失量超过对小型系统的太阳能贡献量时，其值为负。更高的蓄热损失增加了对额外热量的需求从而导致了更低的太阳能保证率。

$$f_{sol,2} = \frac{Q_{SC,H} - Q_{L}}{Q_{DHW} + Q_{SH}} = 1 - \frac{Q_{HP,H} + Q_{BU,H}}{Q_{DHW} + Q_{SH}} \tag{4.11}$$

第三个定义来自 VDI6002-1[3]。在定义中，只有太阳能配额的蓄热损失从直接太阳能热中扣除，然后用得到的值与有效热量相比[式（4.12）]。这个定义也可以转化为直接太阳能热与总产热量的比，从而用直接太阳能热的总和与来自系统的所有其他热量来表示。在没有额外的热量输入的情况下，太阳能保证率为 1。蓄热损失量的增加将导致太阳能保证率的平稳上升。

$$f_{\text{sol},3} = \frac{Q_{\text{SC,H}} - Q_{\text{L}}\left[Q_{\text{SC,H}} / \left(Q_{\text{HP,H}} + Q_{\text{SC,H}} + Q_{\text{BU,H}}\right)\right]}{Q_{\text{DHW}} + Q_{\text{SH}}} \doteq \frac{Q_{\text{SC,H}}}{Q_{\text{HP,H}} + Q_{\text{SC,H}} + Q_{\text{BU,H}}} \tag{4.12}$$

对于一个能储存大量热水的太阳能活动房屋而言，三个定义间的偏差显而易见。图 4.2 展现了依据任务 32 的边界条件[5]进行的模拟试验的太阳能保证率。这是一个位于苏黎世的单亲家庭住宅，住宅的空间采暖需求为 60 kW·h/（m^2·a），生活热水需求为 200 L/d 的 45℃热水。集热器的面积为 30 m^2，固定不变，而蓄热体积为 1～25m^3。蓄热损失、常规热量以及太阳能热随着蓄热体积的增加而增加。

太阳能保证率定义的不同产生了不同的值并且随着蓄热体积的增加而表现出不同的趋势（图 4.2）。$f_{\text{sol},2}$ 的蓄热体积在常规热量消耗时尺寸表现最佳，而此时依据其他两个定义计算得到的太阳能保证率值（$f_{\text{sol},1}$ 和 $f_{\text{sol},3}$）随着蓄热体积的增加而增加。由于 $f_{\text{sol},1}$ 的值不限于 100%，因此其蓄热体积急剧上升。

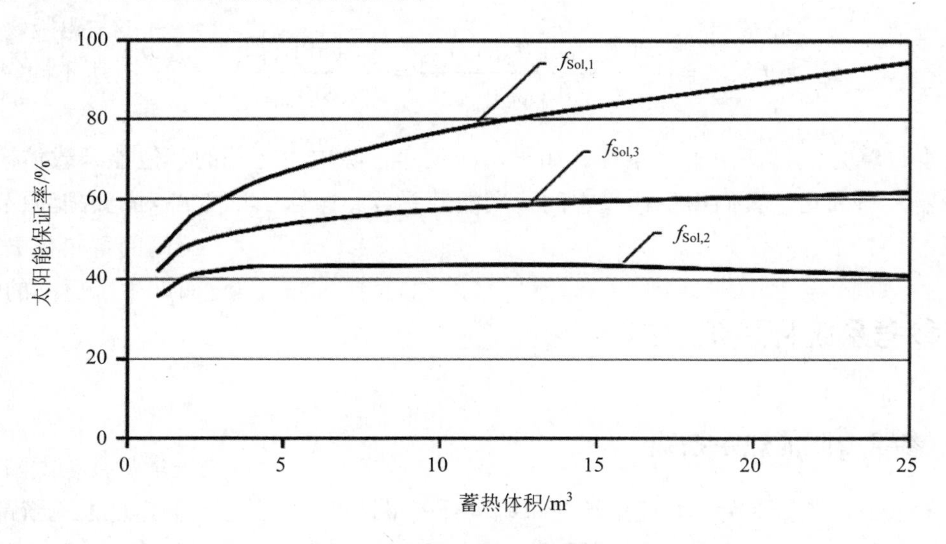

图 4.2 不同定义下太阳能活动房屋的太阳能保证率

4.2.6.2 可再生热能保证率

一般来说，一个太阳能热泵系统会使用一种以上的可再生能源。除了直接利用太阳能以外，热泵可以使用来自于大气、地面、地下水的能量或是来自系统的太阳能部分的能量作为热源。在这种情况下，由于太阳能保证率不能反映出系统利用可再生能源的全部潜力，所以被当作一个不太重要的指标（参数）。此时，我们引入可再生热能保证率的概念，表示为：

$$f_{\mathrm{ren,SHP}} = 1 - \frac{\int\left(\sum P_{\mathrm{el,SHP}}\right)\mathrm{d}t}{Q_{\mathrm{DHW}} + Q_{\mathrm{SH}}} \triangleq 1 - \frac{1}{\mathrm{SPF}_{\mathrm{SHP}}} \tag{4.13}$$

由于可再生热能保证率可以通过计算 SPF 而间接求得，因此在计算 SPF 时我们需要注意其系统边界。

4.2.6.3 节能率

节能率描述了使用太阳能加热系统组合后，与参考系统相比带来的系统的优化程度。因此，参考系统及其性能的选取对节能率的计算有很大的影响。系统运行时产生的能量损失会计入太阳能辅助系统的耗电量中。例如子任务（系统）C 的计算结果。我们需要明确系统边界，例如：这里指的是太阳能热泵系统；参考系统的能量损失应该定为零，如果不为零，那么它的能量损失就需要计入参考系统的耗电量中。

$$f_{\mathrm{sav,SHP}} = 1 - \frac{\left(W_{\mathrm{el,SHP}} + W_{\mathrm{penalty}}\right)_{\mathrm{solar}}}{\left(W_{\mathrm{el,SHP}}\right)_{\mathrm{ref}}} \triangleq 1 - \frac{\left(\mathrm{SPF}_{\mathrm{SHP}}\right)_{\mathrm{ref}}}{\left(\mathrm{SPF}_{\mathrm{SHP}}\right)_{\mathrm{solar}}} \tag{4.14}$$

以上计算方法只适用于单系统。如果同时还存在除电力之外的其他能源载体，如备用加热器，那么此时我们需要计算它的一次能源系数。详见 4.4.1.3 节对一次能源节能率的介绍。

4.3 参考系统和系统边界

4.3.1 参考太阳能热泵系统

一般来说，能量平衡是对能量转换系统进行能量性能评价的基础，即汇总系统的能量输入与能量输出并建立起它们之间的关系。市面上存在着许多配置各异的太阳能热泵系统，这对它们之间的系统性能对比工作提出了挑战。尤其是当我们的目的是深入分析该系统而不仅仅是进行“黑盒”测试时，挑战变得更为严峻。

在对不同的系统进行公正且可靠的性能对比时，我们有必要为能量平衡定义可比的系统边界。这就是说，对来自系统的相关能量输入与输出的精确定义应当尽可能地独立于系统配置。为此，项目 T44A38 提出了一个参考系统，它完美地涵盖了已知配置的一切部件的排列方式和能量流情况。该系统定义了系统性能评价所需的系统边界。我们可以通过从参考系统中移除不存在的组件和能量流的方式来获得特定配置的边界条件。

需要注意的是，“能量”指的是整个系统边界中的能量流。例如，如果备用加热器是一个燃油锅炉，那么燃料输入的测试点（以及在该点的能量流）必须被定义。

图 4.3 展示了 T44A38 提出的参考系统，图中的专业术语和缩写词的含义见本书的术

语表。参考系统的描述方法我们参考了 Frank 等的研究[6]。但是，图 4.3 所示的系统是一个通用的系统配置，限于篇幅，我们对它做了一些简化调整：

— 在自由冷却、过量太阳能热地面再生（Q_{FS}）或是主动制冷能量耗散（Q_{HR}）的情况下，环境和废气、地下水、地面以及废热都可以作为热泵（Q_{HS}）或是散热器（热沉）的热源。这些热源及其换热器一同被称为“自由能量源”，用实线框表示（省略了换热器）。

— 太阳能集热器通常可以将太阳辐射和空气中的热量（包括潜热）转换为有用的热量或是热源供热泵使用（直接转换，地面再生或是空气预热等）。我们将太阳和空气一同放在虚线框内表示这一过程。集热器上的能量输入用 $G{\cdot}A_{coll}$（等同于集热器上的太阳能总辐射）表示，而 $Q_{coll,air}$ 表示来自周围空气的能量输入。

— 转换的能量（源）包括电力和其他能源载体，用“能源载体 X”表示。

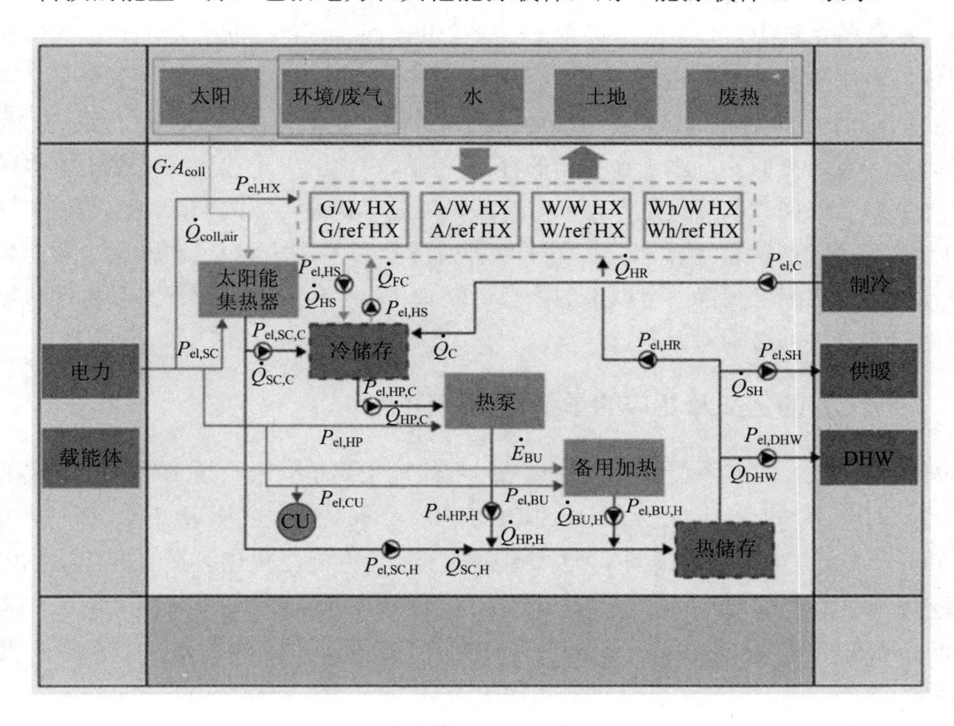

图 4.3 参考太阳能热泵系统

— 系统组件“CU”表示了系统所有控制单元的耗电量不算在特殊组件控制器的耗电量内，比如热泵或太阳能系统控制器的耗电量。然而，在多数情况下，明确地定义子系统各自边界范围内的控制单元的耗电量是极其困难甚至是不可能的。此时我们应该凭经验和常识选择并进行描述。

— 显然，图 4.3 中没有表示出来的热泵和其他组件（如阀门）也会消耗电量。为了不使图片超幅，我们用泵符号表示热泵的耗电量，并将其他的组件省略。但是，在真实系统中，我们需要对这些组件的能耗予以恰当的考虑。

在许多系统中，液压接口允许能量绕过蓄热器运输到热泵或从热泵绕过蓄热器运输，又或是系统中没有上述描述中的任何一个蓄热器。为了表示这些能量流，同时也避免图表超幅，我们用虚线边框表示这两个蓄热器。这意味着如果一个蓄热器被绕过或是在系统中不存在，它在计算时就不应纳入考虑，或是仅仅代表一个液压连接点（件）。例如，如果太阳能集热器和通气孔都与热泵的蒸发器直接相连，那么冷库就可以视为节点 Q_{HS}、$Q_{SC,C}$ 和 $Q_{HP,C}$。

注意，能量流从较高温流向较低温。组件之间的接口不一定要与系统的液压配置一样。然而，由于液压接口和系统的控制策略，这些接口为组件之间可能存在的相互作用提供了信息。组件之间的接口用一个泵符号表示，它代表了需要传输的能量消耗、传热介质以及系统内需要克服的压力损失。这些能量消耗一般占了系统能量输入的很大一部分，必须慎重考虑。在某些系统中，一个泵可以用于一个到几个组件间的传热介质的传输。例如，一个泵可以同时用于集热器到热泵蒸发器的流体循环和集热器到蓄热器的流体循环。这意味着该泵将同时消耗 $P_{el,SC,H}$ 和 $P_{el,SC,C}$。当运用测量数据或是模拟实验结果进行系统平衡时，必须考虑这一点。类似的，由于换热器的存在，图 4.3 中的一个连接件在现实中也可能包括多个循环泵。例如，虽然只是作为一个组件，但是“蓄热器”的实际组成超过了一个单元（如一个用于加热的蓄热器和一个用于储存生活热水的蓄热器）。这就意味着，如能量输入 $P_{el,SC,H}$，它实际上是由一个以上的能量消耗者（泵）组成。因此，当我们在计算系统的整体能量输入时，必须考虑到这一点。

4.3.2 系统边界的定义及相应的季节性能指标

正如前文所述，定义系统边界的目的是尽可能地找到不受限于技术与系统配置的普遍适用的原则。在另一项国际活动 IEA HPP Annex 34-热驱动制冷和采暖热泵（www.annex34.org）的开展过程中，这个原则得到讨论并随之提出。在研究建筑物内的电动压缩式热泵系统的 SEPEMO-Build 项目（建筑业中的热泵系统季节性能指标及监测，www.sepemo.eu）中，也运用到了类似的方法。在定义系统边界时，我们有两个主要的追求目标：

— 定义的边界不仅适用于不同的太阳能热泵系统间的对比，而且也适用于其他技术间的对比，即能够用于比较不同产品的不同方面的性能（能源、经济、环境等）。

— 定义的边界应该能够满足不同目标群体的需求，并且能够通过比较不同系统边界下的系统性能对系统操作进行简单的分析。

根据这两个目标，我们提出了以下五点定义系统边界的原则（表 4.1）。当我们使用图 4.3 所示的参考系统时，适用于太阳能热泵系统的系统边界定义如下：

（1）带有有用能量分布（配）系统的太阳能热泵系统（SHP+）；

（2）无有用能量分布（配）系统的太阳能热泵系统（SHP）；

（3）无有效能量储存的太阳能热泵系统（bSt）；

（4）带有热源/热抑制子系统的热泵（HP+HS/HP+HR）；

（5）热泵、太阳能集热器以及备份机组（HP、SC 和 BU）。

表 4.1 太阳能热泵系统性能评价的系统边界定义主要原则概览

系统边界	目的	目标群体
有能源分布系统的整体系统性能	整体系统的能源、经济和生态相关的可能性评价——整体能源平衡、能源交易、自由能源、排放等	用户、政策制定者、统计评估者
无能源分布系统的整体系统性能	无能源分布式系统的能源生产系统的能源、经济、生态相关的可能性评价，可能会因不同的应用方式而有所不同；不同系统和技术、产品质量保证以及标签之间的比较	制造商、设计者、安装者、用户、投资机构、政策制定者
不受终端用户储能损失影响的系统性能	主要是系统分析—储能系统管理	系统和组件制造商、设计者
每个能量转换单元的性能，包括其正常运作所需的所有部件的性能	特定环境下每个单元的性能；给出了每个子系统的效率及其可能的改进信息	组件和子组件制造商、设计者、安装者
不受辅助能量影响的每个能量转换单元本身的性能	与现在大多数太阳能集热器和热泵的质量认证机制中使用的能源平衡相对应（如 Solar Keymark 标志、EHPA 质量标签）；通过与其他性能指标对比，分析与系统相关的外围器件的能耗	系统和组件制造商、设计者、安装者

表4.1中的原则在太阳能热泵采暖与制冷参考系统中的应用情况请参见表4.6至表4.8。注意边界 bSt 和边界 HP+HS（HP+HR）的采暖与制冷运行模式不同。在第一种情况下，定义了有用的能量储存系统。在采暖运行模式下，有用的能量储存在蓄热器中，而蓄冷器（如有）可以作为热泵能源系统的一部分。在制冷运行模式下，能量来自用户，这就是说，有用的制冷量储存在冷库中，但冷库被排除在能源平衡之外。对于 HP+HS 和 HP+HR 子系统而言，采暖的热源和制冷模式下的热沉不同，那么相应的，我们应该对它们的组件做出不同的考虑。此外，由于示意图的复杂性，导致跨越系统边界的所有能量流的平衡规则不能完全相符。例如，图 4.6（a）中的 $\dot{Q}_{HR}$ 跨越了系统边界，但是却被排除在平衡之外。在这种情况下，我们需要将图与相应的公式进行对比，从而得出一个更易理解的性能图。

只有当两个组件被认定为在系统边界内时，位于这两个组件间的液体泵的耗电量才能被纳入能量平衡中。在某些情况下，这可能会出现像前文描述系统边界 bSt 时类似的情况，即产生不符合规则的性能数据。此时，我们需要用经验与常识对计算值进行判断、解释。

建议使用边界 SHP+和 SHP（图 4.4）进行太阳能热泵系统之间的比较，也可以用它们来评价系统操作的环境性影响。总之，我们应依据可获取的数据与比较的目的来选择更为合适的系统边界。

系统边界内空间采暖与制冷所需的有用能量一般位于能源分布系统的接口处，如加热电路支路所在位置。然而，对于 SHP+边界而言，能量平衡将循环泵能源分布系统的能量输入、通风设备、控制设备等都包括在内；而对于 SHP 边界而言，这些设备是被排除在能量平衡之外的。

我们可以根据式（4.15）和式（4.16）分别计算 SPF_{SHP}+和 SPF_{SHP} 的值。公式将采暖、制冷以及生活热水制备都视为传递给用户的有用能量。但在大多数情况下，我们只关注系统在单一运行模式下的性能，如只进行空间采暖或空间制冷，又或是只关注它在空间采暖和生活热水制备时的性能。此时，我们只需要将相应运行模式下的耗电量纳入能量平衡就足够了。在多数情况下，这个过程很简单，但是对于一些复杂的系统而言，我们必须做出一些假设。关于如何对同时传递多种有用能量的复杂系统运用此方法的说明，请参见 4.3.2 节的专栏 4-2。

$$\mathrm{SPF}_{\mathrm{SHP}}+\frac{\int\left(\dot{Q}_{\mathrm{SH}}+\dot{Q}_{\mathrm{DHW}}+\dot{Q}_{\mathrm{C}}\right)\mathrm{d}t}{\int\left(\sum P_{\mathrm{el,SHP+}}\right)\mathrm{d}t},$$

$$\sum P_{\mathrm{el,SHP+}}=P_{\mathrm{el,SC}}+P_{\mathrm{el,SC,C}}+P_{\mathrm{el,SC,H}}+P_{\mathrm{el,HP}}+P_{\mathrm{HP,C}}+P_{\mathrm{el,HP,H}}+P_{\mathrm{el,HS}}+P_{\mathrm{el,BU}}+P_{\mathrm{el,BU,H}}+P_{\mathrm{el,SH}}+P_{\mathrm{el,DHW}}+P_{\mathrm{el,C}}+P_{\mathrm{el,FC}}+P_{\mathrm{el,HR}}+P_{\mathrm{el,HX}}+P_{\mathrm{el,CU}} \tag{4.15}$$

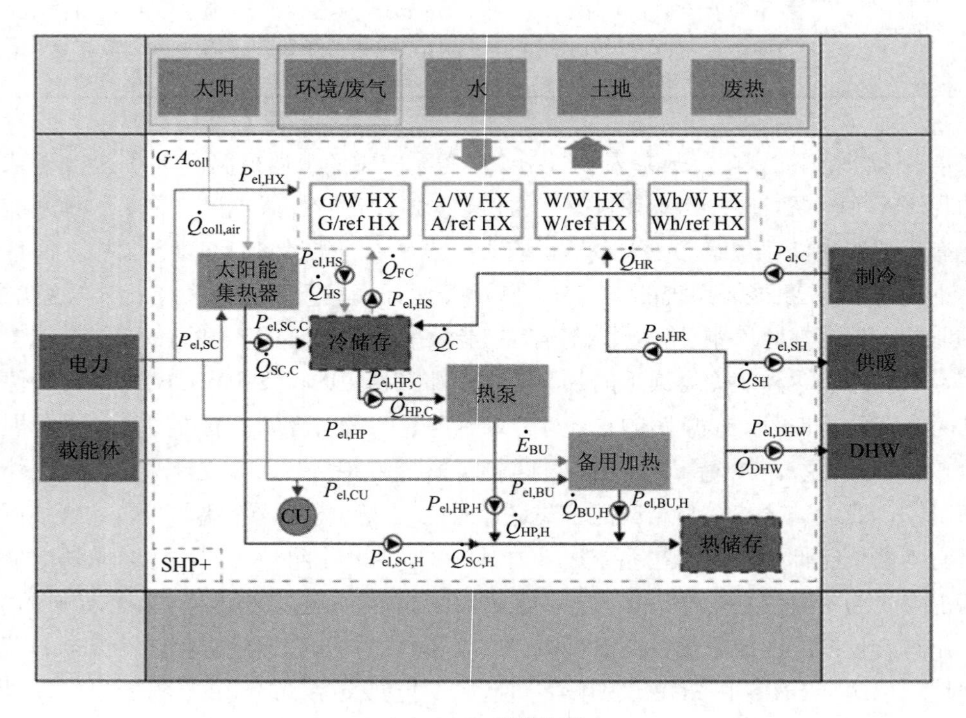

（a）SHP+系统边界

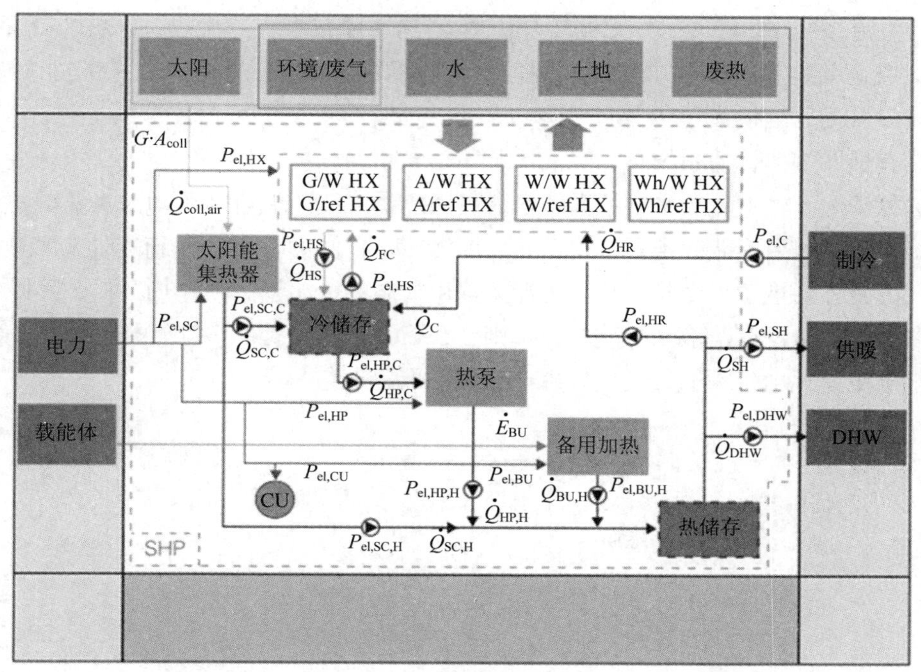

（b）SHP 系统边界

图 4.4 参考太阳能热泵采暖与制冷系统的主要系统边界

表 4.2 SHP 和 SHP+系统边界下生活热水循环系统的能耗情况

	直流系统		清水系统	
	SHP	SHP+	SHP	SHP+
有用能量	$\dot{Q}_{DHW}$	$\dot{Q}_{DHW}$	$\dot{Q}_{DHW}$	$\dot{Q}_{DHW}$
能耗	—	$P_{el,DHW,circ}$	$P_{el,DHW,prim}$	$P_{el,DHW,prim}P_{el,DHW,circ}$

$$\mathrm{SPF_{SHP}} = \frac{\int\left(\dot{Q}_{SH} + \dot{Q}_{DHW} + \dot{Q}_{C}\right)\mathrm{d}t}{\int\left(\sum P_{el,SHP}\right)\mathrm{d}t}$$

$$\sum P_{el,SHP} = P_{el,SC} + P_{el,SC,C} + P_{el,SC,H} + P_{el,HP} + P_{HP,C} + P_{el,HP,H} + P_{el,HS} + P_{el,BU} + P_{el,BU,H} + P_{el,DHW} + P_{el,FC} + P_{el,HR} + P_{el,HX} + P_{el,cu} \tag{4.16}$$

需要注意的是，表 4.2 是 DHW−$P_{el,DHW}$ 分布系统耗电量评估。

一般情况下，我们根据系统配置情况决定纳入能量平衡的生活热水制备系统所需的有用能量。

（1）无辅助加热管或二次循环泵的系统：

对于清水系统[有生活热水换热器、无循环泵的系统——图 4.5（b）]，生活热水制备系统在第二条生活热水线上获取能量，能量通过接口后无分配损失（就系统而言，是在换热器之后）。

对于直流系统[图 4.5（a），无循环泵]，生活热水分布系统在水箱（蓄热水箱/蓄冷器）或热泵又或是其他将生活热水作为有用能量传输的制热机组的供应线上获取能量。同样地，在接口后无分配损失。

（2）有辅助加热管的系统：

在这种情况下，生活热水制备系统在最后输入供应线的能量之后，也就是在龙头前后获得有用能量。如果不能或是不方便在龙头前测量，我们可以通过将辅助加热管的耗电量计入系统的整体耗电量（全额）与有用能量输出（全额，如果必须加热，那么我们可以假设绝大多数的热量没有消散到环境中；否则，我们需要依据控制情况、开发周期、建筑类型等因素确定其耗电份额的假设值）中，从而获取近似值。

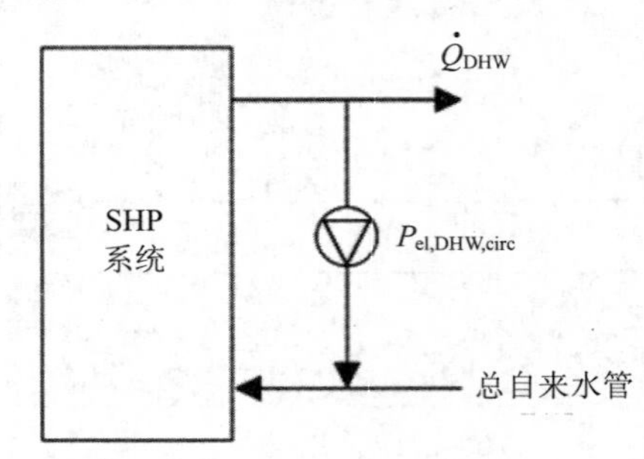

（a）直流系统

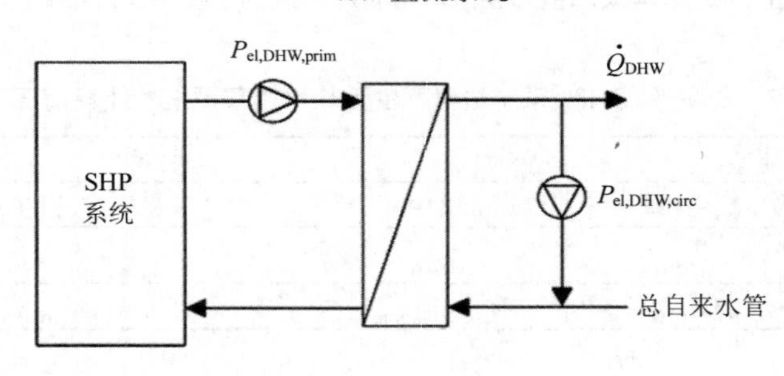

（b）清水系统

图 4.5 SHP 和 SHP+边界条件下系统生活热水二次循环泵流量能耗概况

（3）有循环泵的系统：

此时对于两个系统配置（直流系统和清水系统）和系统边界而言，生活热水制备系统所需的有用能量是一样的，皆为 Q_{DHW}。但是，如图 4.5 和图 4.2 所示，生活热水分配系统所需的能耗会随着系统参数的变化而变化。

就清水系统而言，由于制备生活热水的主泵是太阳能系统的组成部分，因此它包含于 SHP 和 SHP+系统边界内。然而，在系统边界为 SHP 时，只有在提供生活热水时才能将能耗纳入能量平衡。而循环泵的能耗（$P_{el,DHW,circ}$）只有在系统边界为 SHP+时，才能被纳入能量平衡。

就直流系统而言，当系统边界为 SHP+时，循环泵的能耗（$P_{el,DHW,circ}$）才能纳入能量平衡。

对于这两个系统边界而言，其循环回路之后的热量损失都不应计入有用能量 Q_{DHW} 中。

由于来自于用户的逆向热流并不用于空间制冷，因此，我们在计算时需要从有用能量中扣除空气源热泵机组除霜时产生的热量。

专栏 4-2 关于同时运行两种操作模式的系统或包含了特殊配置（如减温器）的系统性能评价存在的困难

在某些情况下，将系统组件的能耗归功于一种操作模式是相当困难，甚至是不可能的。例如，对于有减温器的热泵机组而言，当机组同时提供两种能量时，我们还没有一个大家普遍接受的方法能做到将生活热水的电力消耗与制冷操作模式分离。对于采暖和冷却同时进行或是空间制冷和生活热水生产同时进行的系统而言，情况也是如此。举一个简单的例子，事实证明，当系统为自由制冷模式时，通过地源与建筑物之间的传热介质循环来提取来自建筑物的热量是相当困难的。此时我们也可以认为，建筑物冷却时，周围的热量转移到热源中从而提高了建筑物采暖时的性能。那么，我们究竟该如何拆分液体泵采暖与制冷模式之间的电力消耗呢？无论是哪种情况，我们都不得不通过借鉴工程实践经验或是运用包括第二定律分析法在内的计算方法来做出一些假设。

正如前文所述，在系统边界为 bSt 时，采暖模式（HOM）与制冷模式（COM）的区别在库之前（图 4.6）。太阳能热泵系统能量库（储能设备）中的全部有用能量都要纳入计算范围。然而，库的功能以及输入系统的驱动能量可能会随着系统运行模式的改变而改变。例如，采暖模式下，冷库作为热泵热源的一部分应该被纳入系统的能量平衡中。如果转换成制冷模式，由于制冷负荷来自于冷库，因此我们需要从能量平衡中排除它。所以，在系统测试或模拟阶段，系统有可能变换几种运行模式，此时，系统边界也应做出相应的调整。但是这并不算是系统的实体缺陷，因为项目 T44A38 中大多数关于太阳能热泵系统的描述主要是为这些应用服务的。尽管如此，它仍给出了将制冷运行模式纳入能量平衡的可能性。

采暖模式下的 $SPF_{bSt,HOM}$ 和制冷模式下的 $SPF_{bSt,COM}$ 的计算公式如下：

$$SPF_{bSt,HOM}=\frac{\int\left(\dot{Q}_{SC,H}+\dot{Q}_{HP,H}+\dot{Q}_{BU,H}\right)dt}{\int\left(\sum P_{el,bSt,HOM}\right)dt}$$

$$\sum P_{el,bSt,HOM}=P_{el,SC}+P_{el,SC,C}+P_{el,HP,C}+P_{el,HS}+P_{el,FC}+P_{el,BU}+P_{el,HX}+P_{el,CU} \tag{4.17}$$

$$SPF_{bSt,COM}=\frac{\int\left(\dot{Q}_{HP,C}+\dot{Q}_{FC}\right)dt}{\int\left(\sum P_{el,bSt,COM}\right)dt} \tag{4.18}$$

$$\sum P_{el,bSt,COM}=P_{el,HP}+P_{el,HP,H}+P_{el,HR}+P_{el,HX}+P_{el,CU}$$

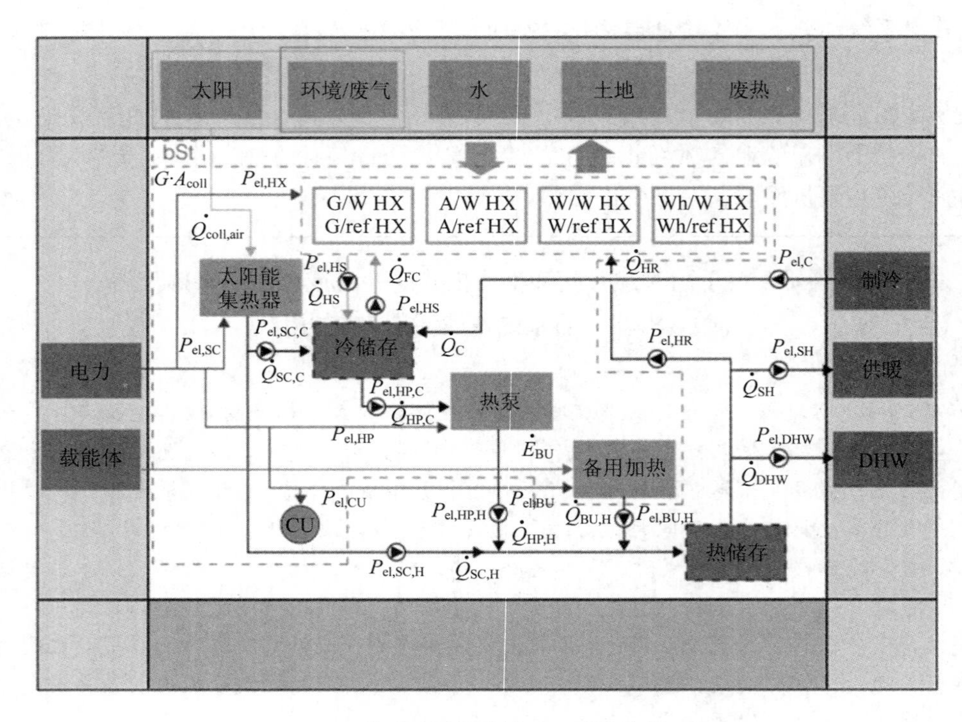

（a）采暖运行模式的 bSt 系统边界

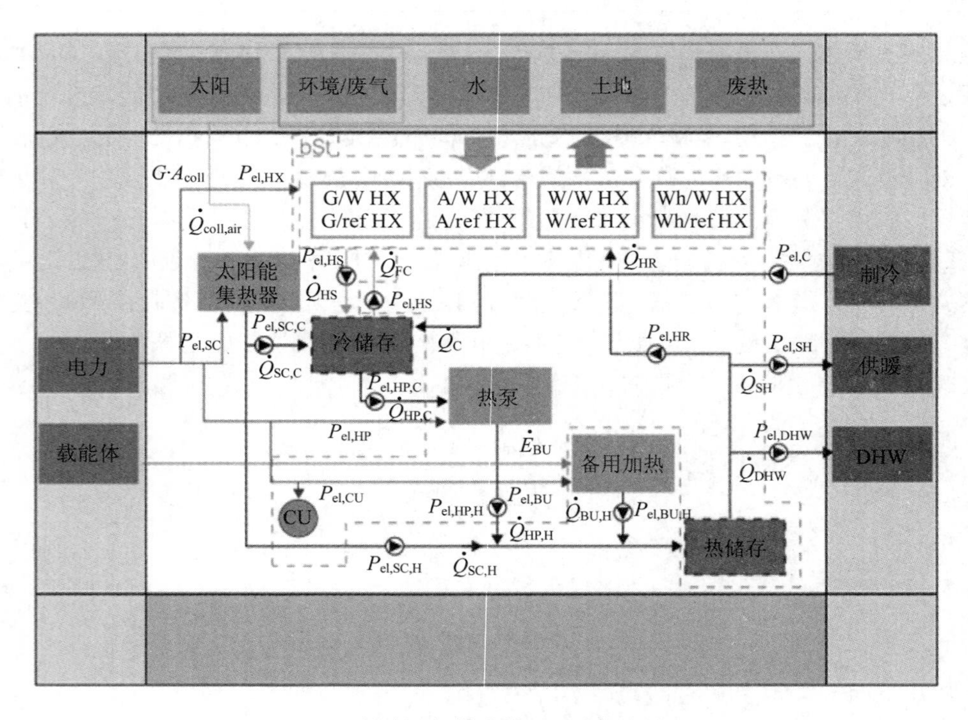

（b）制冷运行模式的 bSt 系统边界

图 4.6　参考太阳能热泵采暖和制冷系统的主要系统边界

由于系统边界的定义，可能会出现 SPF_{bSt} 的值有不符合实际的情况。例如，如果系统只在自由制冷时提供有用的制冷量，那么此时我们只会将控制机组的耗电量纳入能量平衡，这样就会导致系统的性能指标值无法与其他系统边界条件下算得的性能指标值进行对比。我们应该避免这种情况的出现，如果出现了，就需要对它进行充分的解释。

在系统边界 HP+HS（HP+HR）内，热源热泵（带有散热器的热泵）（图 4.7）是平衡的。它的子系统包括了热泵机组的所有热源或热沉，也包括了另一个热转换装置（这里指太阳能集热器）。对于之前的系统边界（bSt），需依据不同的边界情况对不同的运行模式进行单独考虑。在空间采暖与生活热水运行模式下，有用的能量输出仅仅指的是热泵的总能量输出，不包括由于短期或长期储存，管道输送等造成的能量损失。系统的能量输入包括热泵和太阳能集热部件所需要的整体能量输入。如果太阳能集热器和热泵没有直接（如在集热器中直接蒸发）或是间接（如进入热泵-地面热源、低温储存等）的相互作用，那么就不应该纳入计算范围。能量平衡只包括热泵系统，而不包括整个系统的控制机组。但是，当热泵没有额外的控制机组时，那么我们需要将核心控制机组的能耗纳入能量平衡。

$$SPF_{HP+HS} = \frac{\int \dot{Q}_{HP,H} \mathrm{d}t}{\int \left(P_{el,HP} + P_{el,HP,C} + P_{el,SC} + P_{el,HS} + P_{el,HX} + P_{el,FC}\right) \mathrm{d}t} \tag{4.19}$$

$$SPF_{HP+HR} = \frac{\int \dot{Q}_{HP,H} \mathrm{d}t}{\int \left(P_{el,HP} + P_{el,HP,H} + P_{el,HR} + P_{el,HX}\right) \mathrm{d}t} \tag{4.20}$$

系统边间为 HP——热泵（图 4.8）时，控制器和曲轴箱加热器等支持系统在整个测量或模拟阶段，包括待机时间的耗电量都将纳入能量平衡中。这与目前一些欧洲标准使用的 COP 和 SCOP 的定义相似。我们通常会依据这些标准，如 EN 14511 标准（参见 4.2.4.1 节），对能量输入和能量输出进行修正。如果我们使用的是由试验结果计算而来的性能指标值，考虑到获取全部的测量数据需要花费大量的时间，我们一般不会对能量输出进行修正。

$$SPF_{HP,HOM} = \frac{\int \dot{Q}_{HP,H} \mathrm{d}t}{\int P_{el,HP,HOM} \mathrm{d}t} \tag{4.21}$$

$$SPF_{HP,COM} = \frac{\int \dot{Q}_{HP,C} \mathrm{d}t}{\int P_{el,HP,COM} \mathrm{d}t} \tag{4.22}$$

备用机组（BU）的性能通常取决于该装置的技术水平。太阳能集热器（SC）的效率可以在标准与导则中查到，我们在 4.4 节对此进行了简要的说明。需要注意的是，$P_{el,SC}$ 只包括太阳能集热器的直接能耗，如混合集热器风机的能耗。但对于标准太阳能集热器而言，SC 不包括循环泵的能耗，因此计算时不需要将 $P_{el,SC,H}$ 纳入。

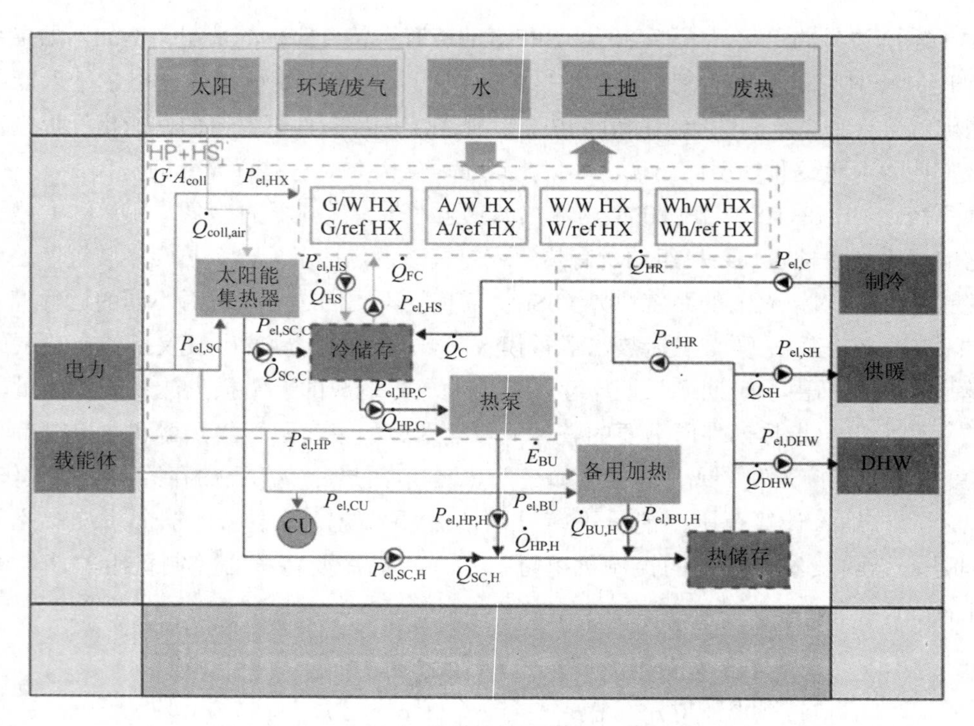

（a）系统边界 HP+HS

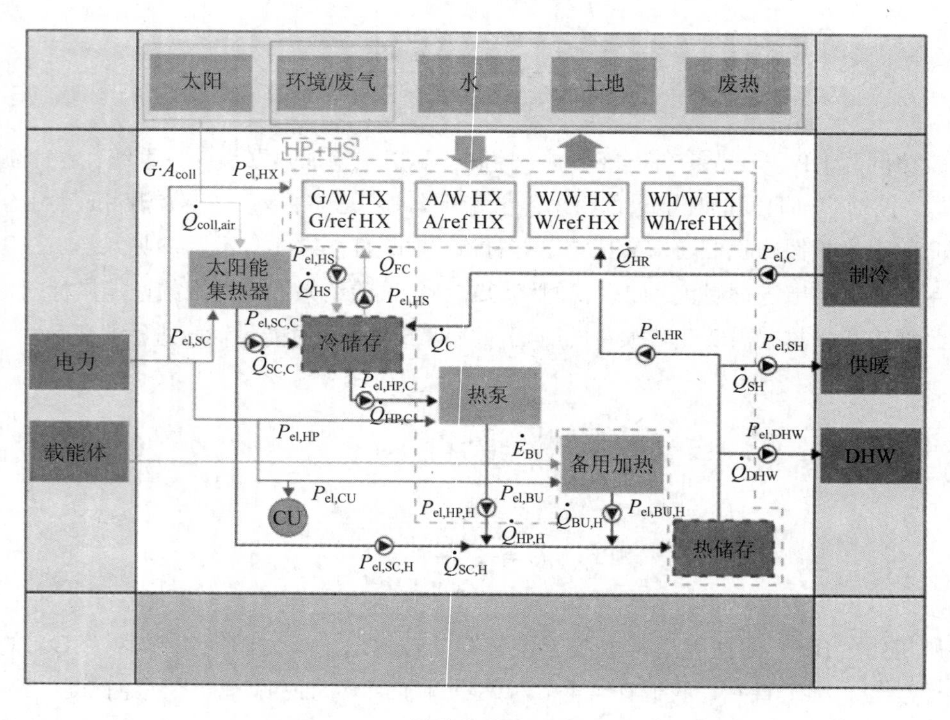

（b）系统边界 HP+HR

图 4.7　参考太阳能热泵采暖和制冷系统的主要系统边界

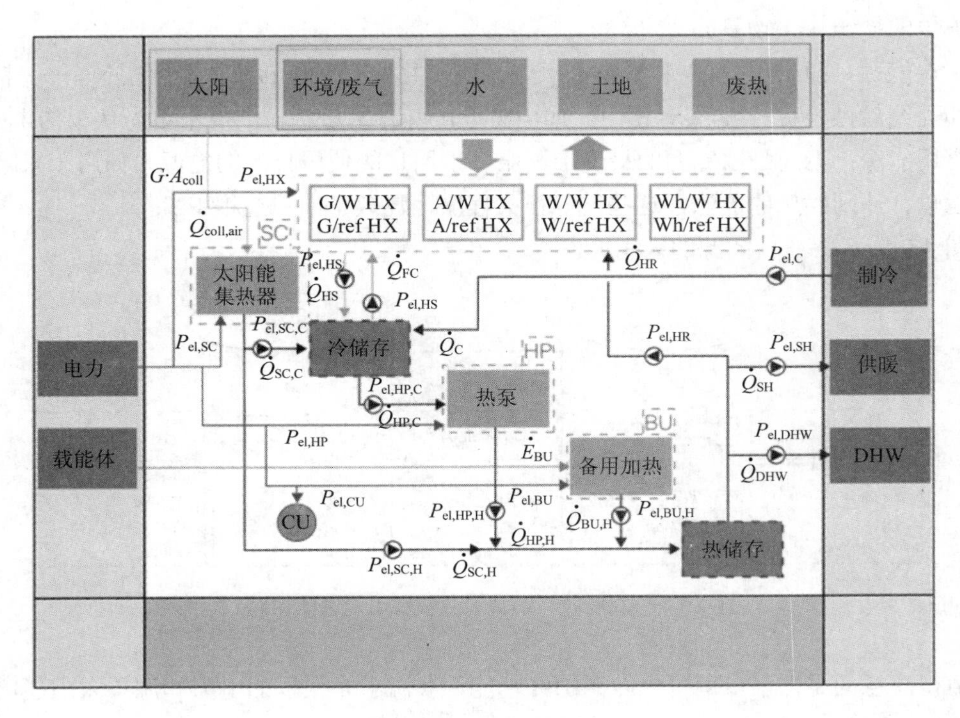

系统边界 SC、HP 和 BU

图 4.8 参考太阳能热泵采暖和制冷系统的主要系统边界

4.4 太阳能热泵系统的环境影响评价

在计算太阳能热泵系统或是其他能量转换机组的能量平衡时，尤其在评估系统利用能源对当地环境造成的影响时，我们需要调查并了解现场可利用的自然资源对电插头或是煤气表的供应情况。例如，有时候人们会把一次能源错误地理解为用能装置接口处的能量输入。例如，就太阳能热泵系统而言，误把电插头处的能量输入、总管道的天然气、购于当地商店的木材等来自其他自然资源供应链的产品视为一次能源。我们需要使用更多的能源和资源来进行能源的生产、运输和分配，同时也需要考虑能源在运输和转化过程中的损失。

为此，我们必须对不同的能源类型做出明确的定义。借鉴参考文献[7,8]中的定义，本书将能源分为以下几类：

一次能源：来源于各类未经加工的自然资源的能源——原油、木质颗粒、铀、风能或太阳能。一次能源可以进一步分为可再生能源与不可再生能源。不可再生能源（如煤、原油、天然气、铀）在环境中的数量有限，且一旦用尽短期内不可恢复。可再生能源泛指自然界中取之不尽的能源（如太阳辐射能、潮汐能、风能），或是就人类时间尺度而言能够循环再生的能源（生物量）。

终端能源：即供用户使用的能源。这类能源通常会经过一系列的转化处理——精炼、浓缩和提纯后供消费者/购买者使用。如电力或煤气、木质颗粒，或来自光伏板的电力。

有用能源：指的是以能源的最终形式服务于用户的使用目的的能源。如用于采暖、制冷、运输、休闲娱乐的能源，这些能源很大程度上耗散于消费过程中。

图 4.9 展示了三种能源的区别。

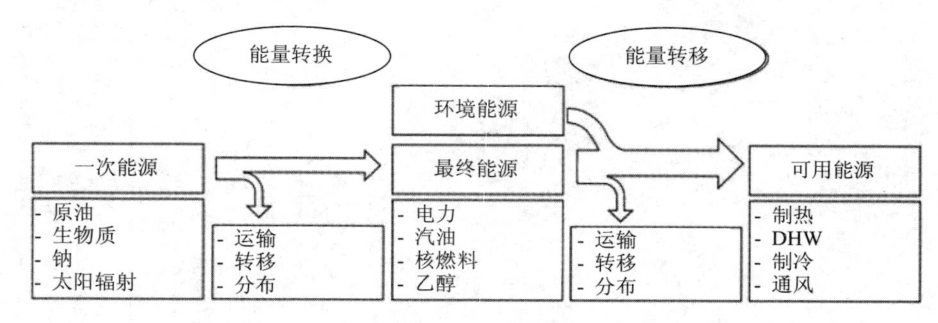

图 4.9 一次能源、终端能源及有用能源间的区别

值得注意的是，来自可再生能源的终端能源（源于光伏板的电力和源于太阳能电池板或生物质的热能）并不能实现 100%的可再生。这是因为能源在生产、运输和安装时需要使用不可再生资源及不可再生能源。这个所谓的灰色能源，随后我们会用 CED_{NRE} 和 CWP_{ec} 这两个性能指标对其进行说明。

为了从环境影响的角度对各个系统与技术进行比较，本章引入两个重要的性能指标：

— 不可再生能源一次能源利用率 PER_{NRE}。

— 太阳能热泵系统有效温室效应 EWI_{NRE}。

PER_{NRE} 指的是系统提供有用能量输出时消耗的不可再生能源量。但是它并不包括热泵机组或系统本身的生产、分配、安装及报废处置过程耗费的不可再生能源。例如，指标只将化石燃料中的有限能源利用纳入考虑范围。它可以表示为系统的有用能量输出量与一次能源输入量的比率。

EWI_{NRE} 指的是温室气体排放量与系统有用能量输出量之间的比率。温室气体排放量指的是提供给安装现场（终端能源）的能量载体的 CO_2 当量。我们需要通过以下指标来计算这两个指标的值：

CED_{NRE}——不可再生能源累积需求（cumulative energy demand，nonrenewable）：它量化了成为终端能源的不可再生一次能源，包括用于电网和电厂建设的能源。这个指标从一次能源到终端能源的角度，解释了来自化石燃料、核能和原始森林资源（如被毁灭或是被农田替代的原始森林）的一次能源的定义——kWH_{pe}/kWh_{fe}。

GWP_{ec}——全球变暖潜势（global warming potential）：它指的是提供终端能源时的不同温室气体排放量的增加量的权重，包括建设电网和电厂时产生的温室气体排放。但不包括系统运行时产生的制冷剂泄漏。它表示了在100年的时间框架内，与每一单位的终端能源数量相当的二氧化碳的量（kg CO_2 equiv./kWh_{fe}）。但是需要注意的是本书定义的 GWP_{ec} 与全球变暖现象下衡量各种排放物所产生的影响的 GWP_{ec} 不同（如参考文献[9]）。

由于各个国家的发电和能源供应结构不同，导致了插头处电能的来源不同。因此，为了更好地进行系统间的对比，我们需要定义基准值。对于电能，我们从参考文献[10]中选择了与这两个指标相符的、低电压水平的欧洲电力供应结构（ENTSO-E—欧洲电力传输系统运营商网络）。该网络包括电力生产、输电、配电以及相应的电力损失。然而，在某些时候，选用国家规定的数值更为合适，即使各个国家的规定大不相同。因为这些值可以在文献中查到[10]。对于不同国家间的比较，值的选取建议参考表4.3。

表4.3 不同能源载体的 CED_{NRE} 和 GWP_{ec}

能源载体	CED_{NRE}（kWh_{pe}/kWh_{fe}）	GWP_{ec}（kg CO_2 equiv./kWh_{fe}）
电力	2.878	0.521
天然气	1.194	0.307
石油	1.271	0.318
木材		
其中：原木	0.030	0.020
木质颗粒	0.187	0.041
木屑	0.035	0.011

数据来源：参考文献[10,11]。

对于其他的能源载体而言，在Ecoinvent数据库[10]中，每个国家的值几乎都是相同的。Ecoinvent数据库专注于欧洲产品生产链，涵盖了大量的商品生产和服务提供流程（表4.3）。

随后，我们便利用这些值来计算每个系统的不可再生能源的一次能源利用率（PER_{NRE}）和太阳能热泵系统有效温室效应（EWI_{NRE}）。

4.4.1 一次能源利用率

为了将有用能量输出与不可再生能源的消耗量联系起来，我们定义了一次能源利用率，单位为 kWh_{ue}/kWh_{pe}。

对于电力系统，计算公式如下：

$$PER_{NRE}=\frac{\int\left(\dot{Q}_{SH}+\dot{Q}_{DHW}+\dot{Q}_{C}\right)dt}{\int\sum\left(P_{el,final}\cdot CED_{NRE,el}\right)dt} \tag{4.23}$$

$P_{el,final}$ 为系统运行期间的用电总量。通过引入季节性能指标SPF［式（4.9）］，公式可以转化为：

$$\mathrm{PER}_{\mathrm{NRE}}=\frac{\mathrm{SPF}_{\mathrm{SHP}}}{\mathrm{CED}_{\mathrm{NRE,el}}} \tag{4.24}$$

对于使用不同的一次能源的系统，计算公式如下：

$$\mathrm{PER}_{\mathrm{NRE}}=\frac{\int\left(\dot{Q}_{\mathrm{SH}}+\dot{Q}_{\mathrm{DHW}}+\dot{Q}_{\mathrm{C}}\right)\mathrm{d}t}{\int\sum_{i=\text{energy source}}\left(\dot{Q}_{\mathrm{fe},i}\cdot\mathrm{CED}_{\mathrm{NRE},i}\right)\mathrm{d}t} \tag{4.25}$$

$Q_{\mathrm{fe},i}$是系统运行期间的终端能耗，单位为 $\mathrm{kWh_{fe}}$。

在某些时候，我们可以计算 $\mathrm{PER_{NRE}}$ 的倒数值——一次能源有效利用率（PEEF）：

$$\mathrm{PEEF}_{\mathrm{NRE}}=\frac{\int\sum_{i=\text{energy source}}\left(\dot{Q}_{\mathrm{fe},i}\cdot\mathrm{CED}_{\mathrm{NRE},i}\right)\mathrm{d}t}{\int\left(\dot{Q}_{\mathrm{SH}}+\dot{Q}_{\mathrm{DHW}}+\dot{Q}_{\mathrm{C}}\right)\mathrm{d}t}=\frac{1}{\mathrm{PER}_{\mathrm{NRE}}} \tag{4.26}$$

4.4.2 有效温室效应

与式(4.24)类似，但是 SPF 的值为分母。电力系统的 $\mathrm{EWI_{sys}}$ 指标（kg CO_2 equiv./$\mathrm{kWh_{ue}}$）计算公式如下：

$$\mathrm{EWI}_{\mathrm{sys}}=\frac{\mathrm{GWP}_{\mathrm{el}}}{\mathrm{SPF}_{\mathrm{SHP}}} \tag{4.27}$$

对使用其他一次能源的系统而言，计算公式为：

$$\mathrm{EWI}_{\mathrm{sys}}=\frac{\int\sum_{i=\text{energy source}}\left(\dot{Q}_{\mathrm{fe},i}\cdot\mathrm{GWP}_{\mathrm{ec},i}\right)\mathrm{d}t}{\int\left(\dot{Q}_{\mathrm{SH}}+\dot{Q}_{\mathrm{DHW}}+\dot{Q}_{\mathrm{C}}\right)\mathrm{d}t} \tag{4.28}$$

4.4.3 一次能源节能率

我们可以借助前面章节的公式来定义太阳能热泵系统的一次能源节能率。当系统有多个能源载体时，我们就需要将它的节能率与一次能源联系起来。所有的终端能耗都必须与一次能源指标相乘[式（4.29）]。此外，指定系统边界也是很重要的（此时的系统边界为 SHP）。

$$f_{\mathrm{sav,SHP,pe}}=1-\int\frac{\left[\sum_{i=\text{energy source}}\left(\dot{Q}_{\mathrm{fe},i}\cdot\mathrm{CED}_{\mathrm{NRE},i}\right)\right]_{\mathrm{SHP}}}{\left[\sum_{i=\text{energy source}}\left(\dot{Q}_{\mathrm{fe},i}\mathrm{CED}_{\mathrm{NRE}},i\right)\right]_{\mathrm{ref}}} \tag{4.29}$$

4.4.4 CO_2减排率

CO_2 减排率的计算方法[式（4.30）]与 4.4.1.4 节的计算方法相同。这里将系统边界指定为 SHP。

$$f_{\text{sav,SHP,emission}} = 1 - \int \frac{\left[\sum_{i=\text{energy source}} \left(\dot{Q}_{\text{fe},i} \cdot \text{GWP}_{\text{ec},i}\right)\right]_{\text{SHP}}}{\left[\sum_{i=\text{energy source}} \left(\dot{Q}_{\text{fe},i} \cdot \text{GWP}_{\text{ec},i}\right)\right]_{\text{ref}}} \tag{4.30}$$

4.5 计算实例

为了更好地理解系统边界的定义在实际系统中的运用以及不同性能指标的含义，在此，我们给出一个计算实例。

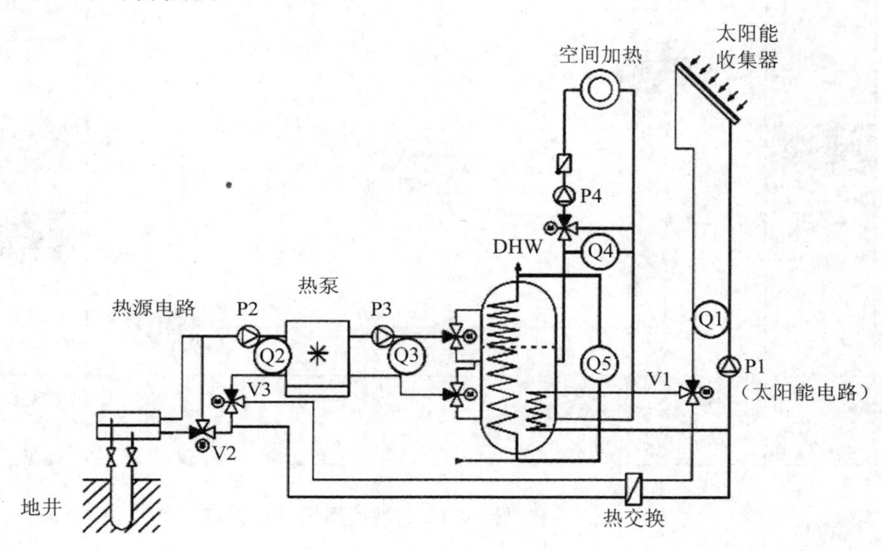

图 4.10　太阳能热泵系统的简化液压示意图

如图 4.10 所示，用一个简化的液压示意图表示现存的太阳能热泵系统。相同的系统可以用项目 T44A38 中的能流图表示。在此，我们使用 4.3 节提到的系统边界。

对比图 4.10 和图 4.11，我们可以得出如下结论：

— 由于图 4.10 中的系统没有冷库，因此我们将方形图的“冷库”组件变为节点，表示换热器位于太阳能电路与热源电路之间。

— 图 4.10 中 1 号泵（P1）的耗电量 $W_{\text{el},1}$ 用图 4.11 中 $P_{\text{el,SC,C}}$ 和 $P_{\text{el,SC,H}}$ 的耗电量表示。因此，在计算某些性能指标时，为了正确地掌握 P1 在不同的运行模式下的耗电量的来源，我们必须知道电磁阀 V1、V2 和 V3 的位置。也就是说，库的电力来源于太阳能电路，地源产生的太阳能来自热源电路，或是经由热泵蒸发器的热源电路直接利用来自太阳能电路的热能。

— 图 4.10 中 2 号泵（P2）的耗电量 $W_{\text{el},2}$ 用图 4.11 中 $P_{\text{el,HS}}$、$P_{\text{el,HP,C}}$ 和 $P_{\text{el,FC}}$ 的耗电量表示。其他要求同 1 号泵（P1）。

— 假设我们只需要测量热流量的最小值（图 4.10 中的热能表 Q1 和 Q5），那么为了对系统内性能进行更为深入的评价，我们需要依据测量数据、大部分电流的时间分布数据集、耗电量以及电磁阀的位置确定评价时的系统边界。

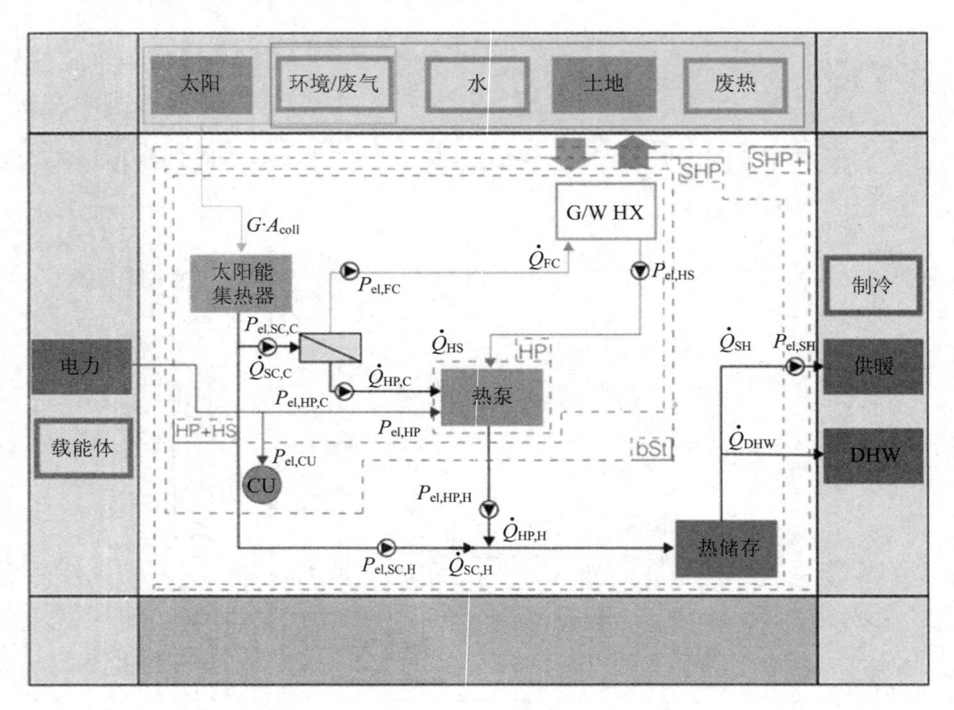

图 4.11 根据图 4.10 内数据得出的能量流

— 尽可能地将电磁阀的能耗纳入计算范围。

— 生活热水系统是既无循环泵也无额外生活热水分配管的直流系统。

经过 1 年的测量，我们得到了以下数值。此外，步长为 1 分钟的时间分辨率值和电磁阀的位置是已知的。

经过 1 年的测量，我们得到以下值。此外，1 分钟步长内的时间分辨率值，所有电磁阀的位置都是已知的。

Q_1	6 000 kW·h
Q_2	7 200 kW·h
Q_3	10 200 kW·h
Q_4	11 500 kW·h
Q_5	2 700 kW·h

$W_{el,1}$	450 kW·h
$W_{el,2}$	550 kW·h
$W_{el,3}$	350 kW·h
$W_{el,4}$	400 kW·h
$W_{el,HP}$	2 000 kW·h
$W_{el,CU}$	175 kW·h

依据图 4.10 和图 4.11 中系统的运行模式，推导出以下关系：

$Q_1=Q_{SC,H}+Q_{SC,C}$
$Q_2=Q_{HP,C}+Q_{FC}+Q_{HS}$
$Q_3=Q_{HP,H}$
$Q_4=Q_{SH}$
$Q_5=Q_{DHW}$

$W_{el,1}=W_{el,SC,H}+W_{el,SC,C}$
$W_{el,2}=W_{el,HS}+W_{el,HP,C}+W_{el,FC}$
$W_{el,3}=W_{el,HP,H}$
$W_{el,4}=W_{el,SH}$

依据时间分辨数据，进一步推导出如下关系：

$Q_1=Q_{SC,C}$	$W_{el,1}=W_{el,SC,C}$	V1 控制流向换热器的太阳能电路的电流
$Q_1=Q_{SC,H}$	$W_{el,1}=W_{el,SC,H}$	V1 控制流向蓄热器的太阳能电路的电流
$Q_2=Q_{HP,C}$	$W_{el,2}=W_{el,HS}$	V1 控制流向换热器的太阳能电路的电流，V2 和 V3 控制流向蒸发器的热源电路的电流
$Q_2=Q_{FC}$	$W_{el,2}=W_{el,HP,C}$	V1 控制流向换热器的太阳能电路的电流，V2 和 V3 控制流向井孔的热源电路的电流
$Q_2=Q_{HS}$	$W_{el,2}=W_{el,FC}$	V2 和 V3 控制流向蒸发器的源于井孔的热源电流的电流

因此，我们可以根据测得的数据与上述关系，再结合由图 4.11 得到的耗电量，得到热流量的值：

Q_{FC}	700 kW·h
$Q_{HP,C}$	500 kW·h
$Q_{SC,C}$	1 200 kW·h
Q_{HS}	6 700 kW·h
$Q_{SC,H}$	4 800 kW·h
$Q_{HP,H}$	10 200 kW·h
Q_{SH}	11 500 kW·h
Q_{DHW}	2 700 kW·h

$W_{el,FC}$	150 kW·h
$W_{el,HP,C}$	100 kW·h
$W_{el,SC,C}$[a]	250 kW·h
$W_{el,HS}$	300 kW·h
$W_{el,SC,H}$	200 kW·h
$W_{el,HP,H}$	350 kW·h
$W_{el,SH}$	400 kW·h
$W_{el,HP}$	2 000 kW·h
$W_{el,CU}$	175 kW·h

注：a 为 $W_{el,FC}+W_{el,HP,C}$ 的和。

使用式（4.15）至式（4.22），计算该系统的季节性能指标（SPF）：

$$\mathrm{SPF}_{\mathrm{SHP+}}=\frac{Q_{\mathrm{SH}}+Q_{\mathrm{DHW}}}{\sum W_{\mathrm{el,SHP+}}}=\frac{14\,200}{3\,675}=3.86$$

$$\sum W_{\mathrm{el,SHP+}}=W_{\mathrm{el,SC,C}}+W_{\mathrm{el,SC,H}}+W_{\mathrm{el,HP}}+W_{\mathrm{el,HS}}+W_{\mathrm{el,HP,H}}+W_{\mathrm{el,SH}}+W_{\mathrm{el,CU}}=3\,675\ \mathrm{kW\cdot h}$$

$$\mathrm{SPF}_{\mathrm{SHP+}}=\frac{Q_{\mathrm{SH}}+Q_{\mathrm{DHW}}}{\sum W_{\mathrm{el,SHP+}}}=\frac{14\,200}{3\,275}=4.34$$

$$\sum W_{\mathrm{el,SHP}}=W_{\mathrm{el,SC,C}}+W_{\mathrm{el,SC,H}}+W_{\mathrm{el,HP}}+W_{\mathrm{el,HS}}+W_{\mathrm{el,HP,H}}+W_{\mathrm{el,CU}}=3\,275\ \mathrm{kW\cdot h}$$

$$\mathrm{SPF}_{\mathrm{bSt}}=\frac{Q_{\mathrm{HP,H}}+Q_{\mathrm{SC,H}}}{\sum W_{\mathrm{el,bSt}}}=\frac{15\,000}{2\,725}=5.50$$

$$\sum W_{\mathrm{el,bSt}}=W_{\mathrm{el,SC,C}}+W_{\mathrm{el,HP}}+W_{\mathrm{el,HS}}+W_{\mathrm{el,CU}}=2\,725\ \mathrm{kW\cdot h}$$

$$\mathrm{SPF}_{\mathrm{HP+HS}}=\frac{Q_{\mathrm{HP,H}}}{\sum W_{\mathrm{el,HP+HS}}}=\frac{10\,200}{2\,550}=4.00$$

$$\sum W_{\mathrm{el,HP+HS}}=W_{\mathrm{el,SC,C}}+W_{\mathrm{el,HP}}+W_{\mathrm{el,SH}}=2\,500\ \mathrm{kW\cdot h}$$

$$\mathrm{SPF}_{\mathrm{HP}}=\frac{Q_{\mathrm{HP,H}}}{W_{\mathrm{el,HP}}}=\frac{10\,200}{2\,000}=5.10$$

在本例中，由于 $P_{\mathrm{el,FC}}$ 和 $P_{\mathrm{el,HP,C}}$ 都是作为 $P_{\mathrm{el,SC,C}}$ 纳入系统边界的，因此我们也用 $P_{\mathrm{el,FC}}+P_{\mathrm{el,HP,C}}$ 的值替代 $P_{\mathrm{el,SC,C}}$。当我们将在真实系统中测得的数据与能流图对应时，这一点值得被再次强调。

图 4.12 展示了在五种系统边界条件下计算的季节性能指标值。

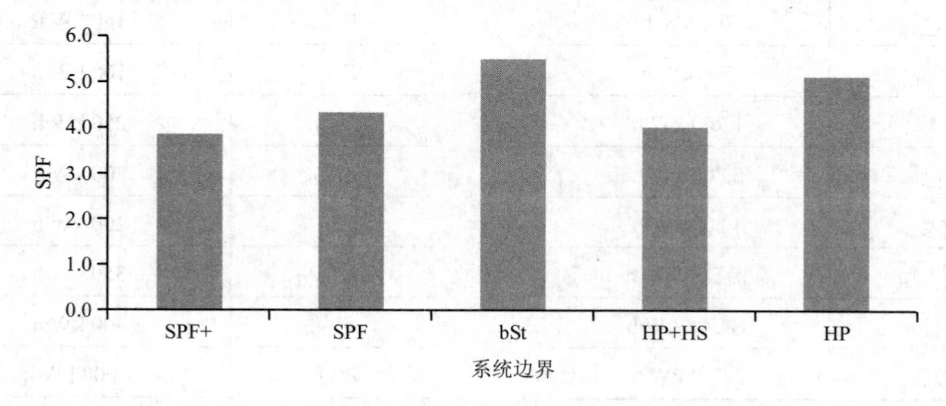

图 4.12　项目 T44A38 中五种系统边界的季节性能指标值

由此我们可以发现，当系统边界的位置与热源越接近时，其 SPF 的值越高。这是因为系统边界越接近热源，各组件内/组件间的热量损失和泵的耗电量就越小，系统的季节性能表现就越好。由于只有热泵的有用热量输出量减少了，导致了系统边界 bSt 与 HP+HS 之间 SPF 值的差别。当系统边界从 HP+HS 变为 HP 时，由于热泵热源的耗电量减少，所以 SPF 的值随之增加。

当我们需要比较“相邻”的系统边界并分析时，最好考虑到以下几点：

SPF+→SPF：有用能源分配系统的影响。

SPF→bSt：蓄热器的能量损失和泵（如用于蓄电的液体泵）的耗电量产生的影响。

bSt→HP+HS：太阳能系统对蓄热器的直接贡献。

HP+HS→HP：热泵热源的影响。

系统的太阳能保证率和可再生能源保证率可以用式（4.10）至式（4.12）（4.2.6 节）计算：

$$f_{\mathrm{sol},1}=\frac{Q_{\mathrm{SC,H}}}{Q_{\mathrm{DHW}}+Q_{\mathrm{SH}}}=\frac{4\,800}{14\,200}=0.34$$

$$f_{\mathrm{sol},2}=1-\frac{Q_{\mathrm{HP,H}}+Q_{\mathrm{BU,H}}}{Q_{\mathrm{DHW}}+Q_{\mathrm{SH}}}=1-\frac{10\,200}{14\,200}=0.28$$

$$f_{\mathrm{sol},3}=\frac{Q_{\mathrm{SC,H}}}{Q_{\mathrm{HP,H}}+Q_{\mathrm{SC,H}}+Q_{\mathrm{BU,H}}}=\frac{4\,800}{15\,000}=0.32$$

这就表示，根据太阳能保证率的定义，有用能源供应中太阳能的占比（$f_{\mathrm{sol},1}$ 和 $f_{\mathrm{sol},2}$）或提供给蓄热器的能量（$f_{\mathrm{sol},3}$）在 28%和 34%之间变化——排除了热源再生的能量和蒸发器直接利用的能量。

$$f_{\mathrm{ren,SHP}}=1-\frac{\int\left(\sum P_{\mathrm{el,SHP}}\right)\mathrm{d}t}{Q_{\mathrm{DHW}}+Q_{\mathrm{SH}}}\triangleq 1-\frac{1}{\mathrm{SPF_{SHP}}}=1-\frac{1}{4.34}=0.77$$

从可再生能源保证率[式（4.13）]的计算结果我们可以发现，除电量外的 77%的有用能量都来自可再生能源——太阳能集热器和地源环境热量。这个值没有考虑终端能源来源，是太阳能热泵系统纯能量平衡的计算结果。

利用已有数据，借助式（4.25）至式（4.27）对系统的环境影响进行评价。需要注意的是，$\mathrm{PER_{NRE}}$、$\mathrm{PEEF_{NRE}}$ 和 $\mathrm{EWI_{sys}}$ 的值很大程度上取决于所选取的指标，并且，对于不同的安装地点，即使系统具有同样的 SPF 值，其 $\mathrm{PER_{NRE}}$、$\mathrm{PEEF_{NRE}}$ 和 $\mathrm{EWI_{sys}}$ 的值也会不同。在本例中，我们使用表 4.3 中的指标值。

$$\mathrm{PER_{NRE}}=\frac{\mathrm{SPE_{SHP}}}{\mathrm{CED_{NRE,el}}}=\frac{4.34}{2.878}=1.51$$

$$\mathrm{PEEF_{NRE}}=\frac{1}{\mathrm{PER_{NRE}}}=\frac{1}{1.51}=0.66$$

PER_{NRE}的值为 1.51，这表示系统边界内的太阳能热泵系统每使用一单位的不可再生的一次能源生产的电力，将会传输 1.51 个单位的有用热能。相比之下，直接电加热系统的比率为 1/2.878 或 0.35。$PEEF_{NRE}$的值为 0.66 意味着每获得一单位的有用能量，需要使用 0.66 个单位的不可再生的一次能源。

$$EWI_{sys} = \frac{GWP_{el}}{SPF_{SHP}} = \frac{0.521}{4.34} = 0.12$$

EWI_{sys}的值为 0.12，这意味着每输送 1 kW·h 的有用能量会产生 0.12 kg 的 CO_2 当量。

最后，用 4.4.1.3 节和 4.4.1.4 节中的式（4.29）和式（4.30），计算此系统的一次能源节能率和 CO_2 减排率。我们需要选择一个参考系统用于计算。在本例中，我们选择的参考系统是一个具备空间采暖和生活热水生产两种功能的燃气锅炉，其年综合效率为 0.9。根据测得的年有用热输入量 142 00 kW·h，计算其现场燃气消耗量：14 200×0.9=12 780 kW·h。

$$f_{sav,SHP,pe} = 1 - \frac{\sum W_{el,SHP} \cdot CED_{NRE,el}}{(Q_{SH} + Q_{DHW}) \cdot \eta_{boiler} \cdot CED_{NRE,gas}} = 1 - \frac{3\,275 \times 2.878}{14\,200 \times 0.9 \times 1.194} = 0.50$$

$$f_{sav,SHP,emission} = 1 - \frac{\sum W_{el,SHP} \cdot GWP_{el}}{(Q_{SH} + Q_{DHW}) \cdot \eta_{boiler} \cdot GWP_{gas}} = 1 - \frac{3\,275 \times 0.521}{14\,200 \times 0.9 \times 0.307} = 0.57$$

在假设的系统边界 SHP 和参考系统下，与燃气锅炉相比，太阳能热泵系统输送等量的有用热能的一次能源消耗量及 CO_2 排放当量分别为燃气锅炉的 50%和 57%。

附录 4.A 参考标准及其他规范性文件

4.A.1 热泵（表 4.A.1）

CEN（2011） EN 14511：2011 – Air conditioners，liquid chilling packages and heat pumps with electrically driven compressors for space heating and cooling. CEN，Brussels，Belgium.

CEN（2011） EN 15879-1：2011 – Testing and rating of direct exchange ground coupled heat pumps with electrically driven compressors for space heating and/or cooling. Direct exchange-to-water heat pumps. CEN，Brussels，Belgium.

CEN（2011） EN 16147：2011 – Heat pumps with electrically driven compressors. Testing and requirements for marking for domestic hot water units. CEN，Brussels，Belgium.

AHRI（1998）AHRI Standard 320-98 – Water-Source Heat Pumps. AHRI，Arlington，USA.

AHR（1998）AHRI Standard 325-98 – Ground Water-Source Heat Pumps. AHRI，Arlington，USA.

AHRI（1998） AHRI Standard 330-98 – Ground Source Closed-Loop Heat Pumps. AHRI，Arlington，USA.

ISO（1998） ISO 13256-1：1998 – Water-source heat pumps. Testing and rating for performance. Part 1. Water-to-air and brine-to-air heat pumps. International Organization for Standardization，Geneva，Switzerland.

ISO（1998） ISO 13256-2：1998 – Water-source heat pumps. Testing and rating for performance. Part 2. Water-to-water and brine-to-water heat pumps. International Organization for Standardization，Geneva，Switzerland.

CEN（2011） EN 14825：2011 – Air conditioners，liquid chilling packages and heat pumps，with electrically driven compressors，for space heating and cooling. Testing and rating at part load conditions and calculation of seasonal performance. CEN，Brussels，Belgium.

ASHRAE（2010） ASHRAE 116-2010 – Methods of Testing for Rating Seasonal Efficiency of Unitary Air Conditioners and Heat Pumps. ASHRAE，Atlanta，USA.

VDI（2003） VDI 4650-1 – Calculation of heat pumps. Simplified method for the calculation of the seasonal performance factor of heat pumps. Electric heat pumps for space heating and domestic hot water. VDI，Düsseldorf，Germany.

CEN（2008） EN 15316-4-2：2008 – Heating systems in buildings. Method for calculation of system energy requirements and system efficiencies. Part 4-2. Space heating generation systems，heat pump systems. CEN，Brussels，Belgium.

表 4.A.1 不同标准中热泵和特泵系统的性能指标概览

热泵标准		
标准/导则	性能指标	定义
EN 14511	COP	COP 指的是稳态条件下，热泵机组的热量输出与其有效能量输入的比值。能量输入与输出需用泵浦能量（克服机组内换热器的压降损失所需的能量）进行校正
	EER	与 COP 的定义相同，适用于制冷设备的评价（制冷量为有用能量）
EN 15879-1	COP/EER	与标准 EN 15411 中的定义相同，适用于直膨式热泵
EN 16147	COP	COP 定义为一个循环期内，制备生活热水所需的有用热量与耗电量的比值。该系统包括热泵、储水箱和循环泵。计算时会考虑储水箱的能量损失
AHRI320/325/330	COP	COP 定义为稳态条件下、热容量（不含附加电阻热）与能量输入间的比值
	EER	与 COP 的定义相同，适用于制冷设备的评价（制冷量为有用能量）
ISO13256-1/ISO13256-2	COP	COP 定义为稳态条件下，净供热容量与有效能量输入之间的比值。能量输入与输出的修正方法同标准 EN 14511
	EER	与 COP 的定义相同，用于制冷设备的性能评价（制冷量为有用能量）

热泵标准		
标准/导则	性能指标	定义
EN 14825	SCOP	SCOP 定义为 1 年内的总热量输出与系统的总能量输入之间的比值。这是基于假设的供热量、气候条件、控制条件等的计算值。计算的基础是机组测试，参见标准 EN 14511
	SEER	与 SCOP 的定义相同，适用于制冷设备的性能评价
ASHRAE 116	HSPF	HSPF 定义为整个加热季度内（不超过 12 个月）的总热量输出与整个加热季度期间的总热量输入之间的比值。它是基于假设的供热量、气候条件、控制条件等的计算值。计算的基础是机组测试
	SEER	SEER 定义为正常制冷期间内（不超过 12 个月）总热量的减少量与同期内总体能量输入之间的比值。计算方法同 HSPF
VDI 4650-1	SPF（e）	SPF（e）定义为一年内的有用热量输出与驱动压缩机及一些辅助驱动器消耗的电能之间的比值。它是基于 EN 14511 的测试结果的计算值。计算时不将如地下水泵、待机模式的热泵的耗电量等纳入
EN 15316-4-2	SPF	SPF 定义为系统的总体能量输出与热泵系统采暖和制备生活热水时所需的总体能量输入（终端能源）之间的比值。该热泵系统包括热泵机组、热源、储水箱及所有的辅助系统（控制器、液体泵等）

4.A.2 太阳能集热器（表 4.A.2）

CEN（2006）EN 12975-1：2006 – Thermal solar systems and components. Solar collectors. Test methods. CEN，Brussels，Belgium.

ISO（1995） ISO 9806-3 – Test methods for solar collectors. Part 3. Thermal performance of unglazed liquid heating collectors（sensible heat transfer only） including pressure drop. International Organization for Standardization，Geneva，Switzerland.

ASHRAE（2010） ASHRAE 93-2010 – Methods of Testing to Determine the Thermal Performance of Solar Collectors. ASHRAE，Atlanta，USA.

CEN（2012） EN 12976-2：2012 – Thermal solar systems and components. Factory made systems. Part 2. Test methods. CEN，Brussels，Belgium.

CEN（2011—2012） EN 12977 – Thermal solar systems and components. Custom built systems，Parts 1–5. CEN，Brussels，Belgium.

ISO（1993—2013） ISO 9459 – Solar heating. Domestic water heating systems，Parts 1，2，4 and 5. International Organization for Standardization，Geneva，Switzerland.

CEN（2007） EN 16316-4-3 – Heating systems in buildings. Method for calculation of system energy requirements and system efficiencies. Heat generation systems，thermal solar systems. CEN，Brussels，Belgium.

ISO（1999） ISO 9488：1999 – Solar energy. Vocabulary. International Organization for Standardization，Geneva，Switzerland.

表 4.A.2 不同标准中太阳能集热器和太阳能热系统的指标概览

太阳能热利用标准		
标准	性能指标	定义
EN 12975-2	η	集热器热效率，指的是在稳态或非稳态条件下，特定时间间隔内，由导热流体（传热工质）从一定集热器面积上（总面积、采光口或孔的面积）带走的能量与同一时间间隔内该集热器面积上的太阳辐照度之比（依据 ISO 9488）
ISO 9806	η	与 EN 12975 标准相同
ASHRAE 93	η_g	集热器的热效率，指的是实际收集的有用能量与被集热器总面积截获的太阳能之比
EN 12976，EN 12977	f_{sol}	太阳能保证率，指的是系统的太阳能部分提供的能量与系统总负荷之比。必须明确系统的太阳能部分及与其相关的任何部分造成的能量损失，否则太阳能保证率的定义就不够明确（依据 ISO 9488）
	f_{sav}	太阳能节能率，指的是使用太阳能热泵系统后节省的能源购买量。假设在特定时间段内两个系统消耗同种能源，给消费者提供同等质量的热量，那么我们可以用 1−[（太阳能热系统消耗的辅助能源）/（常规加热系统消耗的能源）]计算其太阳能节能率（依据 ISO 9488）
	热力性能	热力性能是一系列性能指标。对于不使用辅助能源的太阳能系统而言，它们指的是太阳能热系统传输的热量 Q_L、太阳能保证率 f_{sol} 和寄生能量 Q_{par}。对于使用辅助能源的系统而言，它们指的是净辅助能量需求 $Q_{aux,net}$、太阳能节能率 f_{sav} 和寄生能量 Q_{par}
ISO 9459	热力性能	可参照标准 EN 12976 和 EN 12977 的定义
EN 15316-4-3		同标准 EN 12977 中的定义

4.A.3 相关生态设计指令文件

Commission Delegated Regulation（EU） No. 811/2013 of 18 February 2013 supplementing Directive 2010/30/EU of the European Parliament and of the Council with regard to the energy labelling of space heaters，combination heaters，packages of space heater，temperature control and solar device and packages of combination heater，temperature control and solar device.

Commission Delegated Regulation（EU）No. 812/2013 of 18 February 2013 supplementing Directive 2010/30/EU of the European Parliament and of the Council with regard to the energy labelling of water heaters，hot water storage tanks and packages of water heater and solar device.

Commission Regulation（EU） No. 813/2013 of 2 August 2013 implementing Directive.

2009/125/EC of the European Parliament and of the Council with regard to ecodesign requirements for space heaters and combination heaters.

Commission Regulation（EU）No. 814/2013 of 2 August 2013 implementing Directive.

2009/125/EC of the European Parliament and of the Council with regard to ecodesign requirements for water heaters and hot water storage tanks.

参考文献

[1] EU（2009）Directive 2009/125/EC of the European Parliament and of the Council of 21 October 2009 establishing a framework for the setting of ecodesign requirements for energy-related products（recast）. Official Journal of the European Union，L 285，10-35.

[2] Wemhöner，C. and Afjei，T.（2003）Seasonal performance calculation for residential heat pumps with combined space heating and hot water production（FHBB method）. Final project report within the research program Heat Pump Technologies，Cogeneration，Refrigeration of the Swiss Federal Office of Energy，Institute of Energy，University of Applied Sciences，Basel，Muttenz，Switzerland.

[3] VDI（2004） VDI 6002，Blatt 1：Solare Trinkwassererwärmung – Allgemeine Grundlagen，Systemtechnik und Anwendung im Wohnungsbau，VDI，Düsseldorf，Germany.

[4] Kramer，W.，Oliva，A.，Stryi-Hipp，G.，Kobelt，S.，Bestenlehner，D.，Drück，H.，Bühl，J.，and Dasch，G.（2013）Solar-active-houses – analysis of the building concept based on detailed measurements. Proceedings of the International Conference on Solar Heating and Cooling for Buildings and Industry，September 15-23，Freiburg，Germany.

[5] Heimrath，R. and Haller，M.Y.（2007） Project Report A2 of Subtask A：The Reference Heating System，the Template Solar System，Institut für Wärmetechnik，Graz University of Technology，Austria.

[6] Frank，E.，Haller，M.Y.，Herkel，S.，and Ruschenburg，J.（2010） Systematic classification of combined solar thermal and heat pump systems. EuroSun Conference，Graz，Austria.

[7] OECD/IEA（2004）Energy Statistics Manual，OECD/IEA，Paris，France.

[8] United Nations（2011）International Recommendations for Energy Statistics（IRES），Draft Version，United Nations，New York，USA. Available at http：//unstats.un.org/unsd/statcom/doc11/BG-IRES.pdf.

[9] EU（2006） Regulation（EC） No 842/2006 of the European Parliament and of the Council of 17 May 2006 on certain fluorinated greenhouse gases. Official Journal of the EU，L 161，3.

[10] Itten，R.，Frischknecht，R.，and Stücki，M.（2012） Life Cycle Inventories of Electricity Mixes and Grid，ESU-service（PSI），July 2012.

[11] Ecoinvent（2013）International Database for Life Cycle Inventory Data，Swiss Center for Life Cycle Inventories，Dübendorf. Available at http：//www.ecoinvent.org/database/.

5 太阳能热泵的实验室测试程序

克里斯蒂安·施密特，伊凡·麦伦克维，克博尼安·卡默，米歇尔·哈勒，罗伯特·哈波尔，安雅·洛泽，塞巴斯蒂安·邦克，哈拉尔德·多克，豪尔赫·方可，玛丽亚·乔奥·卡瓦略（Christian Schmidt，Ivan Malenković，Korbinian Kramer，Michel Y. Haller，Robert Haberl，Anja Loose，Sebastian Bonk，Harald Drück，Jorge Facão，and Maria João Carvalho）

概 要

经由系统的实验室测试，我们除了能了解一单组件的特性外，还能获取第 4 章中介绍的“SHP”和“SHP+”系统的性能数据。参与项目 T44A38 的几个研究机构一直致力于太阳能热泵系统测试方法深入研究工作。我们将在本章对这项工作进行介绍。

这些测试程序很大程度上是在太阳能热应用领域的测试程序上发展起来的。我们称它们为测试边界（5.2.1 节）,包含了两种主要的方法（5.2 节）：将主要的性能相关组件安装在独立的测试平台上，分别测试（组件测试与系统仿真-CTSS）；或是将测试系统正常运行所需的所有组件放在一起，同时测试（全系统测试-WST）。5.2.2 节介绍了两种方法各自的优势与不足。5.2.3 节总结了新开发的测试程序的研究成果。这些方法虽然存在缺陷，但是借助这些方法，我们能够了解目前市面上 70%以上的太阳能热泵系统的性能。在特定时间段内，对测试平台上的系统或组件进行测试是一项重要的任务，但更为重要的是，我们需要获取该系统或组件的年度性能数据。由于大多数测试程序依赖于建模和仿真，因此如果没有合适的模型，那么必然会产生一些问题。就全系统测试而言，我们也可以使用直接外推法（5.2.4 节）。通过测试，我们能获得系统的性能数据，还能了解系统的质量与性能标签（5.2.5 节）。产品开发者可以依据系统测试返回的系统故障、设计缺陷或是系统不足之处等有价值的信息，实现对产品的改进与提升。5.3 节介绍了用新方法或改进后的方法测试太阳能热泵系统的经验。5.4 节是对本章内容的小结与讨论[本章中的“测试程序”指的是对如何在实验室测试太阳能热泵系统测试的具体指导说明；而（测试）“方法”指的是方法和测试程序背后的总体思路]。

5.1 引言

太阳能热泵系统的标准化、经济性以及质量保障措施的透明化是其实现可持续的销量增长与高市场渗透率的基础。如果忽视了这一点，后果不堪设想。一个典型的例子是，20世纪 80 年代热泵市场开始兴起，但由于当时出售的系统质量不佳，设计存在缺陷且设备故障，致使热泵市场突然崩溃。此后，热泵技术日益发展成熟，其在世界市场上的份额也不断增加。此时，受认可的测试机构提供的质量保证测试发挥了重大作用。产品送往由独立的认证机构掌控且授权的测试机构进行测试。这些机构提供的标准化的测试与评定程序为产品质量保证提供了重要保障。由于测试程序并不为不同的产品问题提供技术解决方案，因此它们在客观上推动了产品的高质化、高效化发展。

这些测试程序构成了能效标准和能效标志的基础，例如欧盟生态设计和能效标志指令①，并且最终服务于税收减免或补贴等激励政策。以房间空调为例，历史经验表明，如果该措施得到有效推行，它们能有效地引导市场向更为节能的方向转变[1]。

那么，此时的问题就变成了什么样的测试程序才能作为标准，并为众多利益相关者所接受呢？NEDC（New European Driving Cycle）就是一个在国际上广为传播汽车行业的全系统测试程序。它来源于德国的 DIN 标准，且为当今世界众多国家接受。此测试在滚筒试验台上进行，结果以此评价汽车的燃油经济性与排放水平。

一般而言，测试方法和测试程序必须协调不同利益集团，如制造商（工厂）、测试机构、终端用户以及政策制定者之间的矛盾，并满足它们的要求（表 5.1）。例如，NEDC 提供的测试方法相当灵活，适用于各类汽车。我们可以通过控制滚筒试验台实现测试的高重复精度和重复性。由于测试边界条件便于控制，因此不同的产品（汽车）和不同的实验室之间的主要性能数据具有较高的可比性。此外，NEDC 被指出其驾驶循环过于简单，不能代表真正的驾驶（信息价值小）。它强调了现实世界的驾驶循环的重要性，这也正是 NEDC 标准的缺陷所在。在对不同的用能产品尤其是太阳能热泵系统及其组件进行测试时，上述原则及彼此矛盾的需求也成立。

表 5.1 测试方法的一般要求[2]及其与特定目标群体的相关性

测试程序要求		与工厂（I）、测试机构（T）、消费者（C）及政策制定者（P）的相关性
高度的	描述	
可比性	主要的性能数据能与类似产品进行比较	对（C）而言极具价值，能为（P）的补贴政策提供依据，（I）可以据此改善产品（测试前——测试后）
信息价值	测试能反映实际使用情况，且结果能广泛适用于各种边界条件	具有较高的可比性和信息价值的测试方法能够提高市场上产品信息的透明度→有益于各个利益群体

① 请读者参考 5.4 节中关于 SHP 系统的相关内容。

测试程序要求		与工厂（I）、测试机构（T）、消费者（C）及政策制定者（P）的相关性
高度的	描述	
定义的清晰性与简洁性	测试程序应描述清晰，便于各测试机构应用。此外，清晰明确的定义能够防止制造者利用技术漏洞影响测试结果	好的测试方法允许能迅速标准化，并且提供标签方案/防篡改测试方法→有益于各个利益群体
重复性	当不同的机构对同一产品进行多次测试时，其结果的不确定度低	必须满足最小精度→有益于各个利益群体
灵活性	不仅仅指测试程序适用于不同系统配置类别的灵活性，也指其适用于新技术的灵活性；能够依据测试结果对相似系统配置进行外推（“系统家族”）	（T）能够进行广泛的测试。测试结果的外推能为（I）节省大量开支；如果考虑到标准的灵活性，那么就与所有利益群体相关，因为标准的修订是一个长期的过程
成本效益	测试时间短，对操作人员的技能要求低，对相应实验基础设施的要求也低	（T）能从较高的利润率中获益。较低的总成本为小公司（I）购买测试程序提供了可能性

理想的情况下，太阳能热泵系统的测试与评定标准应该便于潜在买家、设计者、安装者及政策制定者用于系统间的相关性能的比较或是与其他具有相同功能的技术间的比较。一个很好的例子就是能效标签已经在全球大多数的家用产品市场上得到了广泛的运用。与NEDC的例子相似，制定一个适用于所有太阳能热泵系统的测试与评价标准是相当困难的。因此，正如第4章所述，目前还不存在普遍认同的测试与评价太阳能热泵系统的方法。

目前太阳能热泵系统测试程序发展所面临的挑战在于已经开发的测试程序只能表征单一技术（太阳能热系统和热泵），并且对于如何将一种方法与另一种方法整合为一个通用的程序，我们还没找到有效的解决方案。欧洲 QAiST 项目对各个标准和导则应用于太阳能热泵系统测试时存在的缺陷与不足做出了具体的说明[3]。总而言之，现有的太阳能标准不够对作为额外热源的热泵进行表征。与此同时，它作为组件测试标准，并不适用于系统的测试。

然而，为了对热泵进行测试，在项目 T44A38 开展之前，尤其是项目开展期间，科学家们为太阳能热系统测试程序的进一步改善做出了许多努力。由于太阳能热系统通常与其他供热方式相结合，因此太阳能测试程序一直致力于解决与辅助加热组件测试程序整合的问题。

与此同时，与单一技术（测试）相比，系统（测试）的复杂性更高，因为系统有多种概念（见第2章）。例如，对于结合了燃气锅炉的太阳能系统而言，有时候我们需要同时考虑几个热泵热源的试验台与测试方法的设计。最后，我们还需要想出更为先进的控制策略。

现存的几个太阳能热系统的测试方法可以归结为两大基本方法：组件测试与系统仿真法（CTSS）和全系统测试法（WST）。参与项目 T44A38 的几个科研机构一直致力于这些方法在太阳能热泵系统测试应用中的发展研究。我们将在本章对此展开讨论。在 5.3 节，我们将介绍太阳能热泵系统实验测试的经验。

5.2 组件测试和全系统测试

5.2.1 测试边界和测试程序的含义

太阳能热泵系统的测试程序可以细分为只用于生活热水制备的系统（DHW-only systems）的测试程序和用于生活热水制备及空间采暖的组合系统（combi-systems）的测试程序。有些太阳能热泵系统也能主动制冷或是被动制冷。然而本章所讨论的测试程序，不能用于评价这个特性。根据基本方法，我们可以将所有的程序分为“基于组件的测试”和“全系统测试”两类。

图 5.1 展示了两个基本方法在测试边界与年度性能评价方法上的差异。

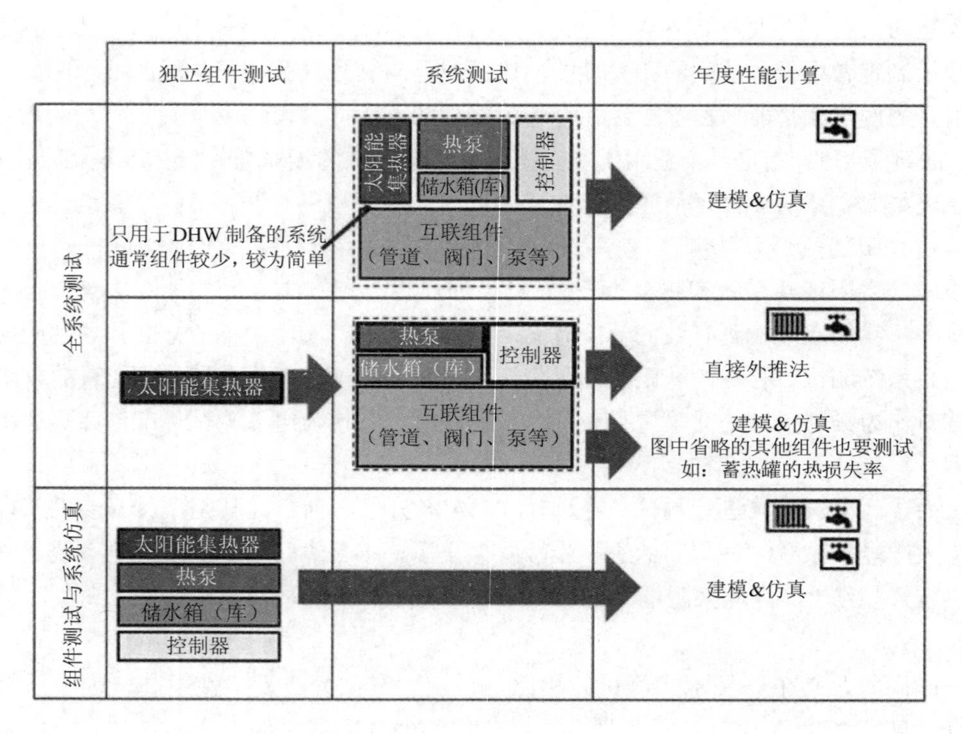

注：为 DHW-only systems 的实验室测试程序；为 com-systems 的实验室测试程序。

图 5.1 太阳能热泵组合系统和太阳能热泵生活热水制备系统的测试方法

如果使用 CTSS，就依据各自的规范性文件（详细的测试程序请参见 5.2.2 节）描述的方法分别测试每个组件。如果使用 WST，那么就需要将制造商提供的整个系统安装在试验台上，对其进行整体测试。

这就意味着，使用不同的测试方法，其测试时的系统边界会有很大的差异。进行 WST

测试时，系统的测试边界与系统评价时使用的系统边界是一致的（图 5.2）。而进行 CTSS 测试时，情况就大不相同了。此时系统的性能指标（系统边界为整个系统）的评价独立于单个组件的测试结果。因此，即使测试时不将互联组件包括在内，但在系统评价时，我们仍需要以某种方式将其纳入。

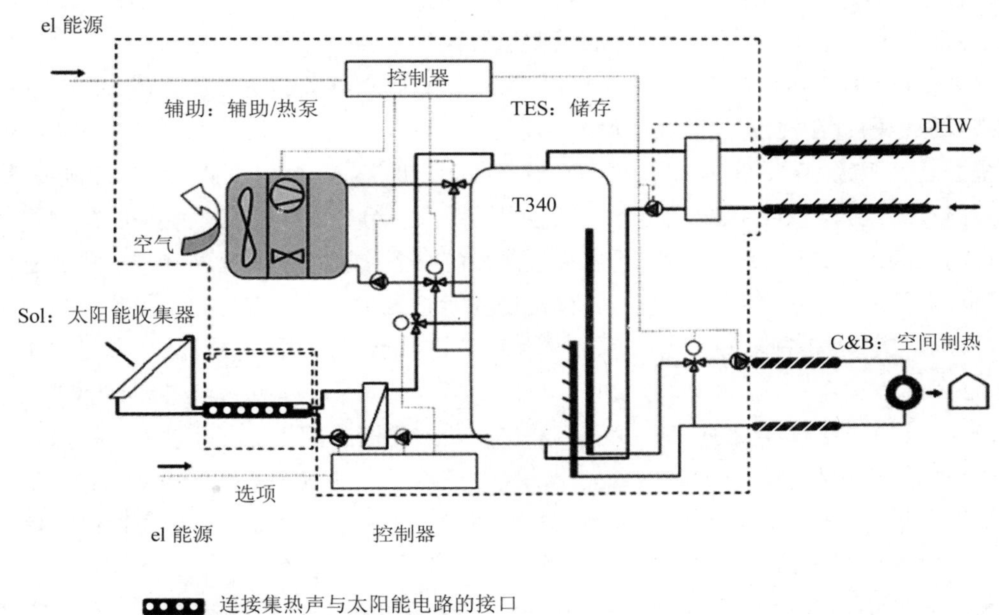

图 5.2 组合系统（combi-systems）WST 测试边界

注：运用参考文献[4]中的协调性测试程序。

CTSS 与 WST 的共同点是，出于经济性的考虑，无法在实验室安装大型热泵地下换热器。因此，我们可以使用标准边界条件对它们进行模拟。而对于空气源热泵的外部因素而言，我们可以通过安装人工气候室进行测试（如图 5.2 组合系统 WST 测试所示）。如图 5.1 所示，组合系统（combi-systems）WST 测试程序不包括太阳能集热器面积（较大），而只制备生活热水的系统（DHW-only systems）的 WST 测试边界包括了太阳能集热器面积（较小）。这表明太阳能集热器必须在进行组合系统 WST 测试前得到表征。实施硬件在环仿真测试的设备能够适当地对太阳能集热器部分予以考虑，因此，我们可以借助这些设备测试的反馈信息来进行太阳能集热器的模拟与仿真。

通常情况下，对于接受测试的系统，我们一般不会对其系统边界内组件进行测试。但是有些测试仍然是必要的。例如，为了给制造商提供更为详尽的信息反馈，传感器可能造成的影响我们要么忽略不计，要么设法削弱、补偿。

WST 的测试边界可能会包括空间热泵和供应温度混合器，然而，不论是 CTSS 还是 WST 的测试边界，都没有将空间采暖和生活热水制备分布系统的其他部分包括在内。这是因为它们会因房间的差异而有所不同，并且，它们也不属于系统制造者的销售范围。

值得注意的是，实际应用中配电系统的设计及其使用模式可能会对系统性能产生巨大的影响。一些 WST 测试程序会将集热器的供水管道与回水管道的热量损失纳入测试范围，而对于 CTSS 而言，只有在整个系统的模拟与仿真时才会将它们纳入测试范围。

虽然 CTSS 和 WST 的测试边界不同，但为了使 CTSS 和 WST 的测试结果具有可比性，我们必须保证两者在性能评价时系统边界具有一致性。因此，在进行 CTSS 测试时，那些对系统性能有积极影响的互联组件，如管道（即管道的热量损失）、泵（辅助能源消耗），以及阀门（能流）等，它们虽然不是测试边界的组成部分，但我们在系统性能评价阶段仍需要将它们纳入系统边界内。对于所有类型的系统配置，我们在系统测试时不将上述组件纳入边界，但在性能评价时又对它们予以适当的考虑，这样做通常是相当困难的。如果我们对控制器实施了事前测试，并在系统模型中为它找到了合适的替代品（参见标准 EN 12977-2[5]），那么在进行 CTSS 测试时，我们就可以借助系统仿真的结果计算管道的热量损失及泵的辅助能源消耗。此外，我们经常需要在定位控制器或是进行水力学模拟时对系统做出一些简化。并且，有的时候我们无法从制造者手中获取有关控制策略的详尽信息。在这种情况下，我们需要假设一个通用的控制策略，并通过测试证明制造商提供的控制策略可执行，结果与之相近。关于如何证明这一点，标准中也没有给出具体的说明。

那么我们如何评价控制器的行为呢？由于在真实系统中，控制器一般与建筑物（及其使用者）相连，因此，我们在评价时需要将一些与控制器能耗相关的外部影响纳入考虑。如被动式（太阳能）发电、内部能量来源、建筑物和不同加热区的热惯性以及舒适度等。我们可以构建一个考虑到上述影响的固定年度负荷曲线模型（CTSS）；这样一来，我们便可以依据测试硬件在循环过程中建筑物的反馈实现对控制器的评价了。通过这种方式，我们能够全面地检查控制器的性能。高度自动化的控制器的缺陷在于它的能耗，它的能耗值与其最终的性能指标值直接相关并且对其最终性能指标值有决定性影响。因而，我们很难将这个结果与其他使用直接外推法评价的评价结果进行公平的比较，毕竟控制器的设置可能是该系统能耗的主要因素并最终影响到性能评价的结果。欧盟研究项目 MacSheep（www.macsheep.spf.ch）的最新研究进展显示：只要保证同一时间段内输送至建筑物中的热量相等，即使使用不同的控制器和控制器设置，也可能实现相连建筑物的模拟与仿真。

5.2.2 CTSS 和 WST 的直接对比

表 5.2 展示了 CTSS 和 WST 的主要差异及各自的优缺点。

表 5.2 CTSS 和 WST 的差异及优缺点

	CTSS	WST
适用性	— 特别关注组件某一性能表征(如对系统性能中某些设计参数的变化进行评价); — 可以凭借蓄热器和集热器的测试结果申请“solar keymark”标志和欧盟能效标签; — 适用于制造商或零售商定制的系统的性能测试	— 特别关注系统的某些功能(如检查组件的性能及其相互作用); — 在原型试验前或不进行原型测试时,为系统的正确运作提供保障; — 用于系统开发/研发阶段组件的性能及系统性能的控制变化的评价; — 适用于高销量的高度预制系统的性能测试
原理	— 通过允许在几个系统中采用相同的组件进行测试,且只测一次,以节约测试较大产品组合所需的成本(与标签计划相关)	— 节约成本,且能一次性提供与高度集成的系统性能相关的、更为可靠的信息(非定制)
优点	— 为那些生产高配置系统的制造商节约测试成本; — 如要测试几个系统时,只需要测试那些不同的或系统缺少的组件(并不是所有的组件系统配置),其余的可以借助系统仿真结果外推得到; — 测试组件精确的参数结果允许我们假设不同的负荷模式与气候条件,灵活地评价系统性能。基于实验室数据的系统仿真研究有助于设计参数的优化; — 有些程序可供简化:集热器输热测试结果和蓄热器型号不一致的相似产品的计算程序可以简化; — 可以灵活地对任意边界条件下的系统热性能进行评估(气候数据、采暖和生活热水负荷)	— 只有通过全系统测试我们才能检查所有组件的功能(包括不同边界条件下的蓄热分层热量损失、热泵的启动、停止和除霜、太阳能电池组、阀门泄漏,管道损失、控制器等); — 不需要知道制造商的控制策略; — 可以检查系统有效的蓄热量,避免不必要的重力感应环流; — 在利用测试结果直接外推计算系统的年度性能指标值时,这个方法不需要借助测试组件的系统仿真结果就能获得系统的最终性能指标值;因此,它不需要对组件进行额外的建模与表征,就能够评价其他的新技术; — 系统性能评价更为准确
缺点	— 每一个待测组件都需要建立合适的模型,因此,新开发的系统的建模往往存在问题; — 模型本身的缺陷,如目前常用的一维蓄热系统模型不能准确地模拟分层蓄热,这增加了系统测试的不确定性; — 由于不能检测到系统作为一个整体运行时才会出现的故障,导致长期性能评价的系统仿真结果高于实际的系统性能	— 将测试结果外推到其他边界条件是一项艰巨的任务,相关研究正在进行; — 还未融入质量和性能标签计划中; — 不存在可以简化的程序
相关测试程序	— CTSS 是基于一系列标准化的组件测试程序的测试方法,适用于各类生活热水制备系统(DHW-only)和组合太阳能热泵系统(combi-SHP systems):集热器:ISO 9806[6];蓄热罐:EN 12977-3,4[7,8];控制器:EN 12977-5[9];目前还没有与热泵相关的标准。测试程序仍在研究中(见 5.3.1 节)	— 对于各类太阳能热泵组合系统(SHP combi-systems):“协调性 WST 法”(Harmonized WST)正在开发[10]; — 对于各类生活热水制备太阳能热泵系统(DHW-only SHP systems):基于“动力系统测试”(ISO 9459-5[11]),改进了太阳能热水器测试程序[14](参见 5.3.3 节),是前太阳能热水器测试标准 EN 16147 的修订版

表中关于 WST 程序的说明对于所有相关测试程序（生活热水制备系统和组合系统）而言大部分是适用的。但对于生活热水制备太阳能热泵系统的测试程序而言，有以下几点限制：

— 直接外推法不可用（参见 5.2.4 节）。

— 由于测试序列特征各异，因此我们使用的是“拟合参数”测试序列（参见图 5.3）而不是“接近现实”的测试序列。这就导致测试时更难发现系统故障，但同时也为我们实现更好的外推提供了可能性。

近年来，CTSS 已实现标准化。但目前为止它只能用于太阳能热系统的测试，还不能用于太阳能热泵系统的测试。这是因为在本书写作期间，热泵组件测试程序仍处于研究阶段（参见 5.3.1 节）。过去[15-17]，开发了几个组合系统的全系统测试程序（WTS），但是到目前为止没有一个程序实现了标准化。欧盟项目 MacSheep 对组合系统的 WTS 程序现状进行了梳理与总结[10]，并开始寻求不同方法之间的协调性。

5.2.3 测试程序对太阳能热泵系统的适用性

项目 T44A38 进行了一项评估调查，以便系统地评估现有的测试程序对市面上的太阳能热泵系统的适用性，了解它们的优缺点。

评价考虑了太阳能热泵系统的主要特征，包括系统概念（并联式、串联式以及再生式）和能流图中所描述的可能的能流关系（见 2.1 节）。此外，评价着重考虑了测试程序对于“特殊组件”的适用性，如特殊的集热器（如 PVT）、某些蓄热技术（如潜热储存），以及新的热泵技术（如减温器）。评价是在 2.2 节提及的项目 T44A38 的市场调查报告的基础上开展的。

表 5.3 归纳了评价的主要结论。从第一行我们可以看出，测试程序间的系统适用性的巨大差异并不是由测试方法的差异造成的，而是由长期性能预测的评价方法的差异造成的（参见 5.2.4 节）。系统的长期性能预测主要有两种方法：建模和仿真（适用于 CTSS 和 WST）、直接外推法（只适用于 WST，见图 5.1）。所以，当 CTSS 和 WST 运用建模和仿真的方法对那些带有特殊组件的太阳能热泵系统进行长期的系统性能预测时，会受到一些限制。因为我们缺乏适用于这些特殊组件的模型。而对于用测试结果直接外推、计算系统的季度或是年度性能的方法而言，就不存在这种限制。在迅速发展的能源环境中，这种方法无疑具有巨大的优势。

表 5.3 两种测试数据评价方法对各类太阳能热泵组合系统配置（SHP combi-system configurations）的适用性

测试数据评价方法	CTSS 和 WST：建模和仿真	WST：直接外推法
太阳能热泵系统测试方法的适用范围		
系统概念	串联式、并联式和串并联式	
热源	太阳能、空气、地面、水、不通风的废气（如地下室/锅炉房）	
热沉	生活热水制备和水热分配式空间采暖	
集热器	参照 EN ISO 9806[10]，各类平板和真空集热器都能得到全面表征与模拟；此外，无釉集热器和 PVT 集热器可以测试周围的空气条件	
热泵	固定容量热泵和容量控制型热泵（有变速压缩机），不论有无制冷剂或是有无备用电加热器。也能模拟使用低压压缩机的热泵	由于不需要使用模型，因此该方法适用于各类热泵，如带有省煤器、过冷器或减温器的热泵
蓄热器	比较典型的是安装于地下室/锅炉房的组合式蓄热器、热水蓄热器和缓冲器（如根据 EN 12977-3，4，体积小于 3 m^3），它们以水作为蓄热介质，但是也有可能以盐水作为蓄热介质。多数分层/蓄热/放热设备可以建模，只是模型的精确度可能不太高	建模和仿真法不能准确地模拟使用新型蓄热水箱的系统。此时我们可以使用外推法进行评价。例如：组件不能分离的高度集成系统（如一体式蓄热锅炉或热泵）或是高度集成的相变式蓄热器
控制器	能够测试控制器及其互联组件，包括传感器（特别是测量温度、压力、能流或热量）、执行器（泵、电磁阀、电机阀和继电器）。两种测试数据评价方法在适用范围上的限制与差异请参考表 5.4	

表 5.4 列举了 CTSS 和 WST 的局限性。这个表只能为系统测试程序的适用性评价提供初步导向。因为我们的调查不可能具体到每个系统的每个细节，随着调查的细致与深入，就会出现进一步的限制，从而阻碍测试程序的目标测试系统的全面表征。CTSS 中生活热水制备太阳能热泵系统和组合太阳能热泵系统的测试数据长期性能评价方法的适用范围和局限性是相同的。WTS 中关于生活热水制备系统的测试程序都是新的。然而，当生活热水制备系统的集热器直接作为热泵蒸发器使用时（参考文献[12，14]，参见 5.3.3 节），两个测试程序（CTSS 和 WTS）只对串联式的生活热水制备系统适用。参考文献[13]提出的测试程序能够用于测试热泵冷凝器置于蓄热罐内部或是外部的系统。此外，从理论上来说，ISO 9459-5 中的旧有测试程序也能够应用于太阳能热泵系统的测试。但是由于用该程序在测试时不安装热泵，因此不能反映真实结果。

表 5.4　已知的两种测试数据评价方法对各类太阳能热泵组合系统配置（SHP combi-system configurations）的适用局限性

<table>
<tr><th>测试数据评价方法</th><th>CTSS 和 WST-建模和仿真</th><th>WST-直接外推法</th></tr>
<tr><td colspan="3">测试数据评价方法对各类太阳能热泵系统的适用局限性</td></tr>
<tr><td>系统概念</td><td colspan="2">再生式热泵（任何带有地热再生装置的太阳能热泵系统）只能通过地面源仿真/建模进行评价</td></tr>
<tr><td>热源</td><td colspan="2">通风系统收集的废气。也可以将这些废气整合到所有系统中，但是目前为止还不能完全实现。直接蒸发式地面集热器</td></tr>
<tr><td>热沉</td><td colspan="2">制冷（主动和/或被动），带有空气能分配装置的系统，有额外砖炉/开放式壁炉的系统</td></tr>
<tr><td>集热器</td><td colspan="2">依据 ISO 9806，不是所有的集热器都能进行模拟，例如：混合集热器（液/气混合）及其他“特殊”集热器。对于使用 PVT 集热器的太阳能热泵系统而言，其电性能不能得到充分的评估</td></tr>
<tr><td>热泵</td><td>截至本书出版，带有省煤器或减温器的热泵循环周期还不能实现测试数据的完全模型化和参数化（在太阳能热泵系统测试的框架内）</td><td>无已知局限性</td></tr>
<tr><td rowspan="2">蓄热器</td><td colspan="2">实验室无法安装大型/地下蓄热器。也无法对季节性蓄热概念（如化学蓄热介质）进行评价</td></tr>
<tr><td>对于有蓄热器的系统而言，目前还没有合适的模型：参见表 5.3 中“WST-直接外推法”“蓄热器”对应的内容</td><td>无更多已知局限性</td></tr>
<tr><td rowspan="2">控制器</td><td colspan="2">不能评价带有预告功能（天气预报或用户配置文件学习算法）的系统控制器。也不能评价有高级建筑控制器（如结合光伏阵列的家庭能源管理控制器）的加热系统</td></tr>
<tr><td>由于工作量太大，通常无法在一个系统模型内实现精确的控制器策略和行为的表达。此外，制造商可能不愿意透露精确的控制器操作算法。进行长期性能评价时可以使用简化策略，但是必须证明如果这样做，在现实中，太阳能热泵系统的性能不会表现低劣（然而关于如何执行这一步骤，EN 12977-5 并没有给出详细的说明）</td><td>不存在进一步的局限性。由于不依赖建模或制造商提供的控制算法，可以用直接外推法对其进行评价</td></tr>
</table>

综上所述，市场调查（参见 2.2 节）表明，70%以上的系统配置都能用表 5.2 中给出的太阳能热泵系统测试程序（截止到 2013 年）进行测试。

5.2.4　测试序列及年度性能的计算

基于对测试数据的后处理，实现太阳能热泵系统长期性能的测算。由此算得的性能数据不仅能表征单一组件在“SHP”和“SHP+”下的性能，还能表现其整体性能（参见第 4 章）。如 5.2.1 和 5.2.3 节所述，在太阳能热泵系统的测试程序中，我们可以将两个测试数据的长期性能计算方法表示为“建模和仿真”及“直接外推法”。图 5.3 总结了测试数据（与测试序列类型直接相关的）的类型，模型特征和两种测试数据评价方法的灵活性。

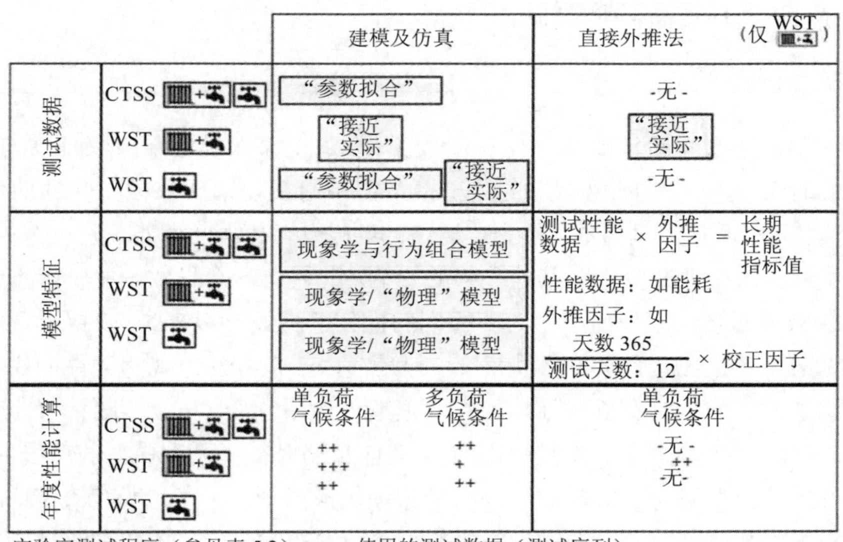

实验室测试程序（参见表 5.2）

…适用于组合系统

…适用于生活热水制备系统

直接外推法计算年度性能指标值

+++ 精度较好

++ 有限精度

\+ 不确定性增加

使用的测试数据（测试序列）

“参数拟合” 测试序列的设计应在最大限度地提供重要参数的信息的基础上，尽可能地减少其他参数的影响（如极端运行条件下，

“接近实际” 测试序列的设计应尽可能地接近系统实际运行时的操作行为和操作强度。（如真实记录文件）

图 5.3 长期性能预测中测试序列和模型特征的内涵

5.2.4.1 直接外推法（组合系统的 WST 测试）

直接外推法最初是在文献[17]中被用于太阳能组合系统的性能预测的。测试是基于一个简单的“接近现实”测试序列展开的。该测试序列由连续的测试天数组成，每一天代表一个“真实情况日”，例如，冬季两天，夏季两天，过渡期两天。每天都有相应的真实记录文件、空间采暖负荷及典型的空气温度/全球辐射条件。因此，该测试序列的设计是非常接近于系统实际运行时的操作行为和工作强度的。

依据测试获得的系统性能数据（如辅助能耗），结合计算公式（参考图 5.3 的例子），最终算得该测试系统的年度性能指标值。

在“协调性 WST 测试程序”[10]中，直接外推法可以用于计算太阳能热泵组合系统的性能。直接外推法的最大优点在于它不需要借助仿真模型就能评价系统的长期性能。而它的缺点在于很难灵活地外推到其他的系统边界条件。因为这些系统边界的测试结果可能会取决于那些没有被该方法使用的测试序列充分表征的运行条件（参见图 5.3，直接外推法：年度性能计算对单一气候和负荷条件适用）。为了发现不需要具体模型的、简单的外推方法，我们仍需开展进一步的研究。但从汽车行业来看，驾驶循环测试法虽然也不能外推到其他系统边界，但同样得到了广泛的运用。

5.2.4.2 建模与仿真

现有的太阳能热泵系统测试程序中有两类模型：“现象”模型（或物理/基于知识的/白箱模型）和行为模型（有时也称为“黑箱模型”）。用于识别现象模型参数的测试序列（表 5.5）通常由几个测试序列组成。每个测试序列的设计，必须保证能识别一个模型参数，与此同时还要最大限度地减少其对其他参数的影响。此时可能会导致一些实际系统运行过程中不一定会出现的测试序列的产生，即极端的操作条件。一般来说，“接近现实”的测试序列（参见图 5.3）适用于确定模型参数；但是，由于很容易出现相关性，模型参数的确定（参数识别）工作更具有挑战性。因此，模型为该系统（WST）/组件（CTSS）设置了各种维度的参数。经由模型的耦合优化分析，就能自动获得一系列模型的系统性能参数。模型对各种各样的模型系统性能参数进行大量的优化模拟分析，直到所有的模拟和测试值间的差异最小时，开始进行能量的输送。即参数识别完成时，所有模拟和测试输出值间的差异最小（小于制定阈值），此时，模型就能够重现该测试序列下的设备能量传输过程。依据该方法，该模型还能表示不同程度的强化系统边界下的系统性能①（图 5.3）。在不同的系统边界条件下进行系统的评价有利于优化系统设计参数。与直接外推法相比，建模与仿真法的灵活性较好，但是它需要在组件模型设计上花费巨大的精力（就测试序列结果的后处理而言）。在这种情况下，如何在系统模型中恰当地表示出控制器的功能成为了关键问题（参见 5.2.1 节最后一段）。

表 5.5 现象模型与行为模型间的一般差异

	现象模型	行为模型
基础	基于物理/观测关系的数学方程	基于（生物）神经网络（脑）函数的数学方程
在太阳能热泵系统中的应用实例	太阳能集热器方程（如 EN 1SO 9806），蓄热水箱的仿真模型（如 TRNSYS Type 340[19]）	5.3.1 节中提到的现有的CTSS热泵模型
参数	具体指的是集热器或蓄热器的热损失率参数	参数无具体意指，如“突触权值”
先验信息	数学方程形式的物理关系	忽略，模型仅基于测试/训练数据
外推到其他系统边界的有效域	如果模型运用合理，测试时可以实现大量边界条件的外推	由于无先验信息，实现其他边界条件的外推很困难
模拟工作量	与行为模型相比，要求大量的计算能力	模型训练需要耗费大量时间，但简单模型的仿真较快

① 在何种程度上的系统性能增强边界条件（负载/气候）的问题，可用于评估一个给定的测试程序并用于验证。

现象模型要求正确地实施所有相关物理过程（如传热、压降和两相流），而复杂系统的行为模型需要测试（训练数据）大量的“系统状态”。尤其是对于蓄热器和控制器这类具有高度动态性的组件而言，出于经济性的考虑，我们根本无法实现大量系统状态的测试。为此，我们可以将两个模型组合（“灰箱”模型），这样既能综合两者的优点又能避免它们的缺点。所以，在存在可用模型的情况下，我们可以用简单的现象模型来表示能量的行为，而当不存在可用模型或模型构建太过复杂时，我们就使用行为模型。参考文献[17]在评价太阳能热系统时也用到了这种组合系统模型，虽然，迄今为止，CTSS 仍依赖纯粹的现象模型，但是项目 T44A38 提出了一个适用于热泵系统测试的行为模型（参见 5.3.1 节）。

5.2.5 结果

性能测试程序的结果既可以是反映整体系统性能的性能指标，也可以是其他能够为性能评级或是系统开发提供有用信息的测试结果（图 5.4）。

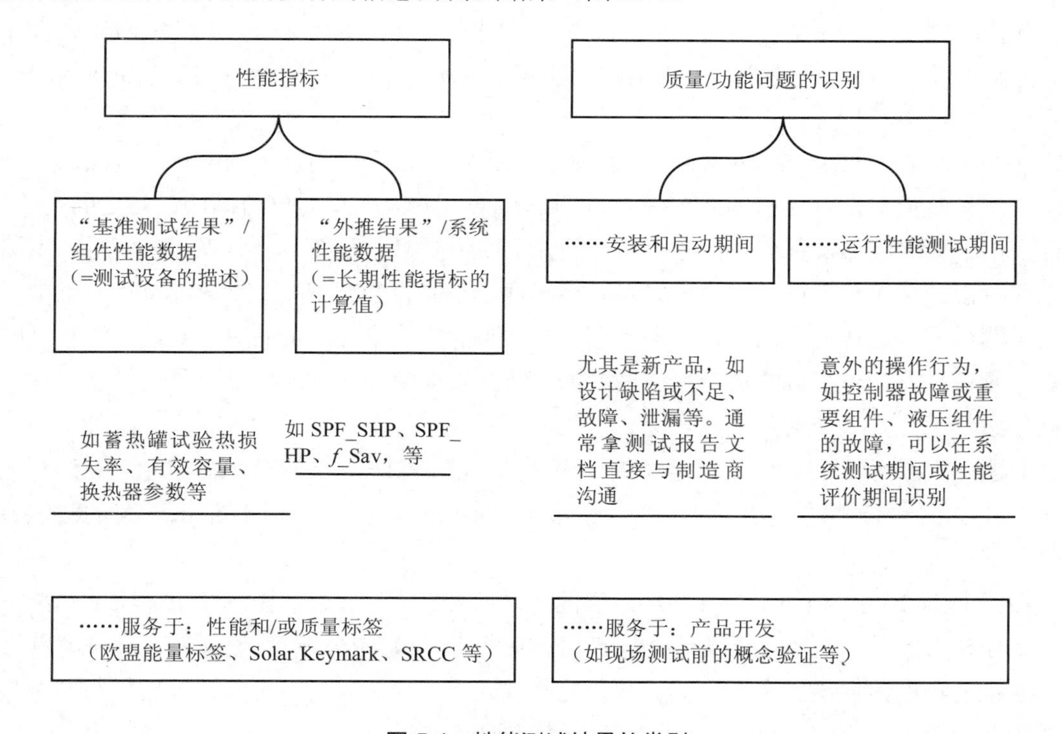

图 5.4 性能测试结果的类别

对于销售员而言，他只对那些有助于销售的系统性能指标感兴趣。这些通常为几个值（越少越好），便于销售员向客户解释。然而，对于系统开发者而言，他可能还对一些有助于系统进一步研发的指标感兴趣。

通常，制造商实施系统测试是为了使其产品获得广泛接受和值得信赖的标签。出于市场的监管要求，产品要进入某些市场，“必须拥有”此类质量和/或性能标签。

性能测试结果还能提供系统质量问题、系统的操作异常/故障问题的相关信息。这些在系统安装、启动和测试期间获得的信息对于制造商而言意义重大。因为他们可以以此来实现产品的改善与提升。因此，产品与标签的相关性不仅体现了该产品的性能（如欧盟能源标签），也反映了该产品的质量要求（如 Solar Keymark）。

由于 CTSS 测试时控制器是单独测试的，因此，无法获得来自受控制器影响的相关组件的反馈信息，这无疑增加了运行故障的检测难度。例如：某些接口和传感器的位置以及蓄热器的分层效率会给太阳能热泵系统带来显著的性能损失[20,21]。

5.3 实验室测试经验总结

5.3.1 CTSS 测试程序在太阳能热泵系统评价中的应用扩展

作为一种实验室测试方法，CTSS 最初是为测算太阳能热系统的年度性能而研究设计的。自那以后，它被广泛地应用于太阳能生活热水系统及带有辅助化石燃料/电加热器的组合系统的测试中。

2007 年，在 CTSS 方法的基础上，研究出了第一个太阳能热泵系统的测试方法[22]。该方法中的热泵模拟是在稳态条件下进行的。此条件下，热泵入口与出口间的温差是固定的。然而，由于太阳能热泵系统在稳态和瞬态条件下的运行模式存在显著的差异，使得运用该方法测算出的系统长期性能评价结果缺乏准确性。于是，德国国家项目 WPSol[23]提出了一种动态测试方法，它能模拟瞬态运行条件下的太阳能热泵系统，也能用于盐水水源热泵的实验室测试。而基于获得的实验室测试数据，结合人工神经网络的训练，我们又能实现动态操作条件下热泵系统的热性能表征。

如图 5.5 所示，在两个系统运行周期内，热泵出口温度（T_prim/sec，out_sim）和电力（P_el_sim）的计算值与其温度（T_prim/sec，out_-meas）、电力（P_el_meas）的测试值拟合得非常好。

根据 EN 12977，我们用训练神经网络的方法模拟热泵，用数值模型模拟太阳能热泵系统的其他核心组件。最后，借助基于构建的仿真程序（如 TRNSYS）测算特定参考条件下整个系统的年度热性能。为了验证这种新的测试方法，我们需要将它的计算结果与同类热泵的现场试验测试数据进行对比。在第二个实验室测试中，空气-水源热泵的测试是在 TZS/ITW 进行的，与盐水水源热泵的测试一样，该测试也是用气候室来控制空气的温度与湿度的。

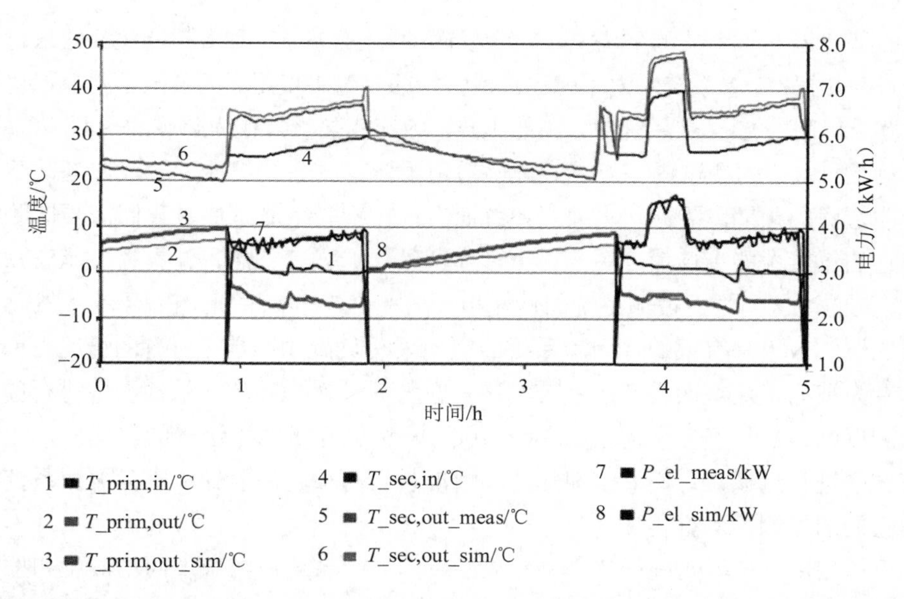

图 5.5 两个操作周期内，热泵（左轴）的主要部件（热沉）和次要部件（热源）的出入口测试温度和热泵（右轴）的电量与相应的模拟数据的比较图（只截取了部分数据）

这个以训练人工神经网络的方式测试热泵的程序最大的优点就是它的潜在适用范围很广。即由于它并不基于物理模型，不受特定方程组的限制，所以适用于绝大部分热泵产品的测试。而另一方面，人工神经网络模型最大的缺陷就在于它完全不能应用于直接外推。并且，如果在模拟过程中，系统的运行模式扩展了用于人工神经网络训练的数据的边界，那么此时的计算结果就会变得毫无意义。因此，为了将人工神经网络测试方法扩展为所谓的基于模型的人工神经网络测试方法，我们需要进行更多的研究。也就是说，人工神经网络与物理模型的结合将更有助于该方法的适用范围的拓展。

在验证过该方法对太阳能热泵系统的适用性后，下一步我们准备把它纳入 EN 12977 系列标准中。EN 12977 系列标准涵盖了各个太阳能热系统组件的测试程序标准（如蓄热器和控制器）。因此，我们计划将“人工神经网络模拟电动热泵的测试程序”作为这些测试程序的辅助内容，纳入 EN 12977 中。为此，项目将于 WPSol 项目完成后，在欧盟 CEN TC 312 WG 3 中启动。

5.3.2 太阳能热泵系统的全系统测试结果

简单循环测试法（CCT）是一种全系统测试法，它服务于整个加热系统在现实操作条件下（“接近现实”的测试序列，参见图 5.3[15]）的实验室性能测试评价工作。该方法已经成功地应用于太阳能集热器与燃油、燃气和颗粒锅炉的组合系统的测试中[24,25]。瑞士国家项目 SOL-HEAP 已将该方法拓展应用于太阳能热泵系统的评价中。该项目一共测试了 11 个太阳能和热泵的组合系统。这些系统的共同点在于，它们是太阳能集热器、组合式蓄热器和热泵的结合体。11 个被测系统中，7 个是纯并联式的系统，其太阳能集热器只将热量传递给组合式蓄热器；4 个系统的太阳能集热器收集的热量不仅用于组合式蓄热器，也用于热泵的蒸发器（串联式）；2 个系统的太阳能集热器收集的热量只作为热泵的热源（混联式）。

这个为期 12 天的测试程序经试验证明适用于所有的系统设计形式。该测试结果有时候会低于制造商的预期。因此，对某些系统而言，在实验室测试后，我们需要借助年度模拟来计算它的年度性能指标值。关于测试程序和结果的详细信息，请参考文献[20，26]。

在 12 天的测试期内，被测系统的性能指标值在 2.7～4.8 的范围内浮动。然而，测试结果直接比较的效果是有限的，因为系统的空间采暖负荷并不是在所有的情况下都一致。比如那些专为被动式住宅而设计的系统测试是在与其条件相符的建筑模型中进行的，而其他系统的测试则是在年度热量需求为 60～100 kW·h 的建筑物中进行的。此外，即使在相同的建筑物中进行测试，它们的空间热传递情况也会有很大的差异。毕竟被测系统的热量也能经由它们的控制器进行传递。

我们可以用图 5.6 对此进行解释，它显示了同一个系统在两个不同的液压和控制方案下的性能指标测试结果。图中，系统的性能指标在 A 测试下为 4.0，在 B 测试下提升为 4.8。尽管 B 测试的性能指标值更高，但该测试的耗电量高于 A 测试。控制器设置故障使得系统在夏天时传递到建筑物中的热量增加，而用于空间采暖的能量也随之增加，于是 B 测试下的性能指标值更高。控制器故障为热量的产生提供了十分有利的条件，然而，由于夏天没有用热需求，这些增加的热量也就变得毫无意义。

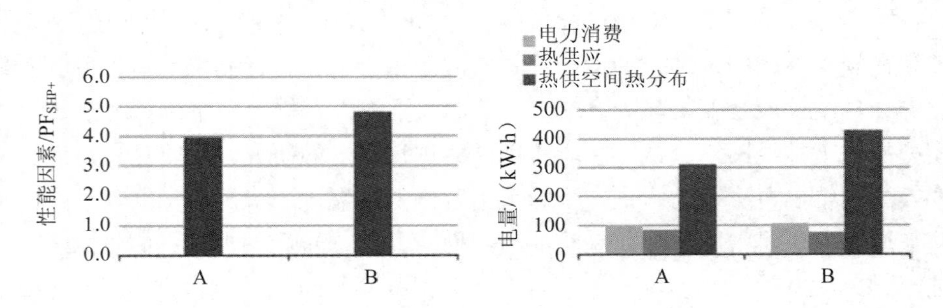

图 5.6　两个测试方案下（A 和 B）的系统的 12 天性能指标测试结果：相同时间内 B 方案的 PF_{SHP+}更高，耗电量也更高

在接下来的章节中，我们会结合测试结果对测试时发现的两个问题进行说明。

5.3.2.1　生活热水区域的过度加热

图 5.7 展示了平板集热器和地源热泵组合的并联式系统在测试第 5 天时的情况[27]。第一天，HP 在空间采暖的模式下运行，并在振荡开启/关闭的模式下给蓄热器的采暖区（space heat distribution）加热。我们可以通过观察温度传感器 T_{S5} 的振荡频率了解加热的状态。15～18 h，热泵给蓄热器的上部加热，供制备生活热水用。我们可以看到，蓄热器在一定温度区

间的热量是用于空间采暖的，这个区间是在（T_{S5}）上升到 50℃之前，甚至是 T_{S4} 上升到 40℃时。剩下的几天里，热泵就不再给蓄热器的低温区域传递热量了，因为此时蓄热器的过度加热区域能够提供热量并且传递给采暖区。也就是说热泵传递的 40～50℃的流动温度的热量随后会在流量控制器中混合，并降至 30℃，最终用于空间采暖。因此，我们可以得出结论：当热泵的运行温度超出其实际所需温度 10～20 K 时，对它的性能是有害的。

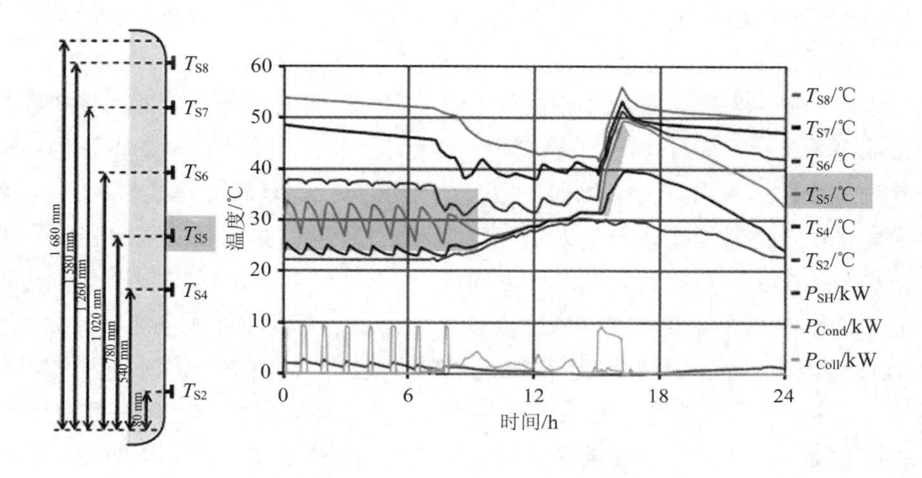

图 5.7　12 天测试中第 5 天的温度和热功率

注：T_{S5}–T_{S2}=测得的接触式传感器的温度；P_{SH}=空间采暖功率；P_{Cond}=冷凝器功率；P_{Coll}=太阳能集热器功率。

5.3.2.2　一般㶲损失

图 5.8 显示了 12 天测试中一定供应温度下（*x* 轴）累积能量（热量）测试值。可以看到，测试期间，热泵用于空间采暖的热量[Q_（HP，SH）]大约比采暖区热泵的运行温度高 8 K。假设热泵的 COP 下降大概 2%/K，热泵的电量需求大概会增加 16%，相应的，性能指标值至少也会下降 0.5。

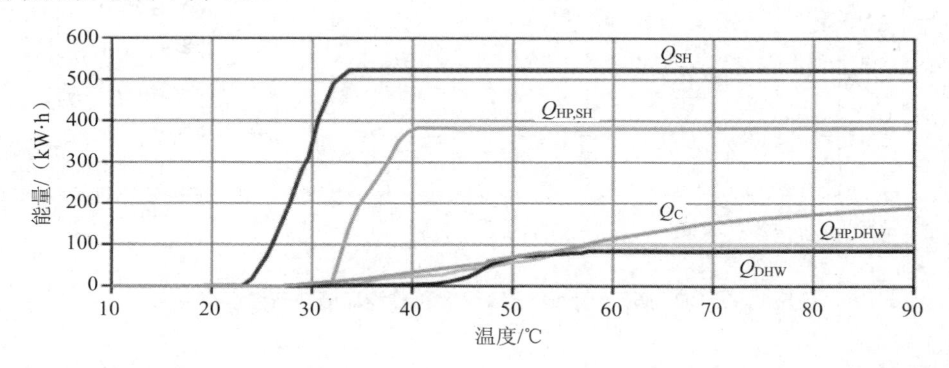

图 5.8　12 天测试中供应（$Q_{HP,SH}$、$Q_{HP,DHW}$ 和 Q_C）或消耗（Q_{DHW}、Q_{SH}）的温度下的累积能量

注：每种情况下的决定性温度是流动温度。

5.3.3 DST 测试程序在太阳能热泵系统测试中的应用扩展

由于生活热水制备热泵系统使用无釉集热器（而不是使用带风扇的室外机组）来进行制冷剂的蒸发，且没有合适的测试程序能对其进行表征，所以我们需要研究新的测试程序。CTSS 也不能对这类系统进行表征。例如，ISO 9806 中的集热器测试程序不能对此类系统的相变过程进行表征。EN 16147：2011 中的热泵测试程序考虑了这一点，但是该测试程序只能在单一气候条件下进行，也不允许太阳能辅助蒸发器的运作。

在测试程序的研究期间，我们在测试台上安装了一个带有室外蒸发器（集热器）的生活热水制备热泵系统。在为期 1 年的测试期内，我们记录了该系统在里斯本各种各样的气候条件下的测试数据。采用与 EN 16147：2011 相同的热水循环试验周期，且不考虑室外空气温度的变化以及蒸发器上额外的太阳辐照度。该系统的蓄热水箱的额定容积为 300 L，蒸发器表面积为 1.6 m^2。热泵的设定温度为 50℃。EN 16147：2011 是以欧盟参考攻丝循环为基础的。根据生态设计要求[28]，应使用攻丝循环或在最大攻丝循环之下的攻丝循环。测试了“XL”攻丝循环，但是系统无法在 21∶30（攻丝试验型槽）比例下达到 40℃的平均出口温度。选择“L”攻丝循环继续进行测试时，系统达到了平均出口温度的要求。

图 5.9 将系统性能表示为室外条件（日均环境空气温度和每日太阳辐照度）的函数。热泵显示出与日均平均空气温度的相关性。太阳辐照度对整个系统性能的影响低于预期：无法看出日太阳辐照度与较高 SPF（季节性能指标）值的相关性。我们可以从攻丝循环的负荷曲线中发现主要原因，即由于大部分的能量提取发生在早上和晚上，导致压缩机主要运行时段的太阳辐照度较低。

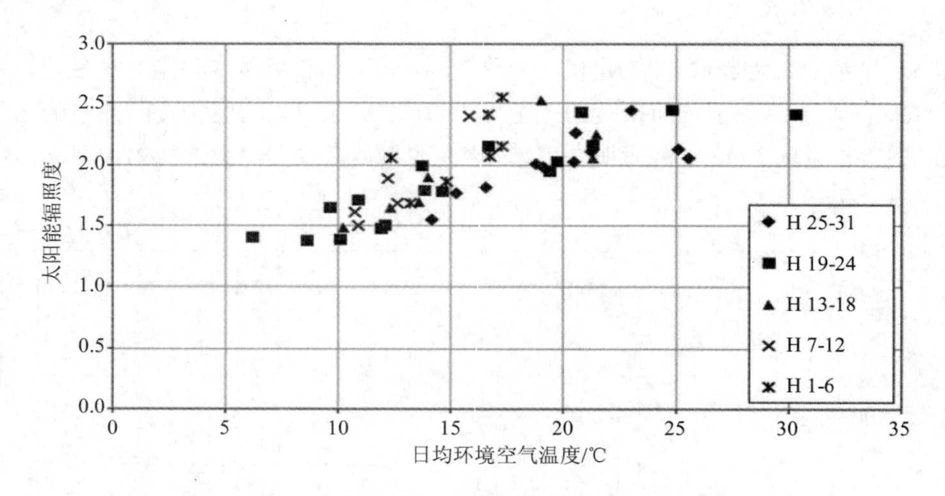

图 5.9 日 SPF 表示为太阳能辐照度和日均环境空气温度的函数

基于大量的测试数据，我们研究出了一种短期实验室测试方法。选取 4 个特定时间：两个冷天，一天低太阳辐射，一天高太阳辐射；与冷天太阳辐射条件相似的两个暖天。借助参数识别的方法来实现模型与测试数据的拟合，以计算系统的长期性能指标（使用“接近现实”的建模和仿真测试数据评价方法，参见图 5.3）。

于是，基于 Morrison 模型的数值模型在 TRNSYS 中开发出来了[29]。然而，对于蓄热水箱模型而言，我们需要用修正后的 4 类模型取代 38 类模型，因为在 4 类模型中，蓄热器内的冷凝器加热速率是变化的。热泵蒸发器则用非覆盖式太阳能集热器进行模拟。当集热器温度低于露点温度时将冷凝器的影响也纳入考虑。然后，将测得的数据与模型的某些参数进行拟合，以及时对模型做出调整，实现系统热性能的再现。①

表 5.6 展现了 4 个特定日期的实验室模型验证数据。我们可以看出，目标函数的最大相对误差为电动压缩机能耗，约 5.0%。

表 5.6　开发模型的实验验证

	测试日期	T_{air}/℃	G/（MJ/m^2）	$T_{air,int}$/℃	预期能量/（kW·h）	模型能量/（kW·h）	相对误差/%
冷/高太阳辐照度	2012 年 2 月 3 日	6.2	22.9	10.2	8.49	8.91	5.0
冷/低太阳辐照度	2012 年 1 月 25 日	14.7	7.4	12.8	7.58	7.42	2.1
暖/高太阳辐照度	2012 年 6 月 24 日	30.3	22.2	23.2	4.69	4.73	0.9
暖/低太阳辐照度	2014 年 6 月 14 日	21.3	18.0	21.3	5.58	5.55	0.6

该方法的后续研究工作包括：不同配置（不同的蓄水容量和蒸发器面积）的生活热水制备太阳能热泵系统的测试、模型精度的提升、能实现不同地点系统年度性能值计算的软件开发。该方法致力于将太阳能热泵系统融入葡萄牙现阶段的“可再生能源设备”管理工作框架中，并建立起一套系统季节性能指标的评价程序。根据欧洲指令 2009/28/EC[30]，只有 SPF＞1.15/η（η 是总发电量与用于发电的一次能源消费量的比值）的热泵才能称为可再生能源设备。

5.4　结论与讨论

近年来，基于太阳能系统领域的性能测试程序，研发出了表征太阳能热泵系统性能的测试程序。基于项目 T44A38 的市场调查结果，截止到 2013 年年底，我们发现市面上 70% 以上的系统配置都可以用现有的测试方法进行测试（参见 5.2.3 节）。太阳能热泵系统的性能测试程序可分为两类：组件测试系统模拟法和全系统测试法。

太阳能热泵系统的组件制造商和经销商可以借助组件测试系统模拟法（CTSS）评价不同系统边界条件下的系统性能，并以此获得相关的标签认证（欧盟自 2015 年 9 月起，对太阳能热泵系统的能效标签做出了强制性规定）。太阳能热泵系统的性能组件：集热器、

① 更多关于使用方程和参数确定的内容请参考参考文献[14]。

蓄热水箱、热泵以及系统控制器需要逐一表征、测试。基于组件测试的结果，实现系统模型的参数化和仿真，进而评价系统的性能。理论上来说，我们可以评价各种气候条件和用户负荷模式下的系统性能。通过允许在几个系统中采用相同的组件进行测试，且只测一次，能极大地降低较大产品组合系统的测试成本。

对于集成系统，如蓄热器与热泵紧凑封装的热泵系统，或是控制复杂的系统而言，我们很难用 CTSS 法实现整个系统的性能预测，尤其是当我们需要将系统组件的集成方式及其相互作用纳入考虑范围时。此时，使用“全系统测试法”（WST）更为恰当。与组件测试法相反，它将制造商提供的系统所有部件都安装在测试台上进行测试。与组件测试法相比，全系统测试法在测试期间考虑到了系统组件之间的相互作用，接近现实的测试序列和控制器的自动操作，从而能够更全面地表征系统的性能。我们通过运用直接外推法或建模与仿真的方法实现系统性能的测算。对于紧凑型的系统，WST 法可能更具备成本效益，因为比起单独测试每个组件，它只需要测试一个整体。

所有依赖建模和仿真的测试程序都存在一个缺陷，即缺乏适用于新开发组件表征的合适的系统模型。此外，需要注意的是，模型和模型参数的测算存在很大的不确定性，尤其是对于新产品、新模型，或是新的系统原理终端极端运行模式而言。在系统仿真阶段我们往往会使用一些理想的假设，但是这些假设的结果可能会不符合实际，尤其是对于市场中的新产品而言。最后，在实际管理中，测试成本并不一定要低于系统故障发生后的补救成本。实践经验表明，存在系统配置故障的太阳能热泵系统的能耗经改善后可降低 50%——对于同类组件甚至是配置更佳的组件而言，能耗也能实现进一步改善。

制造商往往会用耗费时间的现场测试方法来证明产品的性能。通常，在系统表现不佳时，会采取一些辅助的措施。但是我们很难对这些辅助措施的有效性进行清晰的评价。因为测量设备可能不够准确，或是计算能源平衡时的设备摆放的位置不合适。此外，由于性能测试结果可能更多的是由气候、热负荷和用户行为决定的，而不是由太阳能热泵系统的质量决定的，因此现场测试的结果不能相互比较。我们可以运用全系统测试法，进行“加速模拟现场测试”，来解决这些问题（参见 5.3.2 节）。显然，在实验室测试中使用高质量的设备和经验丰富的测试人员更符合成本效益，因为他们有助于系统功能的检测与潜在优化空间的识别。也就是说，长期的稳定操作运行条件，是现场测试的基础。

目前，组件测试法（CTSS）已经实现了标准化，但其中不包括太阳能热泵系统。因此，现在正在进行一些测试程序的协调工作，以服务于组合系统的全系统测试程序的应用工作。

得益于组合太阳能热系统的大量测试经验，测试程序正处于一个高水平的发展阶段。尤其是我们已经研究出了一种新的全系统测试程序，它能够测试将集热器作为热泵蒸发器的太阳能热泵系统的性能（参考 5.3.3 节中的表 5.2，相关测试程序）。

欧盟生态设计和能源标签指令已将太阳能热泵系统纳入[31]。太阳能热泵系统有三类“包装标签”（生活热水、空间采暖、组合系统）。系统能源标签的设置必须以加热系统的设计参数计算结果为依据。太阳能热泵系统包含了最高的可再生能源比率，可以用 A+～A+++等级进行标识。我们可以用“更好的组件”[如加热器的额定功率（↓）、集热器面积（↑）和效率（↑）、蓄热水箱容积（↑）和热损失率（↓）、控制等级（↑）]和“更高的太阳能热泵系统一次能源效率”表示决定包装标签能效等级的计算程序的逻辑。此外，据项目 T44A38 在检测项目和全系统测试实施经验显示，一个系统的构成组件具有良好的性能，并不意味着系统整体具有良好的性能。

参考文献

[1] Mahlia，T.M.I.（2004）Methodology for predicting market transformation due to implementation of energy efficiency standards and labels. Energy Conversion and Management，45（11-12），1785-1793.

[2] Meier，A.K. and Hill，J.E.（1997） Energy test procedures for appliances. Energy and Buildings，26（1），23-33.

[3] Malenkovic，I. and Serrats，M.（2012） Review on Testing and Rating Procedures for Solar Thermal and Heat Pump Systems and Components，QAiST Technical Report 5.1.2.

[4] Haberl，R.，Haller，M.Y.，Bales，C.，Persson，T.，Papillon，P.，Chèze，D.，and Matuska，T.（2012） Dynamic whole system test methods – overview and current developments. Presentation held at the IEA SHC Task 44/HPP Annex 38 “Solar and Heat Pump Systems” Experts Meeting at Póvoa de Varzim（Porto），Portugal.

[5] EN（2006） EN 12975-2：2006 – Thermal Solar Systems and Components. Solar Collectors. Part 2. Test Methods.

[6] ISO/TC 180（2013） ISO 9806：2013 – Solar energy. Solar thermal collectors. Test methods.

[7] CEN（2012） EN 12977-3：2012 – Thermal solar systems and components. Custom built systems. Part 3. Performance test methods for solar water heater stores（German version）.

[8] CEN（2012） EN 12977-4：2012 – Thermal solar systems and components. Custom built systems. Part 4. Performance test methods for solar combistores（German version）.

[9] CEN（2012） EN 12977-5：2012 – Thermal solar systems and components. Custom built systems. Part 5. Performance test methods for control equipment（German version）.

[10] Haller，M.Y.，Haberl，R.，Persson，T.，Bales，C.，Kovacs，P.，Chèze，D.，and Papillon，P.（2013） Dynamic whole system testing of combined renewable heating systems –the current state of the art. Energy and Buildings，66，667-677.

[11] ISO/TC 180（2013） ISO 9459-5：2007 – Solar heating. Domestic water heating systems. Part 5. System performance characterization by means of whole-system tests and computer simulation.

[12] Mette，B.，Drück，H.，Bachmann，S.，and Müller-Steinhagen，H.（2009） Performance testing of solar thermal systems combined with heat pumps. Solar World Congress 2009，Johannesburg，pp. 301-310.

[13] Panaras，G.，Mathioulakis，E.，and Belessiotis，V.（2014） A method for the dynamic testing and evaluation of the performance of combined solar thermal heat pump hot water systems. Applied Energy，114，124-134.

[14] Facão，J. and Carvalho，M.J.（2014） New test methodologies to analyse direct expansion solar assisted heat pumps for domestic hot water. Solar Energy，100，66-75.

[15] Vogelsanger，P.（2002） The Concise Cycle Test Method – A Twelve Day System Test. A Report of IEA SHC – Task 26. International Energy Agency Solar Heating and Cooling Programme.

[16] Bales，C.（2004） Combitest – a new test method for thermal stores used in solar combisystems. Ph.D. thesis，Building Services Engineering，Department of Building Technology，Chalmers University of Technology，Gothenburg，Sweden.

[17] Leconte，A.，Achard，G.，and Papillon，P.（2012） Global approach test improvement using a neural network model identification to characterise solar combisystem performances. Solar Energy，86（7），2001-2016.

[18] Walter，É. and Pronzato，L.（1997） Identification of Parametric Models from Experimental Data，Springer.

[19] Drück，H.（2006） Multiport Store Model for TRNSYS – Type 340 – V1.99F.

[20] Haberl，R.，Haller，M.Y.，Reber，A.，and Frank，E.（2014） Combining heat pumps with combistores：detailed measurements reveal demand for optimization. Energy Procedia，48，361-369.

[21] Haller，M.Y.，Haberl，R.，Mojic，I.，and Frank，E.（2014）. Hydraulic integration and control of heat pump and combi-storage：same components，big differences. Energy Procedia，48，571-580.

[22] Bachmann，S.，Drück，H.，and Müller-Steinhagen，H.（2008） Solar thermal systems combined with heat pumps – investigation of different combisystem concepts. Proceedings of the EuroSun 2008 Conference，Lisbon.

[23] Universität Stuttgart，WPSol – Leistungsprüfung und ökologische Bewertung von kombinierten Solar-Wärmepumpenanlagen，Institut für Thermodynamik und Wärmetechnik，Universität Stuttgart. Available at http：//www.itw.uni-stuttgart.de/forschung/projekte/aktuell/wpsol.html（accessed June 11，2014）.

[24] Haberl，R.，Frank，E.，and Vogelsanger，P.（2009） Holistic system testing – 10 years of concise cycle testing. Solar World Congress 2009，Johannesburg，South Africa，pp. 351-360.

[25] Papillon，P.，Albaric，M.，Haller，M.，Haberl，R.，Persson，T.，Pettersson，U.，Frank，E.，and Bales，C.（2011） Whole system testing：the efficient way to test and improve solar combisystems performance and quality. ESTEC 2011 – 5th European Solar Thermal Energy Conference，October 20-21，Marseille，France.

[26] Haller，M.Y.，Haberl，R.，Carbonell，D.，Philippen，D.，and Frank，E.（2014） SOL-HEAP – Solar and Heat Pump Combisystems，im Auftrag des Bundesamt für Energie BFE，Bern.

[27] Haberl，R.，Haller，M.Y.，and Frank，E.（2013） Combining heat pumps with combistores：detailed measurements reveal demand for optimization. SHC Conference 2013，Freiburg，Germany.

[28] European Commission（2013） Commission Regulation（EU） No 814/2013 of 2 August 2013 implementing Directive 2009/125/EC of the European Parliament and of the Council with regard to ecodesign requirements for water heaters and hot water storage tanks. Official Journal of the European Union，L 239，pp. 162-183.

[29] Morrison，G.L.（1994）Simulation of packaged solar heat-pump water heaters. Solar Energy，53（3），249-257.

[30] The European Parliament and the Council of the European Union（2009） Directive 2009/28/EC of the European Parliament and of the Council on the promotion of the use of energy from renewable sources and amending and subsequently repealing Directives 2001/77/EC and 2003/30/EC. Official Journal of the European Union，L 140，pp. 16-62.

[31] The European Parliament and the Council of the European Union（2013） Official Journal of the European Union，doi：10.3000/19770677.L_2013.239.eng see：http：//eur-lex.europa.eu/legal-content/EN/TXT/?uri=OJ：L：2013：239：TOC L 239/56.

第二部分

实 际 问 题

6 监测

塞巴斯蒂安·海格，耶恩·鲁申堡，安雅·洛泽，埃里克·伯特伦，卡罗琳娜·苏萨·弗拉加，米歇尔·哈勒，马雷克·米亚拉，伯纳德·西森（Sebastian Herkel，Jörn Ruschenburg，Anja Loose，Erik Bertram，Carolina de Sousa Fraga，Michel Y. Haller，Marek Miara，and Bernard Thissen）

概 要

现场监测的主要目的是评估现实条件下 SHP（太阳能热泵）系统的性能，探查安装错误，优化整个系统的运行以及不同运行模式下的控制功能，最后标注集热器面积和蓄热器储热能力的大小。IEA 的 T44A38 项目对 40 多套 SHP 系统进行了现场测试，具体内容将在本章呈现。现场监测不仅需要定义良好的程序，还需要准确的测量方案以及数据采集技术。一般评估需要清晰的边界条件和平衡边界。整个太阳能热泵系统包括第 4 章介绍的蓄热器都需要有合理的 SPF_{SHP}（季节性能系数）。

来自 7 个不同国家的参与者提供了 1 ~ 2 年的监测结果，结果显示：尽管一些被监测的系统依旧不成熟，但多数系统已可进行市场化推广。监测结果差异明显：SPF_{SHP} 在 1.5 ~ 6 的范围内变化，中值为 3.0。对各种不同结果出现的原因进行分析，通常来说，系统性能需要设计和安装过程中好的质量保证。蓄热器的大小和质量以及热分配时较低的系统温度是关键指标。当忽视存储损失和一些辅助泵时，系统性能系数 SPF_{bSt} 为 4.1，与热泵系统相比高得多。尽管并联式系统最常见并且操作简单，但是所有类型的液压布局以及组件优化结合都可以很好地运行。本章详细介绍了一些运行良好的案例。

6.1 背景

本章介绍了太阳能热泵结合系统的现场监测（也称现场测试），即在不同国家进行为期一年多的测量考察和供热系统的测试。

过去已经对独立的系统进行了广泛测试，包括热泵系统以及太阳能系统，但不包括太阳能热泵相结合的系统。尽管个别案例对这种结合系统进行了监测，但对其现场监测的系统研究仍然缺失。因此，为了确定太阳能热泵相结合的系统在现实条件下的性能，IEA SHC

进行国际合作开展了 T44A38 项目。

现场监测的主要目的一方面是对安装误差的检测、组件的进一步完善、整个系统运行和不同运行模式下控制功能的优化、集热器面积和蓄热器蓄热能力大小的标记。另一方面是收集关于太阳能热泵结合系统的数值模拟模型校验所需的测量数据。

除了实验室测试程序的结果外，从实际安装的现场测试中得到的测量数据至关重要。此外，系统的热性能可以与从模拟实验中得到的理论预测相比较。然而，必须强调的是，从现场监测得到的现场测试结果之间不能直接进行比较，因为该结果取决于各种边界条件，如建筑所处位置、气候条件、建筑效率标准、建筑的空间采暖需求以及非常重要的用户行为。当测试年份不同时，即使在同一位置的同一个系统也会出现不同的性能数据，这取决于边界条件，例如冬天是温和的或寒冷的。基于这一事实，在相同的参考条件下，利用模拟系统的帮助，不同的 SHP 系统配置结果才有直接的可比性。

6.2 监测技术

6.2.1 监测方法

在 T44A38 项目中，不同的研究机构对现场测试对象的监测方法非常相似，在本章被视为一个通用的方法。

SHP 系统新的性能系数和系统边界已经确定，在第 4 章中进行了描述，并用于监测过程和数据分析。从不同的边界条件和可能的 SPF 值中得到，有许多方法来监测 SHP 系统，既包括非常简单的又有非常复杂和详细的。因此，测量的不同目的以及监测设备的复杂性，会产生很大的成本变化。监测 SHP 系统最简单的方法一方面是测量为生活热水（DHW）和空间采暖提供的热量，另一方面是测量整个系统以一个月为基准的总电能消耗。通过测量这两个值，季节性能系数 SPF_{SHP} 或 SPF_{SHP+}（包括热分配泵的用电量）已经被确定为系统性能比较的第一个提示。然而，更多的信息可以来自更详细的测量策略。根据调查的主要目标或着重点，不同的问题可以得到解决。例如，在不考虑储热损失的情况下，性能参数 SPF_{bSt} 对于 SHP 系统与传统的加热系统的比较非常有用，如燃气锅炉。这一性能参数通常用于热泵的现场测试中[1]。SPF_{HP}（单独测定热泵系统的 SPF）可用于对单价热泵的比较。组件导向的实验室测试程序的发展需要了解单组件性能，也就是说，在动态操作条件下进行热泵或其他组件数学模型的验证。对于任何性能系数的评估，所有的能量流的测量必须在边界范围内且满足性能系数的定义。

基于第 2 章中的可视化方法，图 6.1 描述了一种典型的并联式系统，并且尽可能详细地标出了监测设备。在这里标有“Pel”标识的圆圈代表电表，编号①的正方形表示热量表。除了这些类型的计量表，针对一些特殊问题也可以单独安装温度传感器，例如，组合蓄热器热分层的监测或在空气/水分离热泵的制冷剂循环过程中，但以上情况下都不可以安装流量计。空气/水热泵的除霜也可进行监测，虽然这种操作模式在图中并没有显示。

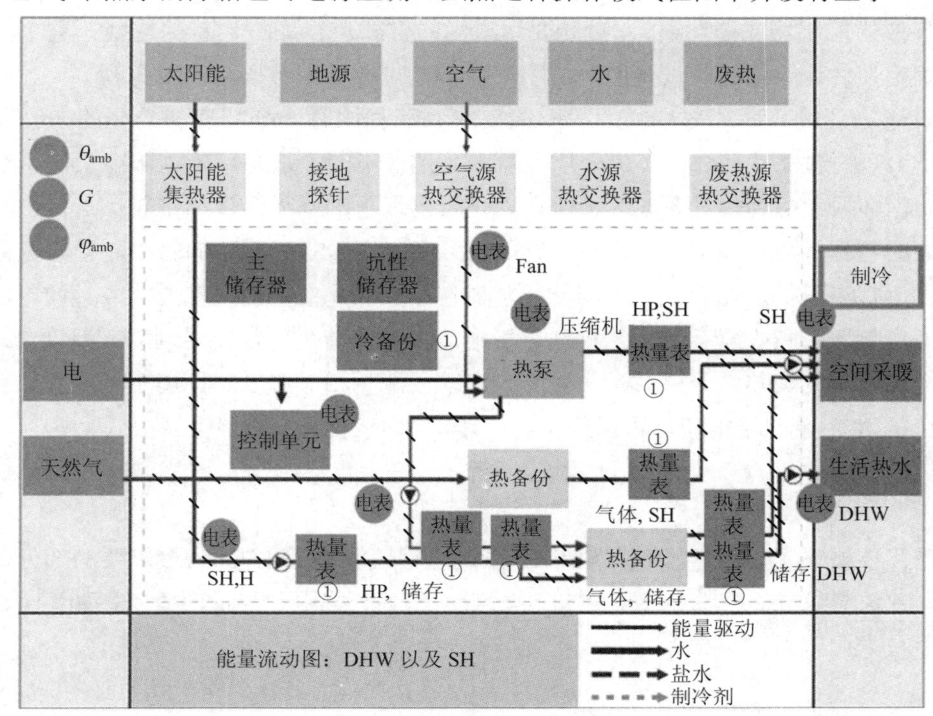

图 6.1 典型并联 SHP 系统以及监测设备

在理想情况下，图 6.1 中热量表安装在所有用 ⟷ 的线表示的回路上，热量表可以用来区分 SHP 系统中不同类型的运行模式。例如，热泵产生热量是直接用于空间采暖还是供给蓄热器，热量表可对两种情景的热量进行有意义的区分。然而，在实际监测的情况下，热流量往往会合并成一个单一的值，例如，不同热源同时进行空间采暖。如果一个储热供热回路用于太阳能除霜或蓄热器以外的组件加热，必须安装具有加热和冷却功能的热量表或者可以检测反向流动体积量的体积流量计。在家用热水循环回路安装的案例中，要对这里的热流量和循环泵的电力消耗进行测量以确定热损失量和由这种循环方式产生的额外电力消耗。同时需要关注不同的热发生器（如太阳能、地热、备份）产热比值。在这种情况下，必须单独测量热发生器的热流量。

对于完整系统基于模型的评估即利用模拟手段进行监测，或者组件数值模型的验证，需要更复杂和高度分化的监测策略。许多热流和电力消耗都被覆盖，为获得整体的能量流的详细图片，需要将其分开。为验证模拟模型的输入，需要较高的数据记录的时间频率。大多数参与了 T44A38 监测活动的机构都收集到了数据——每 1～5 min 范围内的平均值。

不仅要考虑热量表、电表和温度传感器的数量，在某些情况下确切的位置也是一个决定性因素。例如，如果对不同组件（不同类型热泵、热存储器等）进行比较，为了用相同的方式计算分布损失，传感器必须始终放在相同的位置。另一个不可忽视的细节是不同测量设备的精度和分辨率。必须考虑到小体积流量（如生活热水水龙头）以及非常低的电力消耗设备（如控制器或循环泵），对此要用适当的方式进行测量设备的选择。整个测量链中的不确定性估计包括记录设备的分辨率，在现场试验中应该引起高度重视。

太阳能热泵结合系统与独立的太阳能集热系统相比有一个特性即热泵的初级回路会出现低于 0℃的温度。另外，传热介质（盐水）往往不同于那些用于太阳能集热系统的介质。因此，必须考虑到热量表或体积流量表是否出现不准确或错误的结果，这是由介质与水有不同的物理性质（如密度、比热容、黏度）决定的。SHP 系统的另外一个特点是太阳能集热器运行温度低，尤其是当太阳能集热器在串联式系统中时（参见第 2 章）。通常无釉太阳能集热器或吸收器容易受这种现象影响，在某些情况下需要用到冷冻温度传感器，这在传统的太阳能集热系统中并不常见。它有助于测量相对湿度和环境空气温度，以进一步研究空气/水热泵的结霜和除霜现象。

6.2.2 测量技术

本节简要概述了使用科学设备对 SHP 系统进行监测的通用方法。最重要的部分是数据记录器、热流量仪表、电力仪表、温度传感器，还有一些用于测量环境条件如环境温度、相对湿度及太阳辐射的设备。

6.2.2.1 数据记录系统

在各个独立机构的报告中可以发现，各种不同的数据记录器已经投入使用。大多数机构使用远程控制以及通过互联网或者使用 GSM 调制解调器的移动通信进行每天或每周的数据传输。

数据获取点的测量时间间隔很短，根据传感器的类型在 1～30 s 变化。并且每间隔 1～5 min，数据记录器将对这些测量值的平均值或总和进行存储。

由于这种高频率的监测，就要对一个巨大的原始数据的数据库进行处理，检查其合理性然后进行分析。各机构用不同的方法解决该过程，在这一点上没有进一步的讨论。

图 6.2 显示了一个数据记录系统，其利用调制解调器进行通信和长距离数据传输。

6.2.2.2 热量表

对热流量的测定，被测回路的体积和质量流量的测量都需要考虑流入和回流温度。从这些测量值可得出，热流量可以采用与温度相关的比热和密度计算（在测量体积流量的情况下），并作为传热介质的物理性能。一些热量表具有用来计算测量数据的集成运算单元，这仅适用于以水为传热介质的情况。在所有其他情况下，热流量必须从原始数据集计算。

超声波体积流量仪表、校准对 Pt 500 或 Pt 1 000 的温度传感器经常用来监测装满水的回路或太阳能回路的热流量。流体温度的测量使用潜水传感器（在大多情况下，传感器放置在管内）或使用附着着热导电胶的绝缘导管下面的 Pt 1 000 探针。其他传热介质的系统内部回路，例如不同乙二醇和水浓度比的混合物，不推荐使用超声波热量表，由于液体黏度使得结果偏离，特别是较低温度下的热盐水循环泵。在这种情况下，可以使用简单的涡轮式流量仪表的脉冲输出，然而在低于0℃的温度下，这些都是不可靠的。

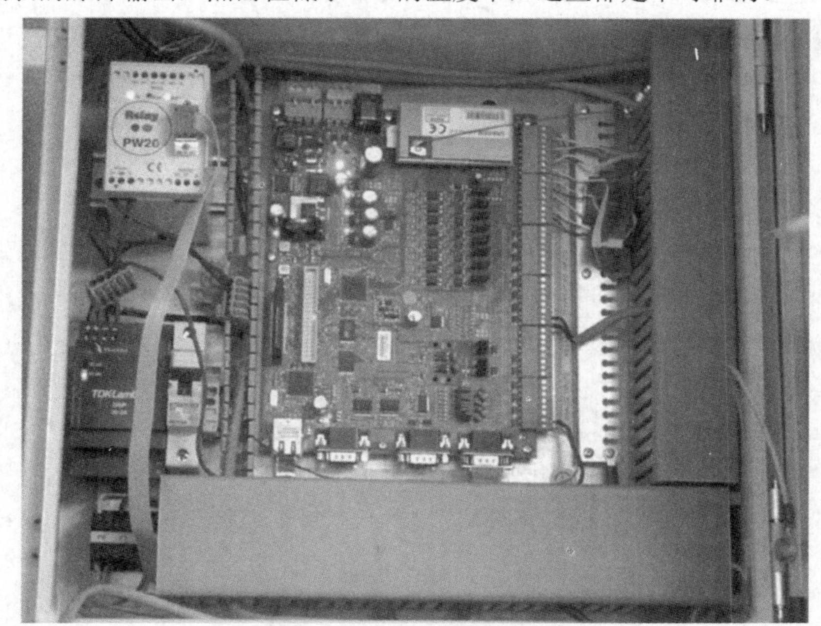

图6.2 典型的数据记录器：通过数字、模拟、温度通道或者MBUS连接件进行信号输入

6.2.2.3 电表

电表已用于监测热泵本身（压缩机）、控制单元、电加热元件、所有的循环泵、太阳能热电路控制单元以及空气源热泵的电力消耗。大多数电表配备了机械计数器以及每千瓦时100～2 000脉冲的分辨率脉冲接口。对于热泵和电加热元件来说，三相电流表是必要的，而其他耗电装置用230 V的单相表。

6.2.2.4 气象数据

监测程序内并没有必要测量太阳辐射数据。然而，大多数机构记录了太阳照射到倾斜集热面的太阳辐射量，使用设备从相对简单和便宜的硅电池到高精度型日射强度计。另一个经常监测的气象参数是环境温度。同时，在很多情况下会对空气源热泵周围空气的相对湿度进行测量。对更为特殊的应用程序（如无盖板太阳能集热器），额外的参数已进行记录，例如长波辐射、风速、土壤温度。

6.2.2.5 温度传感器

除了以上提到的环境空气温度和热量表外，单一的温度传感器在许多案例中得到应用。例如：组合蓄热器热分层的测量（传感器直接放在位于特定高度的绝缘体下面的蓄热器表面），没有流量计可以放置的空气/水热泵初级回路（制冷循环）的温度测定，或为了观察地球再生过程而设置的不同深度的地埋管换热器。

在大多数情况下，温度传感器有 Pt 100 或 Pt 1 000 两种，其具有不同的准确性。在热量表的应用中，并不是绝对精确校准，而是两两校准来提高测量的准确性。四线和二线制温度传感器已应用。

6.3 太阳能和热泵性能——从现场测试得到的结果

在现实条件下进行 SHP 系统现场监测是为了更好地了解这些系统的不同组件的契合程度，并评估这些系统的性能。在 T44A38 项目框架下，过去几年 18 个研究机构对 45 个系统进行了监测；选出需要进一步评价的列于表 6.1 中。太阳能与热泵系统在系统的布局、大小，位置和潜在的研究问题上有很大的变化，导致需要用不同的测量方法和监测设备。像 T44A38 中的所有活动，对配备电动压缩热泵和用来提供生活热水或者居住空间采暖的 SHP 系统的监测以及随后的分析是有限制的。提出了匿名系统分析，给每个系统一个数字代码。

表 6.1 被监测系统的特征

项目名称或描述		组织	概念	集热器类型	热泵源
Solpumpeff project A	奥地利	AEEI/TUG	P/S	FPC	空气源/太阳能
Solpumpeff project B	奥地利	AEEI/TUG	P	FPC	空气源
Solpumpeff project C	奥地利	AEEI/TUG	P	FPC	地源
Solpumpeff project D	奥地利	AEEI/TUG	P	FPC	空气源
Solpumpeff project E	奥地利	AEEI/TUG	P/S	FPC	空气源/太阳能
Solpumpeff project F	奥地利	AEEI/TUG	P	FPC	水源
Savièse Aufdereggen ice storage	瑞士	SA 能源中心	P/S	UC	太阳能
Savièse Granois ice storage	瑞士	SA 能源中心	P/S	UC	太阳能
Fribourg	瑞士	EIA Fribourg	P/S	FPC	地源
Jona	瑞士	太阳能技术研究所	P	FPC	空气源
COP5	瑞士	日内瓦大学	P/S	UC	太阳能
WP Effizienz A	德国	太阳能系统研究所	P	ETC	空气源
WP Effizienz B	德国	太阳能系统研究所	P	FPC	空气源
WP Effizienz C	德国	太阳能系统研究所	P	FPC	地源
WP Effizienz D	德国	太阳能系统研究所	P（DHW）	FPC	空气源
WP Effizienz E	德国	太阳能系统研究所	P（DHW）	FPC	地源
WP Effizienz F	德国	太阳能系统研究所	P（DHW）	FPC	空气源
WP Monitor A	德国	太阳能系统研究所	P（DHW）	FPC	地源
WP Monitor B	德国	太阳能系统研究所	P	FPC	地源

项目名称或描述		组织	概念	集热器类型	热泵源
WP Monitor C	德国	太阳能系统研究所	P（DHW）	ETC	地源
Haus der Zukunft	德国	太阳能系统研究所	P/S	FPC	空气源/太阳能
Dreieich	德国	哈梅林太阳能研究所	R	PVT	地源
Limburg	德国	哈梅林太阳能研究所	R	UC	地源
Solar and heat pump for houses A	德国	伊利诺斯工具厂	P	FPC	空气源
Solar and heat pump for houses B	德国	伊利诺斯工具厂	P	FPC	空气源
Solar ice store	德国	伊利诺斯工具厂	P/S	FPC/UC	太阳能
Borehole HX	德国	伊利诺斯工具厂	P/S	FPC	地源/太阳能
Solar and heat pump for houses C	德国	伊利诺斯工具厂	P	FPC	空气源
Energy basket and unglazed absorber	德国	伊利诺斯工具厂	P/S/R	UC	地源/太阳能
Balleruphuset	丹麦	能源研究所	P/S/R	FPC	地源/空气源
Flamingohuset	丹麦	能源研究所	P/R	FPC	地源
Heliopac	法国	法国电力	S	UC	太阳能

注：FPC=平板集热器；UC=无釉太阳能集热器；ETC=真空管集热器；PVT=光伏热太阳能集热器；P=并联；S=串联；R=再生系统。

根据第 2 章的系统分析可知，32 个被监测系统中有 17 个为并联式系统（P）、9 个为并联/串联式系统（P/S）、5 个为通过无盖板或 PVT（光伏热太阳能集热器）进行地面再生的系统（R 或 P/S/R）。13 个系统使用环境空气作为热泵的主要热源，14 个系统热源来自地源或水源，5 个系统完全使用太阳能吸收器。

在标准实验条件下安装热泵的性能系数（COP），对空气/水系统来说为 2.9～4.2，对盐水/水系统来说为 3.8～4.7，其反映了实际销售产品的带宽。不同的测试标准 EN 255 和 EN 14511 均显示较新的程序导致较低的性能。空气源系统的 COP 的变化高于地面源系统（图 6.3）。

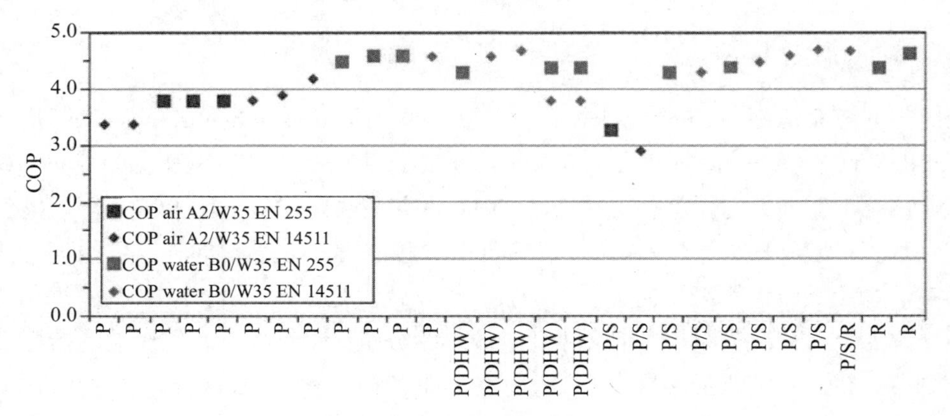

图 6.3 安装热泵的 COP

注：横坐标给出了 SHP 系统的类型；标志物的形状代表测试用的标准；图例灰度深浅不同代表热泵的种类不同。

系统性能的关键指标是季节性能系数（定义见第 4 章）。由于优先研究问题不同，测量设备和仪表的位置也有所不同，6.1 节进行了描述。因此，为了测定 SPF，项目中选择不同边界。为了比较系统的 SPF，测量指标进行边界的归一化包括储存损耗和负荷泵，即 SPF_{SHP}。SPF_{bSt} 和 SPF_{SHP} 之间的性能差异在很大程度上取决于贮藏损失与加热需求的比值亦即存储的大小。基于 13 个现场试验提供的数据结果，由 SPF_{bSt} 可得到 SPF_{SHP}，并用星号进行区别：

$$SPF^{*}_{SHP}=0.75\ SPF_{bSt}-0.22$$

类似地，对于 SPF_{SHP+}，通过 15 套设备得到一个简单的关系式

$$SPF^{*}_{SHP}=SPF_{SHP+}+0.15 \quad \text{（添加为恒定值）}$$

图 6.4 给出了不同测试场所实测 SPF^{*}_{SHP} 的范围。此外，也给出了生活热水和房间采暖地板有关的热消耗。SPF^{*}_{SHP} 的变化范围为 1.3～4.8，平均值为 3.02。当不考虑储存损失时，SPF_{bSt} 平均值为 3.95。因此，在 SPH 系统中存储损失对性能有强烈的影响。

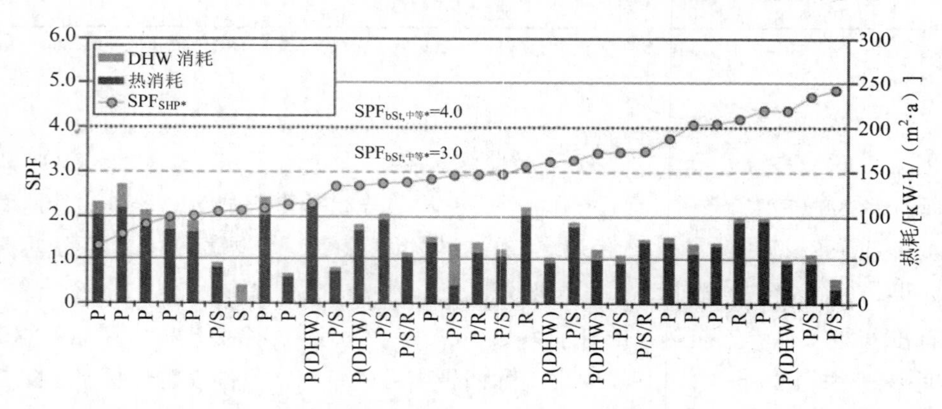

图 6.4　被监测系统的 SPF^{*}_{SHP}（灰色圆点，左侧纵坐标）以及生活热水和空间采暖的热量消耗（右侧纵坐标）

注：系统类型以缩写词给出：P=并联；S=串联；R=再生系统。

空间热耗变化范围为 15～110 kW·h/（m²·a），中值为 67 kW·h/（m²·a）。生活热水消耗量为 4～48 kW·h/（m²·a），中值为 11 kW·h/（m²·a）。生活热水的份额变化为 6%～100%。因此，通常标准低能耗房屋有相对较低的 DHW。普通热泵试验平均 SPF_{bSt} 可以媲美普通地源热泵系统。这反映了一些测试的系统依旧不成熟的事实，然而即使贮藏损失对性能有强烈影响，系统性能仍然需要提升，结果依旧可以认为是成功的。

为了深入分析被监测系统，通过主要热源进行分组，对对性能产生影响的指标进行确定。可以预期的是，安装热泵容量增加使得集热器的集热面积增加，这可以产生更高的 SPF。因为太阳能指数会增加，而较高的太阳能指数意味着更高的 SPF。第二个关键的参数是在标准条件下热泵的 COP。第三个参数包括热泵的蒸发器和冷凝器的平均温度。冷凝器温度的数据不可用，可以用生活热水需求和热需求之间的比值来代替，给冷凝器温度一个指示

（较低的比值、较低的温度和较高的性能）。

在图 6.5 中，测得的 SPF^*_{SHP} 作为名义上的 COP 以及安装集热器与热泵容量的比值。选定的系统显示空气和太阳能作为 SHP 系统热源的潜力，它们的 SPF^*_{SHP} 显著高于 4 倍。太阳能地源热泵与空气源热泵一样普遍。这些系统一般达到更高的 SPF^*_{SHP}；最好的系统实现了 4.8 的 SPF^*_{SHP}。然而，许多系统的薄弱性强调了安装过程中质量保证的必要性，特别是在液压和控制变得更为复杂的时候——尽管许多的监控系统有一个实验特性。

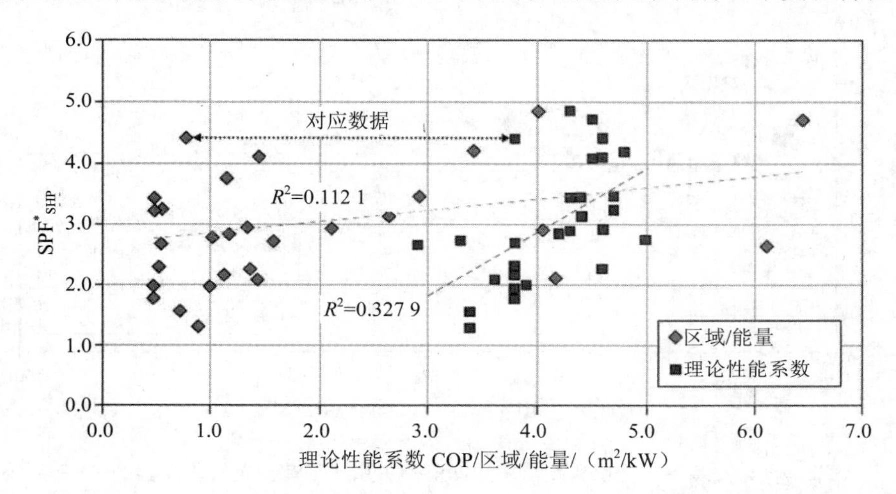

图 6.5 SPF^*_{SHP} 与（A2/W35 或者 B0/W35）COP 以及安装集热面积与热泵容量比值的关系

正如预期的那样，高温热水份额的增大使得系统的性能降低（图 6.6）。空气源热泵有很强的依赖性。特别是，提供高份额的 DHW 以及使用无盖板集热器作为热源的三个串联式系统显示出这种趋势。对于平板集热器，安装集热器面积相对于安装热泵容量 0.5～1.5 m^2/kW。当使用无盖板的集热器时需要较大安装面积。

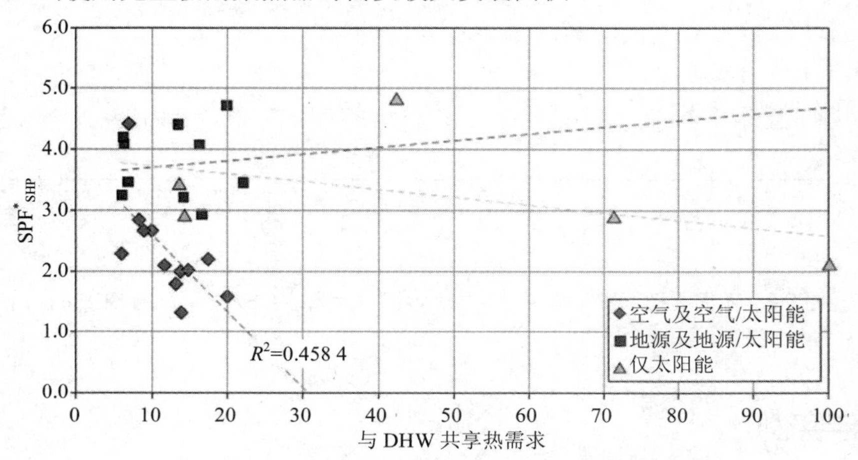

图 6.6 SPF^*_{SHP} 与 DHW 所占总热需求份额的关系

注：SHP 系统以太阳能为唯一热源。

图 6.7 显示了系统对安装集热面积与热需求比值的依赖性。正如预期，大的太阳能设备有更高的性能。除了集热器子系统的大小，对空气源热泵系统 SPF^*_{SHP} 值有影响的因素还有：系统控制和安装质量。这显然成为拥有适中的集热器面积的系统优于地源设备的证据。

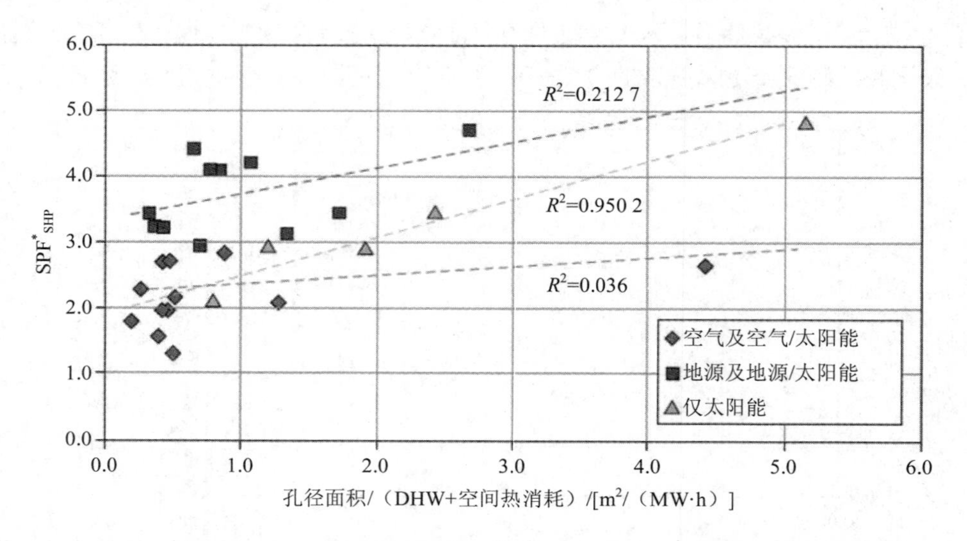

图 6.7 SPF^*_{SHP} 与安装集热面积和热需求的比值的关系（带有无盖板集热器的 SHP 系统）

不同配置、性能优良的系统显示了它们的潜力。在这些具有说服力的例子中发现并联、串联和再生方式的潜力，以及热泵系统的主要热源并没有显著的差异（图 6.8）。

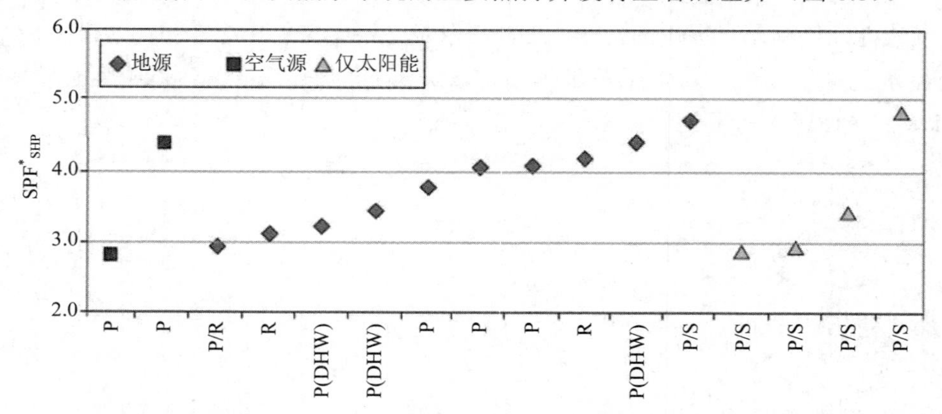

图 6.8 不同类型、不同热源（空气、地面、太阳能）SHP 系统的 SPF^*_{SHP}

6.4 最佳实例

除了收集性能指标外，每个监测系统都是知识创造的源泉。下面分别选取五种系统代表现场成功的系统解决方案：

— 布隆伯格，德国：地源热泵和太阳能平板集热器并联系统（发表在文献[3]）。

— 约纳，瑞士：空气源热泵和太阳能平板集热器并联系统（发表在文献[4]）。

— 德赖艾希，德国：地源热泵和 PVT 集热器的地面再生系统（发表在文献[5]）。

— 萨维，瑞士：以蓄冰器和无盖板太阳能集热器为热源的并联/串联系统（发表在文献[6]）。

— 萨蒂尼，瑞士：无盖板的集热器作为热源的用于多户建筑的并联/串联系统（发表在文献[7]）。

大量具有良好性能的系统显示 SHP 易于安装、改装。

6.4.1 布隆伯格

布隆伯格单户住宅的系统是一个典型并联式系统，于 2008 年安装了地源热泵和太阳能集热系统。该系统提供四口之家的生活热水，通过地板采暖系统给空间加热。一个 9.9 kW_{th} 地源热泵和 14.4 m^2 平板集热器给 1 000 L 的组合蓄热器提供热量，进而为空间供暖和提供生活热水。热泵机组还包含有一个电加热元件。该系统从 2009 年 7 月到 2010 年 6 月进行了监测。电和热的能量流动通过评估 SPF_{bSt} 进行监测。

为期 12 个月，太阳能集热器产生 5 005 kW·h 或者 348 kW·h/（m^2·a）的热量。热泵向储热装置提供 14 769 kW·h 热量，向加热元件提供 0.6 kW·h 热量。该系统所需的总电量为 3 437 kW·h/a。

季节性能系数 SPF_{bSt}=5.8（图 6.9）。对于热泵单独的性能系数 SPF_{HP}=4.7。夏季的主要几个月，热是由太阳能集热器供给的，易于控制的并联式系统有相对较高的性能，该系统带有大型的集热器子系统。

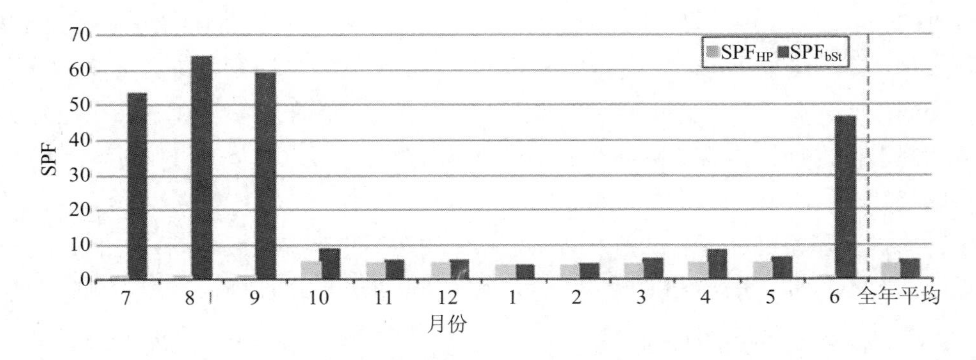

图 6.9 2009 年 7 月—2010 年 6 月一年监测期间平均每月的 SPF_{bSt}

该系统的电能消耗（3 437 kW·h/a，满足 SPF_{bSt} 边界）可分为压缩机的能耗（3 126 kW·h/a）、辅助电加器能耗（0.6 kW·h/a）、盐水泵能耗（199 kW·h/a）、控制器电能消耗（54 kW·h/a）和太阳能循环泵电能消耗（58 kW·h/a）。同时每月的相对分布如图 6.10

所示。由于有可靠地源，电加热元件未使用。

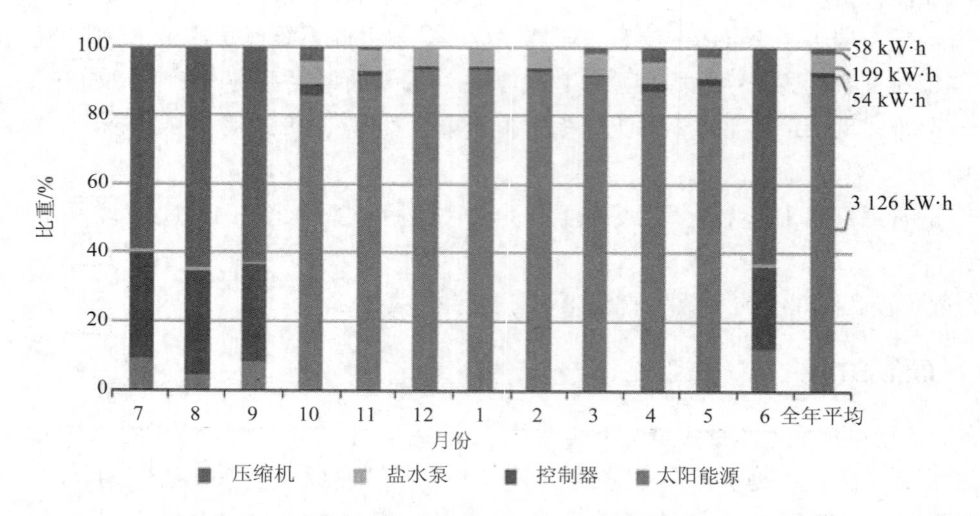

图 6.10　电能消耗的相对分布，以月为基础满足 SPF_{bSt} 边界

注：最右侧给出了一年的电消耗分布相对值。

在给定的情况下，如比较寒冷但晴朗的天气，低温配送以及大小合适的太阳能系统可以表现出很好的性能，甚至一个更简单的太阳能集成系统也可以实现。

6.4.2　约纳

位于瑞士拉珀斯维尔-约纳的单户家庭的系统，是一个更大的并联式系统的典型例子。2009 年安装空气源热泵和太阳能系统并且进行了监测。该系统提供两人用生活热水（1 400 kW·h/a），为在 1992 年建成的 200 m^2 的住房空间加热（18 700 kW·h/a）。20 kW_{th} 空气源热泵和 15 m^2 覆盖面积的太阳能集热器向 1.8 m^3 水容量的太阳能组合蓄热器供热，进一步为空间采暖和生活热水提供热量。热泵直接给顶部或中部蓄热器供热（两通阀切换），太阳能集热器用内部换热器给蓄热器供热，换热器放置在顶部和底部 1/3 处，其中顶部换热器可以绕行。

所有热输入和输出以及热泵和太阳能集热器的运行电耗的监测从 2010 年 2 月—2011 年 12 月。除了空间热分配泵以外，用于所有控制器和泵的电被列入平衡。测量点包括流入及回流温度，太阳能回路流量，热泵回路和空间热回路，冷水、热水的温度和体积。2011 年得到系统的季节性能系数 SPF_{SHP}=4.4，基于电力和有用的热全部使用。与典型的空气源热泵相比，这是一个强大的性能改进，从热平衡中太阳热量份额较高得到的结果（图 6.11）。供热回路温度低连同 DHW 份额低导致冷凝器温度低，所以即使在冬季空气源热泵也可实现 COP＞3.4（图 6.12 和图 6.13）。

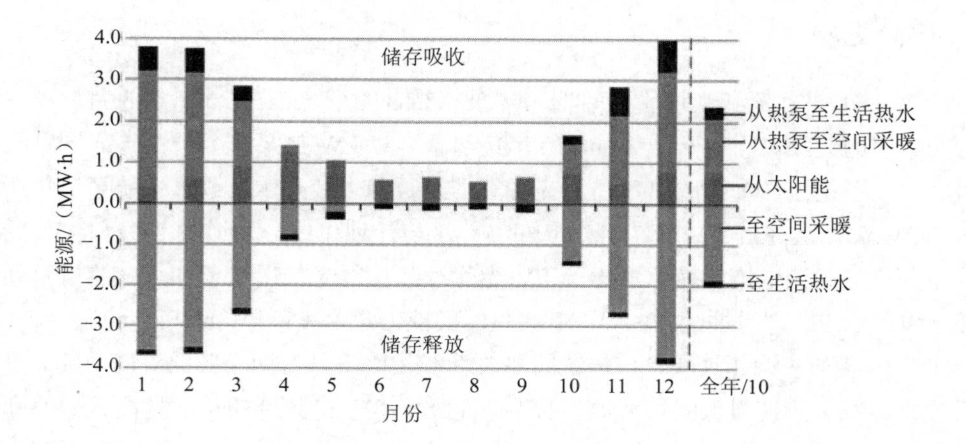

图 6.11 组合蓄热器的热平衡

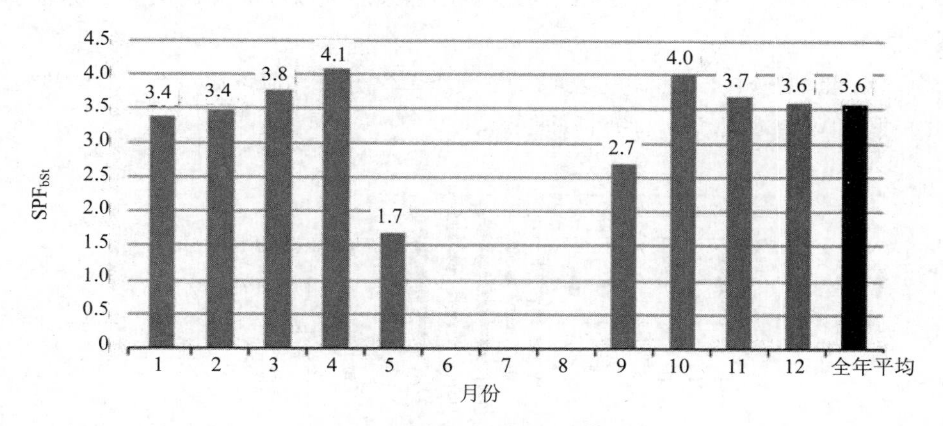

图 6.12 热泵的性能系数：SPF_{HP}

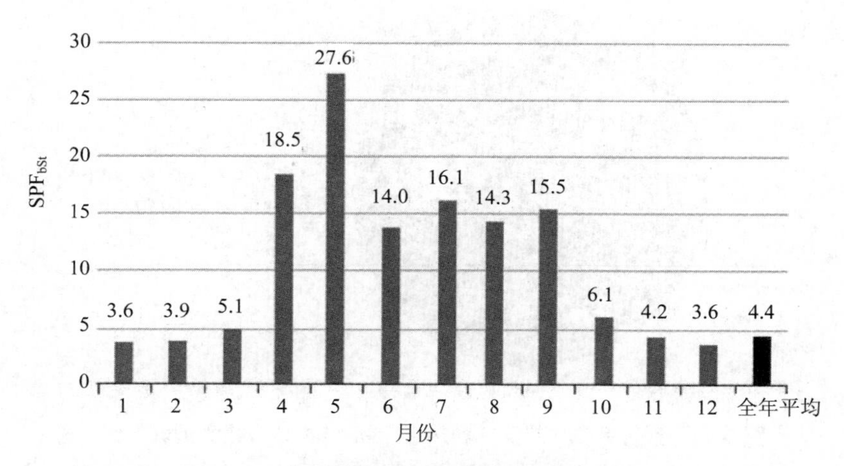

图 6.13 包括蓄热器的系统性能系数：SPF_{bSt}

6.4.3 德赖艾希

无盖板 PVT 集热器和地埋管换热器与热泵相结合的系统已在 2009 年 3 月启动并且进行了为期 2 年的监测。它由一个 39 m^2 PVT 集热板、12 kW 热泵和全长 225 m 同轴孔的换热器组成。该系统为一个大的单户住宅提供空间采暖和生活热水。测量系统第一年所需热量为 36 MW·h/a，运作的第二年为 40 MW·h/a，这与计划相比分别增加 25%和 45%的热量需求。与非冷却的光伏模块相比，由于 PV 光伏冷却使得光伏用量增加。在测量期间，由于冷却导致附加 PV 产量增加 4%。PVT 集热器的热产量是 450 kW·h/（m^2·a）。

PVT 集热器与热源相连接，与传统的热泵系统相比其具有两个效果。一个效果是通过无盖板的集热器集热使得低温热源温度提高。同时，PV 得到冷却从而提高其效率和电产量。集热器是由一个简单的切换阀连接到热源的。该阀允许相连的 PVT 集热器与地埋管换热器串联在一起。因此，集热器的热量仅限于提供热泵热源。系统中热泵为空间采暖和生活热水提供热量。生活热水蓄热器的热量是由热泵的集成冷凝器提供，冷凝器可以作为一个减温器。

测量的结果如图 6.14 所示。这表明在冬天季节性分布热流入地埋管，需要热泵进行抽取。小份额 DHW 使得热泵运行有最佳低温。

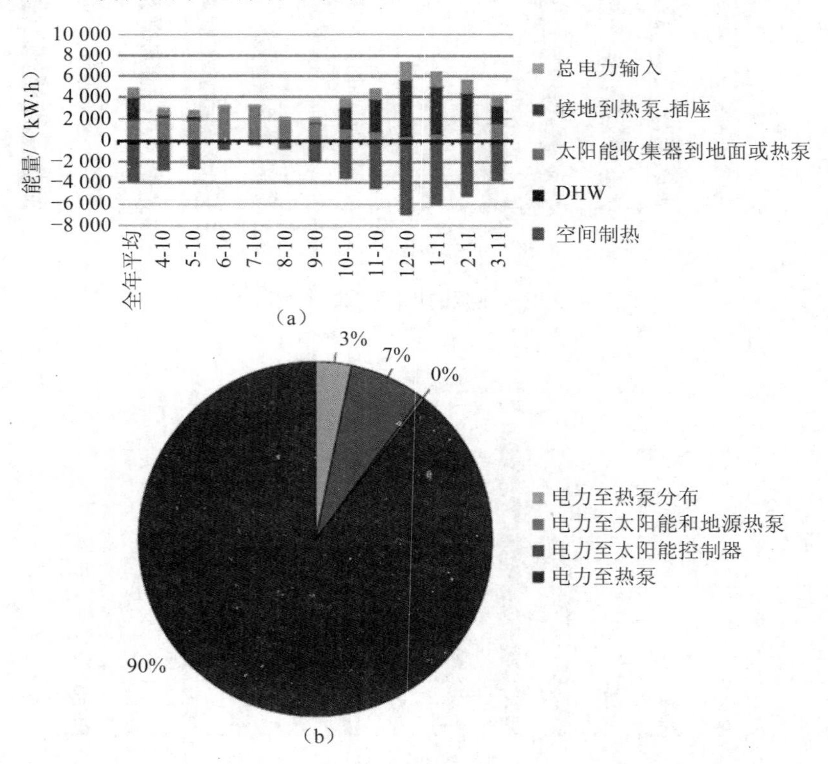

图 6.14 运行第二年热需求和热量平衡（a）以及电力消耗（b）

注：地面换热器的月热流率为月净热流，太阳能集热器将超过蒸发器需要的热量提供给地下换热器。

图 6.15 表明，地下换热器的性能和温度水平相对不变，由于太阳能热 PVT 集热器主动地再生。热源温度比较好的稳定性，突出了无盖板的太阳能集热器与地埋管换热器的组合热源的稳定性。

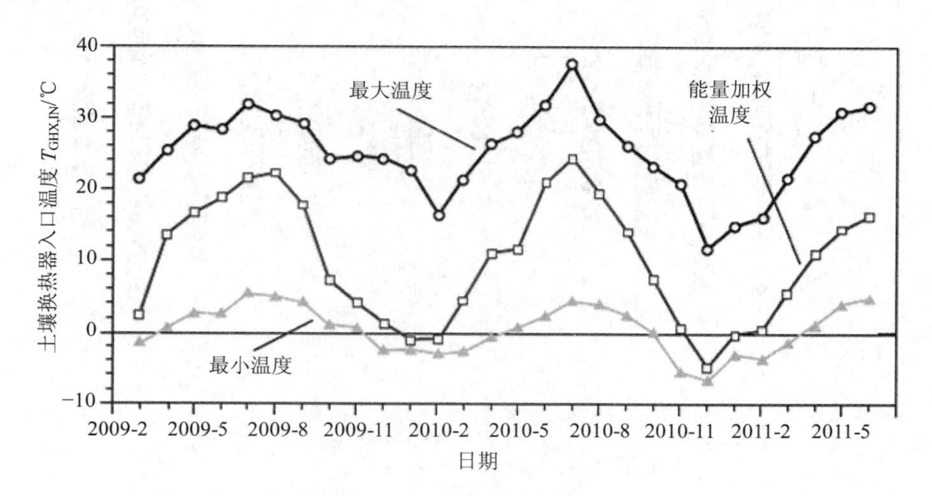

图 6.15 地埋管换热器入口的月最大、最小以及平均温度

注：2010/2011 冬季最小温度是由热泵连续两周不停歇工作造成的。

PVT 集热器已经安装且后侧绝缘。分别进行了实验测量，显示并没有电量和热量的显著差异。

6.4.4 萨维

该系统安装在瑞士萨维-Granois 改造的老房子里，为热水供应和空间采暖提供 8 kW 热量。选择性无釉集热器同时作为太阳能集热器和空气源换热器。利用连接在盐水/水热泵蒸发器的相变材料（PCM；冰/水）向储热罐加热。在较高的温度下运行时，向连接到热分配的组合罐提供热量，并提供 DHW。

每月的能量平衡如图 6.16 所示。SPF_{SHP} 值为 4.3（当计算用来自木材炉的热量时，值为 3.3），设备可与标准地埋管热泵相比。与无盖板集热器相结合的蓄冰器模式是很有前途的，尤其是当地面源不可用时。此外，外部空气单元噪声的影响是可以避免的。

6.4.5 萨蒂尼

本部分描述的系统是在一个新的住房区（9 552 m^2）实施的，地点位于瑞士日内瓦附近的萨蒂尼。本住宅区由 10 块类似地皮组成，每块地皮有 8 座楼盘。每一块（约 950 m^2）都有自己的供暖系统，提供空间采暖（流温度约 30℃的地板采暖）和生活热水所需热量。详细的能量监测是通过对每一块的监测来实现的，能够描述系统的行为，如消费、控制策略、温度水平，并评估超过一年的性能。

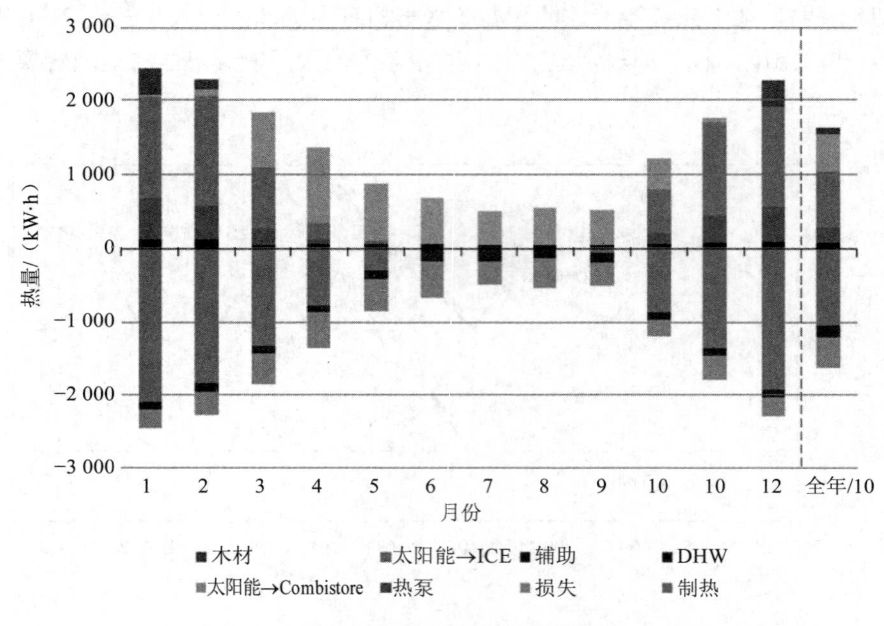

图 6.16 一年内每月热平衡

每个加热系统都包含用 123 m^2 无盖板太阳能集热器作为热源的热泵。如图 6.17 所示，热提供给楼盘：第一直接从太阳能集热器获得；第二从 6 000 L 蓄热器（如果太阳能集热器温度太低）获得；第三从热泵（如果储存温度太低）获得；第四从备用电加热获得，备用电加热器放在蓄热器中，在常规热泵停机（室外温度 20℃以下）或失败的情况下使用。

夏天的夜晚需要制冷时，来自楼盘的热量可以通过太阳能集热器进行消散。另一个特殊性为，本系统是液压分配回路，要么向公寓提供空间采暖所需热量，要么提供生活热水。空间采暖和生活热水不能满足时，每个楼盘配备 300 L DHW 缓冲存储器。

在典型的赛季中期，系统运行如图 6.17 所示。这个特定的日子，室外平均温度为 7℃，最大的太阳辐射是 600 W/m^2。热需求的特点是：（a）4 个 DHW 回路为 DHW 蓄热器供热 1 h（从 0：00、9：30、18：00、21：30 开始），在这期间热量分布约 60℃；（b）两个空间采暖周期（2：00—9：30、11：30—16：00），热量分布在 25～30℃。

4 个 DHW 循环回路被热泵覆盖，吸收器输出/蒸发器输入温度为−10～20℃。超额产出应该存储在中央缓冲罐，特别是在每次循环结束时。因此空间采暖由储热罐先行供热（2：00—6：30），然后再由热泵供热。在下午，太阳辐射足够高，空间采暖直接由集热器提供热量（热泵关闭），太阳能输出温度高于 30℃。

详细的监测能够充分表征研究区块的整个 2012 年的能量流向（图 6.18），输入输出平衡误差小于 3%。

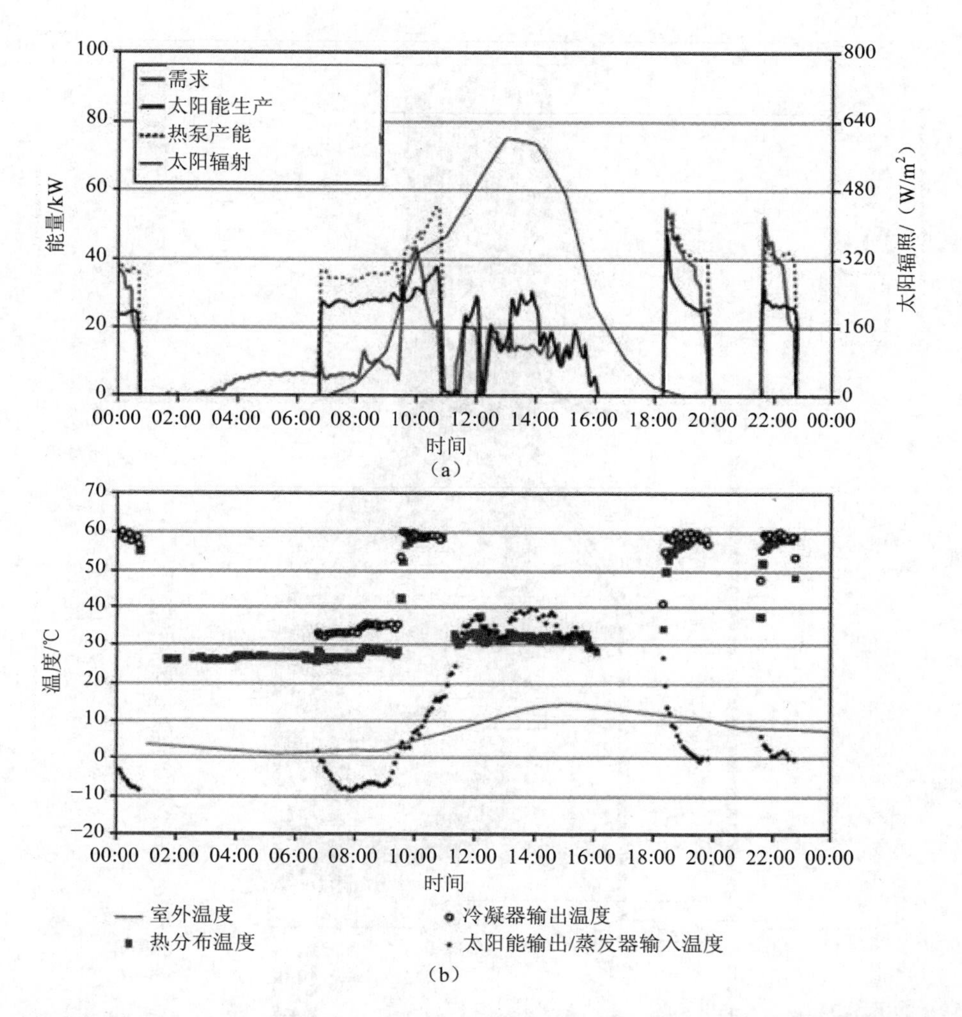

图 6.17 赛季中期（2013 年 3 月 10 日，5 min 时间间隔）。(a) 热需求、太阳能热泵提供能量（左侧纵坐标）、全球太阳能辐射（右侧纵坐标）。(b) 室外、太阳能输出、HP 输出以及分布温度

由于高性能热封和控制内部温度（平均 20℃℃），采暖需求[19 kW·h/（m^2·a）]与瑞士标准值相比偏低。相反，DHW 消费[48 kW·h/（m^2·a）]比平常高，这是由高入住率[事实上，1 184 kW·h/（人·a）特定的用户消费，仅略高于 1 075 kW·h/（人/·a）]造成的。总之，这个结果显示空间供暖和热水比 30：70 的情况有望成为高效的多户住宅常见形式。

储热在系统中起着重要的作用，因为提供给公寓 37%的能量在使用前通常进行储存（夏天储存量为 44%）。储热损失量达到总储存量的 14%。

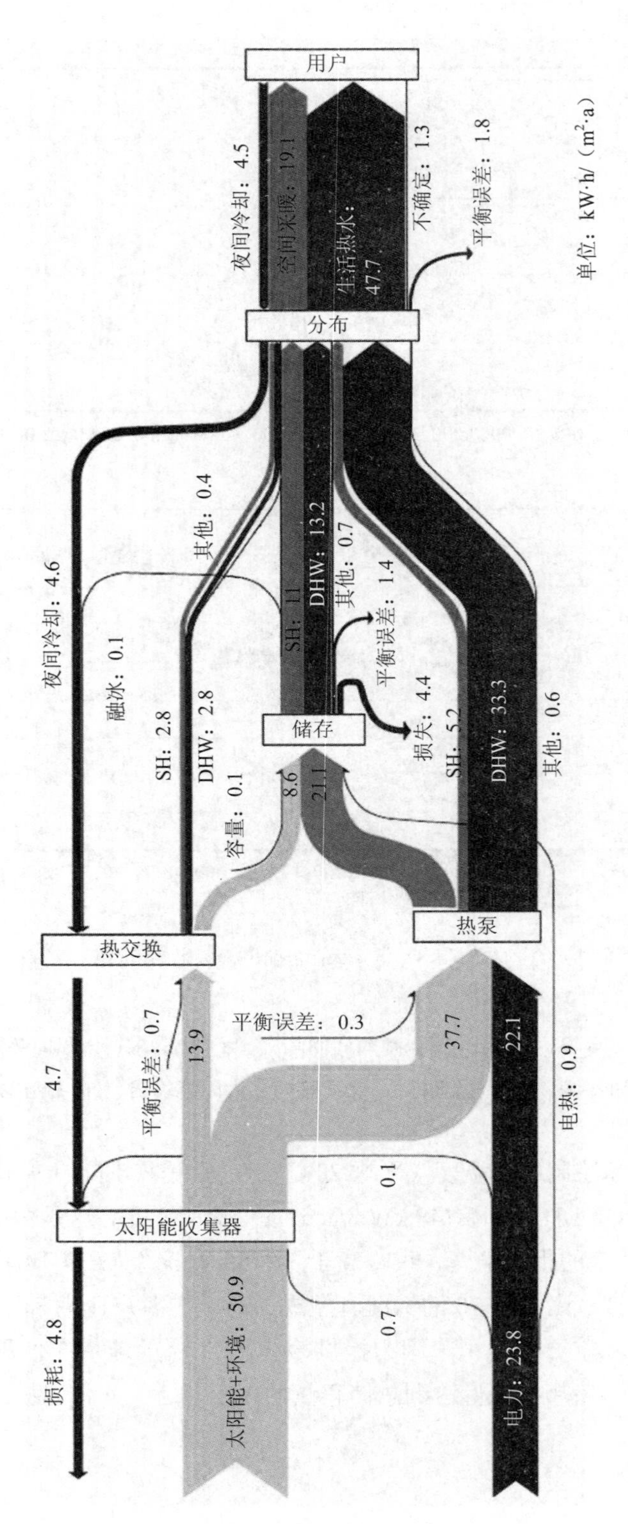

图6.18　2012年被监测街区的桑基图

再生热为总能量输入的 68%，热泵的性能系数为 SPF_{HP}=2.7。请注意，即使在夏天每月 SPF_{HP} 仅略有不同（2.5～3）。事实上，在这期间，热泵只能产生 60℃的 DHW（当太阳能不够时），即在高冷凝温度下。因此，总体 SPF_{SHP} 只占 2.9（在冬季 2.5、夏季 4.4）。对于一种低热量的需求[57 kW·h/（m^2·a）]，总耗电量 24 kW·h/m^2 是一个可接受的值。

参考文献

[1] Miara，M.，Günther，D.，Langner，R.，and Helmling，S.（2014）The outcomes and lessons learned from the wide-scope monitoring campaign of heat pumps in family dwellings in Germany. Proceedings of the 11th IEA Heat Pump Conference，May 12-16，Montréal，Canada.

[2] Loose，A. and Drück，H.（2013）Field test of an advanced solar thermal and heat pump system with solar roof tile collectors and geothermal heat source. Proceedings of the 2nd International Conference on Solar Heating and Cooling for Buildings and Industry （SHC），September 23–25，Freiburg，Germany. Energy Procedia，48，904-913.

[3] Ruschenburg，J.，Palzer，A.，Günther，D.，and Miara，M.（2012） Solare Wärmepumpensysteme in Einfamilienhäusern – Eine modellbasierte Analyse von Feldtestdaten. Proceedings of the 22nd Symposium “Thermische Solarenergie”，May 9–11，Bad Staffelstein，Germany.

[4] Haller，M. and Frank，E.（2012） System-Jahresarbeitszahl größer 4.0 mit Luft-Wasser Wärmepumpe kombiniert mit Solarwärme. Proceedings of 22nd Symposium “Thermische Solarenergie”，May 9-11，Bad Staffelstein，Germany.

[5] Bertram，E.，Glembin，J.，and Rockendorf，G.（2012） Unglazed PVT collectors as additional heat source in heat pump systems with borehole heat exchanger. Proceedings of the 1st International Conference on Solar Heating and Cooling for Buildings and Industry（SHC），July 9–11，San Francisco，CA，USA. Energy Procedia，30，414-423.

[6] Graf，O. and Thissen，B.（2012） Chauffage par pompe à chaleur solaire avec des capteurs sélectifs non vitrés et accumulateur à changement de phase. Final report，programme de recherche：SI/500’481 Swiss Federal Energy Office，Bern，Switzerland.

[7] Fraga，C.，Mermoud，F.，Hollmuller，P.，Pampaloni，E.，and Lachal，B.（2012） Direct coupling solar and heat pump at large scale：experimental feedback from an existing plant. Proceedings of the 1st International Conference on Solar Heating and Cooling for Buildings and Industry（SHC），July 9–11，San Francisco，CA，USA. Energy Procedia，30，590-600.

7　系统模拟

米歇尔·哈勒，丹尼尔·卡博内尔，埃里克·伯特伦，安德里亚斯·海因茨，克里斯·贝尔斯，法比安·奥克斯（Michel Y. Haller，Daniel Carbonell，Erik Bertram，Andreas Heinz，Chris Bales，and Fabian Ochs）

概　要

项目 T44A38 的子任务 C 包括将不同模式的太阳能与热泵（SHP）加热系统于年度系统模拟上做出评估。在不同的气候条件和热负荷下进行系统模拟，结果不能直接进行比较的，主要是因为这些“边界条件”对热泵和太阳能集热器性能有很大的影响。因此，为了完成 T44A38，在欧洲不同的气候条件下，确定了模拟 SHP 系统中常见的一系列边界条件，这些边界条件包括气候、热源、有效热量的传递（7.A 部分）以及性能系数确定程序（第 4 章）。要对不同工作组进行系统模拟的结果进行可靠、可复制性的比较，必须有共享的边界条件。参与 T44A38 的国际协会已给出 12 份关于模拟的报告，报告中显示共享边界条件已经应用在不同的模拟平台，还有 17 份报告中系统模拟使用了其他边界条件。大量的模拟结果可以衍生出关于研究的系统模式的一般性结论。根据模拟结果可得到这样的结论：并联式空气源 SHP 系统可达到地源热泵的效率；并联式地源 SHP 系统性能最高。在许多模拟研究中，利用太阳能提供生活热水和空间采暖，系统的季节性能系数（SPF）增加了 1～2。串联式 SHP 系统实现了与结合空气源热泵或者地源热泵的并联式 SHP 系统类似的性能。只有太阳能集热器或吸收器作为热源的系统，可以像空气源 SHP 系统一样运行。单孔地面再生器若地埋管不是特别小时，是不可以提高系统性能的。在热泵与组合蓄热设备相结合时，蓄热分层效率和适当的液压集成控制对性能有很大的影响。

7.1　并联式太阳能和热泵系统

到目前为止，太阳能和热泵系统最简单、最常用的就是单纯的并联模式。在这些系统中，太阳能集热器和热泵均可直接提供达到某一温度水平的热量，或经储存达到可利用的温度。不同模式可能出现的能量流如图 7.1 所示，其中（a）系统中太阳能用于提供生活热水（DHW）和空间采暖，（b）系统中的太阳能只用于提供 DHW。

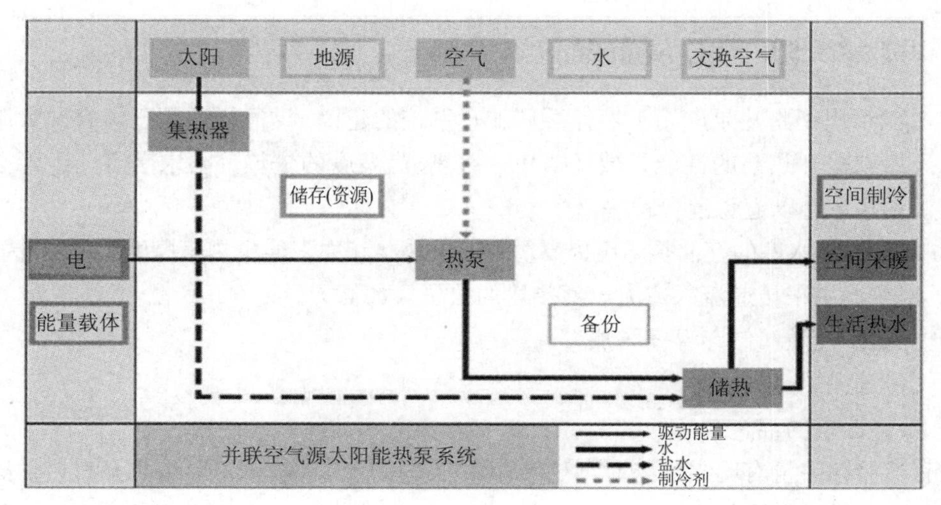

（a）

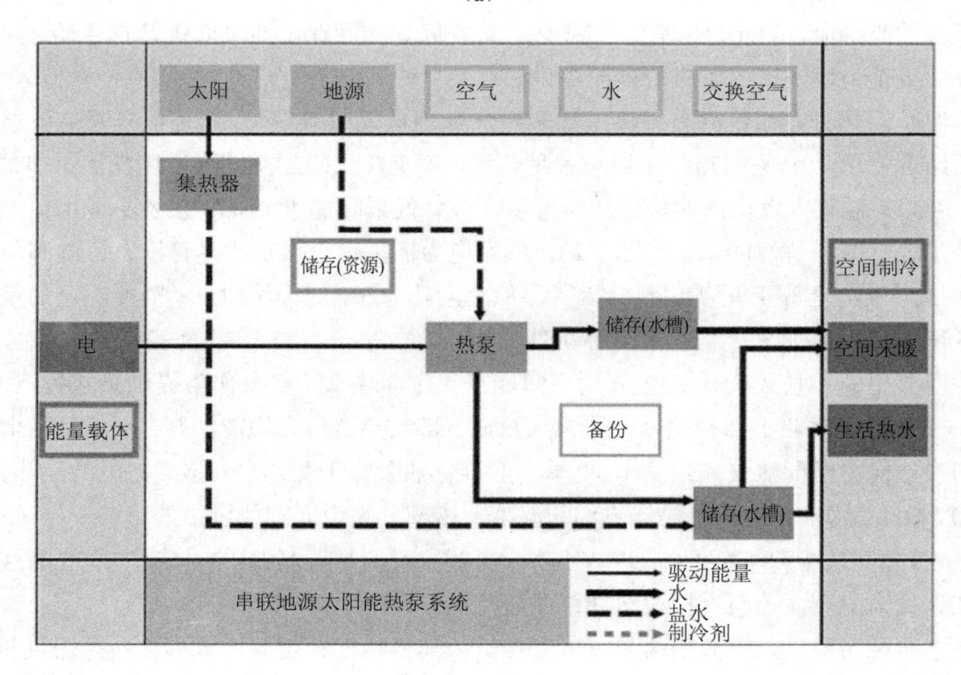

（b）

图 7.1 并联空气源（a）和地面源（b）SHP 系统的能量流图

注：（a）太阳能用于提供生活热水和空间采暖；（b）太阳能仅用于提供生活热水。

很容易认为这种并联模式很简单，较之太阳能集热器与燃油或燃气锅炉的组合没有太大的不同。然而，这并不是实例！大量来自现场和实验室测量的数据以及 T44A38 中模拟数据显示，这些系统之间存在根本性差异。特别是，并联式系统的设计需要考虑热泵对热沉温度升高以及泵控制的高质量流率的敏感性，这在太阳能蓄热罐中并不常见（见 3.5 节）。

7.1.1 并联式太阳能和热泵系统的最佳实例

文献[1]给出了将热泵应用于液体循环加热系统的建议，这同样适用于组合式太阳能热泵系统。特别是，热泵的性能系数（COP）对热沉①温度的依赖，要求所有的组件必须进行合理规划和设计以避免混合程序。②

一般来说，储水库的存储热温度提高需要通过热泵和太阳能集热器提供热量，原因如下：

— 换热器用来传递流入或流出蓄热器的热量（如需）；

— 存储的性质（储存温度增加）；

— 蓄热器的热损失；

— 蓄热器中的混合效应。

只有当储存热量有明显优势时，热储存才会被应用。一般来说，由热泵直接供给空间热分布所需热量是可取的。但同时必须避免频繁地开/关回路中热泵压缩机，这是为了实现这些组件的高寿命。为此，通常为了减少开/关空间加热回路中热泵而进行热存储。热存储的第二动机是为以防电力供应暂停而提供必要的供热，它具有广泛性以及经济性。

低温空间热分布系统具有很高的热容量（如地板采暖系统），系统中应避免恒温阀与热泵的结合使用。开/关的热泵循环频率足够低，甚至在空间加热回路不用使用蓄热器。然而，恒温阀控制输入室内的热量，从而可以有效降低采暖需求。SHP 系统不采用恒温阀可能会产生较高的季节性能系数（图 7.2），然而电力需求也会增加。尽管没有恒温阀导致系统 SPF 的增加，但是其所需电量会因更多的空间热分布需求而增加。③需要注意的是，较高的 SPF 系数并不是系统优化的目标条件。

两个典型的并联式 SHP 的模式用太阳能提供生活热水，热泵作为提供热水备用设施：

— DHW 储水箱上部换热器用热泵加热，下部换热器用太阳能加热。要注意：上部换热器的换热能力匹配热泵加热功率，夏季一般推荐热泵每千瓦热量对应 0.4 m^2 的换热器（即在 A20W50），这不会提高换热器下部的温度，该部分是由太阳能供热的。

— 缓冲蓄热器和一个外部 DHW 模块。需要注意的是控制 DHW 模型实现低的回流温度。在这种情况下，热泵直接对缓冲蓄热器供热。

在这两种情况下，太阳的热量可以直接给内部换热器、覆盖槽或外部换热器供热。

---

① 见 3.2 节的热泵。

② 见 3.5.2 节的炯效率和蓄热分层。

③ 换句话说，虽然现场测试显示没有恒温阀的系统有较高的 SPF，但这并不代表与有恒温阀的系统相比，其更能有效节省电量以及有更好的能量性能。

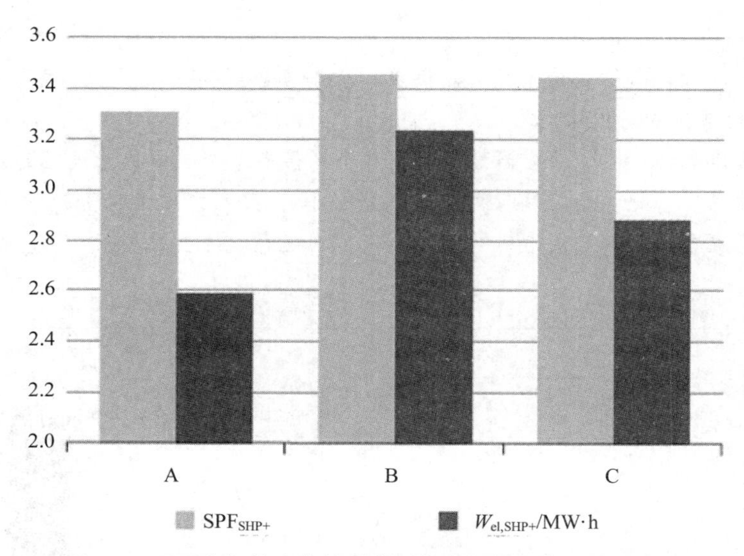

图 7.2 不同空间热分布控制类型的太阳能组合系统的性能

注：(A) 有恒温阀、(B) 没有恒温阀、(C) 没有恒温阀以及热曲线降低到最小值以达到最低的空间温度需求；基于对单区域建筑的 TRNSYS 模拟。由于空间采暖消耗较多的热导致 B 和 C 电力消耗较多。

系统使用太阳能提供热水和空间加热，可以使用两个单独的储罐——一个用来提供 DHW、一个用来为空间加热——或使用一个组合储热罐。第一个解决方案在 DHW 和空间加热温度上有明确的层次分离优势。另一方面组合罐只有一个存储库，热量必须从太阳能回路转移。① 降低了太阳能系统的复杂性与要安装的组件的数量，提供了一个更好的比表面积，从而减少热损失。然而，低温采暖系统的分层效率、热泵与太阳能组合储罐的结合与控制对系统效率至关重要。过度混合的存储单元以及不能对热泵进行很好的控制可能导致每年电量增加 50%[2]。主要的原因是在 DHW 系统中热泵提供的热量（用于 DHW 区的混合蓄热器供热）与流体以较低的温度混合，然后代替 DHW 用于空间加热。如果是这样的情况下，相对于空间加热，DHW 模式中热泵在较低的 COP 系数下被迫提供过量热量。

专栏 7-1 热泵与太阳能组合蓄热器结合的建议（基于文献[2,3]；参见图 7.3）

1. 用于锅炉控制的 DHW 传感器必须放置在蓄热空间加热区域的安全距离范围内：
a. 距离是系统特定的（这取决于存储分层能力）。
b. 作为一个猜测，建议最小距离为 30 cm。
2. 在 DHW 模式中从蓄热器到热泵的回路必须放在蓄热空间加热区之上。

① 见图 3.7：来自组合蓄热器的 DHW 储备。

3. 直接存储入口必须设计为高流量供热，从而不会影响分层蓄热温度，制造商应对不打扰分层的最大流速进行申报。①

4. 由热泵供热的 DHW 区应该被限制在一个（最多两个）口，时间不超过一天 2 个小时。最大利益前提下，此口的最佳时间是 16: 00—20: 00[4]或者在低电价时段实现经济优化。

5. 当热泵在空间加热模式运行时，有利于循环热泵绕开蓄热器。

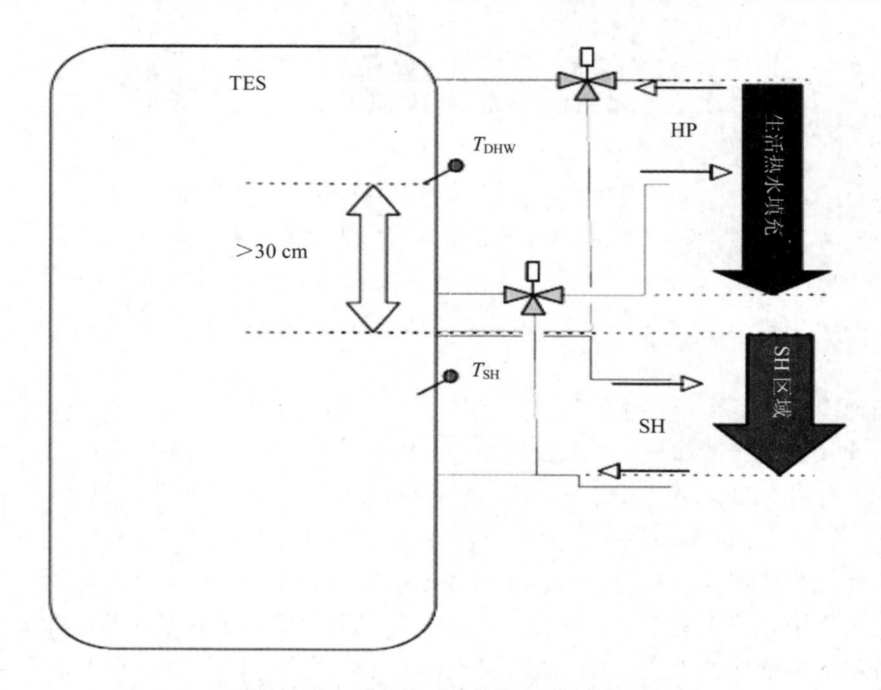

图 7.3 热泵和组合蓄热器相结合系统的液体循环介绍

注：太阳能和 DHW 结合并没有显示。

7.1.2 并联式太阳能和热泵系统的性能

在提供生活热水或者为空间加热时，如果并联式系统中加入太阳能集热板，整体系统的季节性性能系数（SPF_{SHP+}）明显增加。这样做是因为太阳能集热器（COP_{SC} 为 40～300）比热泵（COP_{HP} 为 2～6）有更高的性能系数（传送热量与电消耗量的比值）。

SPF_{SHP} 增长很大程度上依赖于热负荷（总热量需求、DHW 份额、空间热量）以及太阳能资源（气候、集热器面积和方向）。在欧洲中部气候以及低太阳指数条件下，一个典

① 见图 3.11：组合蓄热器 CFD 模拟结果。

型的单户住宅中每平方米集热器的 SPF 为 0.1。从投资者的角度来看，最相关的是整体系统是否省电。虽然集热器产热量通常在 400（组合系统）～600 kW·h/m^2（DHW）范围内，但因为热泵提供热量的 SPF 系数在 2.5～5 范围内，并不能达到很好的省电目的。图 7.4 表明：集热器集热能力在 250～600 kW·h/（m^2·a）范围内，节省的电费仅在 60～140 kW·h$_{el}$/m^2 的范围内，大约低 4 倍。

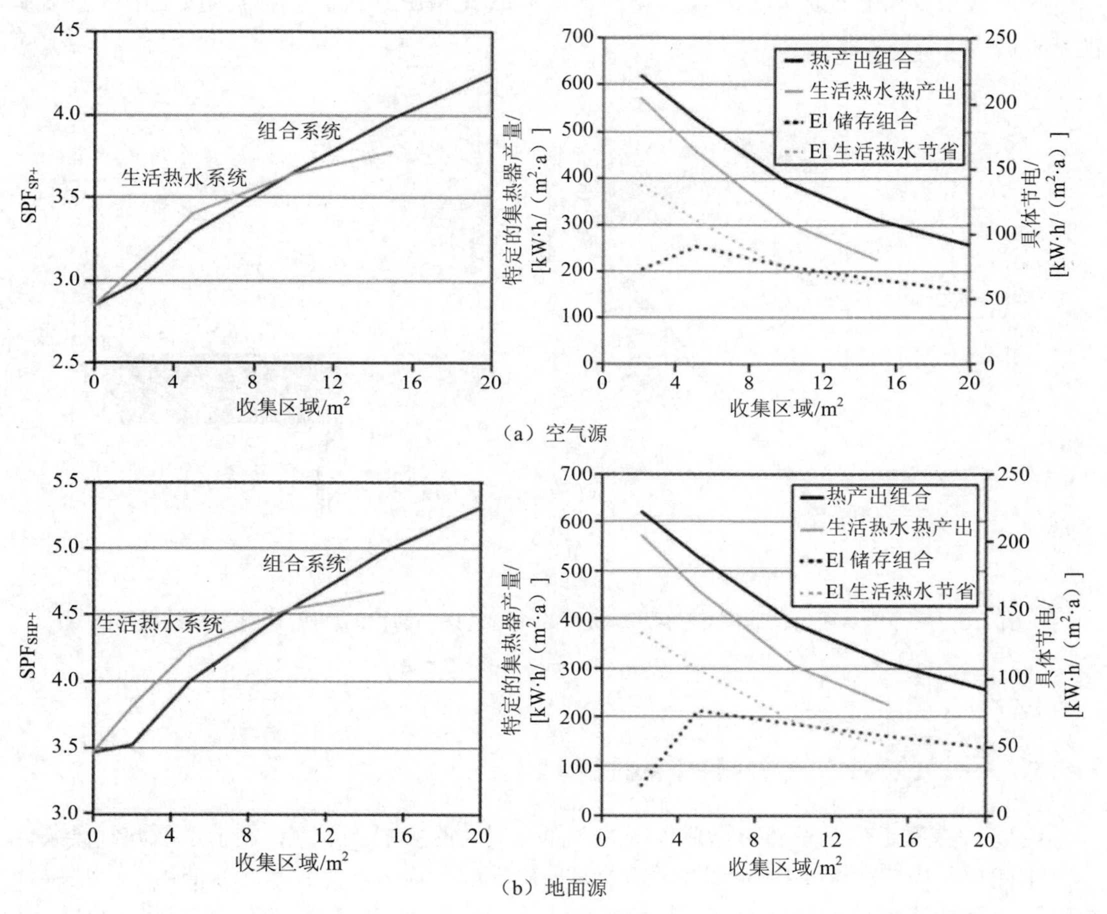

图 7.4 空气源（a）和地面源（b）SHP 系统的性能，太阳能系统仅用于提供 DHW 或者用于组合蓄热器；电力节省以及 SPF$_{SHP+}$与集热器面积的关系

燃料燃烧装置结合集热系统的一般规则是，热量需求的温度升高，集热板和节省燃料的产量反而降低。相反，在热泵系统中，热量需求的温度升高对热泵 COP 降低的影响比对集热器效率的影响大，因此与“热泵”系统相比电量节省也随着热需求温度增长而增加。

在空气源热泵的 SHP 系统中，随着太阳能组合系统集热器面积的增加，泵本身的 SPF 值会减小。在这种情况下，太阳能取代热泵供暖主要是在过渡时期热泵 COP 较高时（在阳光明媚时，需要较高的环境空气温度和较低的空间热温度）。太阳能生活热水系统正好相反。这是由热泵缺少 DHW 储存决定的。因此，热泵的 SPF 越来越以 COP 更高的采暖模式主导，所说的 SPF 是 DHW 模式和空间采暖模式下相结合的值。

因此，虽然集热率通常是太阳能组合系统高于太阳能 DHW 系统（对于一个给定的集热器面积），但电量节省量仍然很低，除非集热器面积达到要求（图 7.4 中面积约 10 m^2）。

一个典型的带有地源热泵和组合蓄热器的并联式 SHP 系统的能量流动如图 7.5 的桑基图（Sankey diagram）所示。

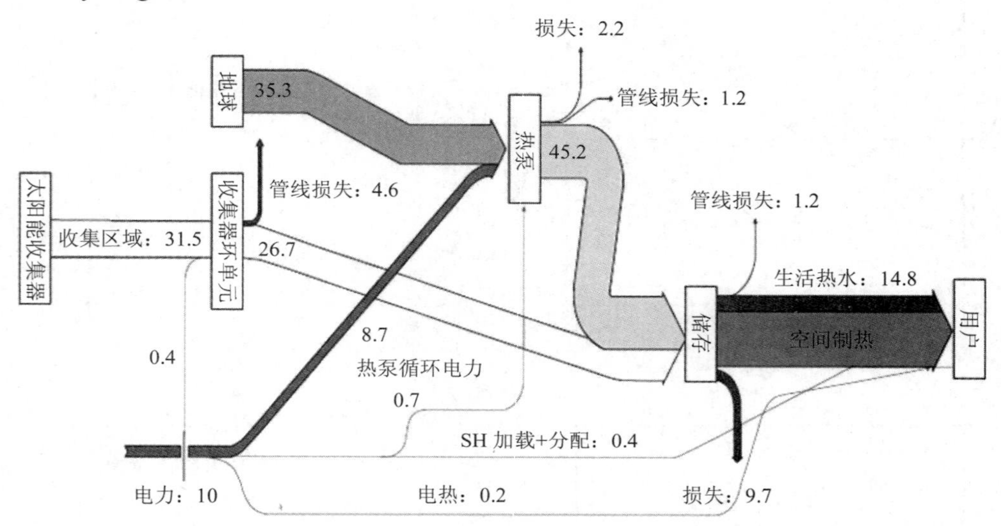

图 7.5　用于提供斯特拉斯堡 SFH45 热负荷的 15 m^2 集热面积的地源 SHP 系统的桑基图

注：所有值的单位为 kW·h/（m^2·a）；面积指加热地板面积。

7.1.3　不同气候和热负荷条件下的性能

气候和热负荷对太阳能和热泵系统的性能有很大的影响。图 7.6 显示了不同气候条件下、不同集热面积的太阳能热泵系统的季节性性能因素（SPF_{SHP}）及节省的电力。① 描述了性能系数和特定的集热器面积与热需求比值（即平方米面积集热器/每兆瓦的热量需求）的关系。总热负荷南斯为 7 300 kW·h/a、达沃斯 16 000 kW·h/a，集热器面积为 2～40 m^2。

根据气候和集热面积，地源热泵系统 SPF_{SHP} 为 4～12，空气源热泵系统 SPF_{SHP} 为 3～8。地源系统比空气源系统的 SPF_{SHP} 相对较高，空气源系统更省电。这是由于没有太阳能集热器的空气源热泵系统的耗电量高于地源热泵系统。

图 7.7 显示不同作者用不同的模拟工具得到的结果，模拟对象为太阳能生活热水系统（浅）和太阳能组合系统（深）。图中显示，小型多户房屋的生活热水系统可以有相当大的

① 基于卡博奈尔等人对空气源和地面源系统的模拟结果。

电能节省（大于 180 kW·h/m²）。

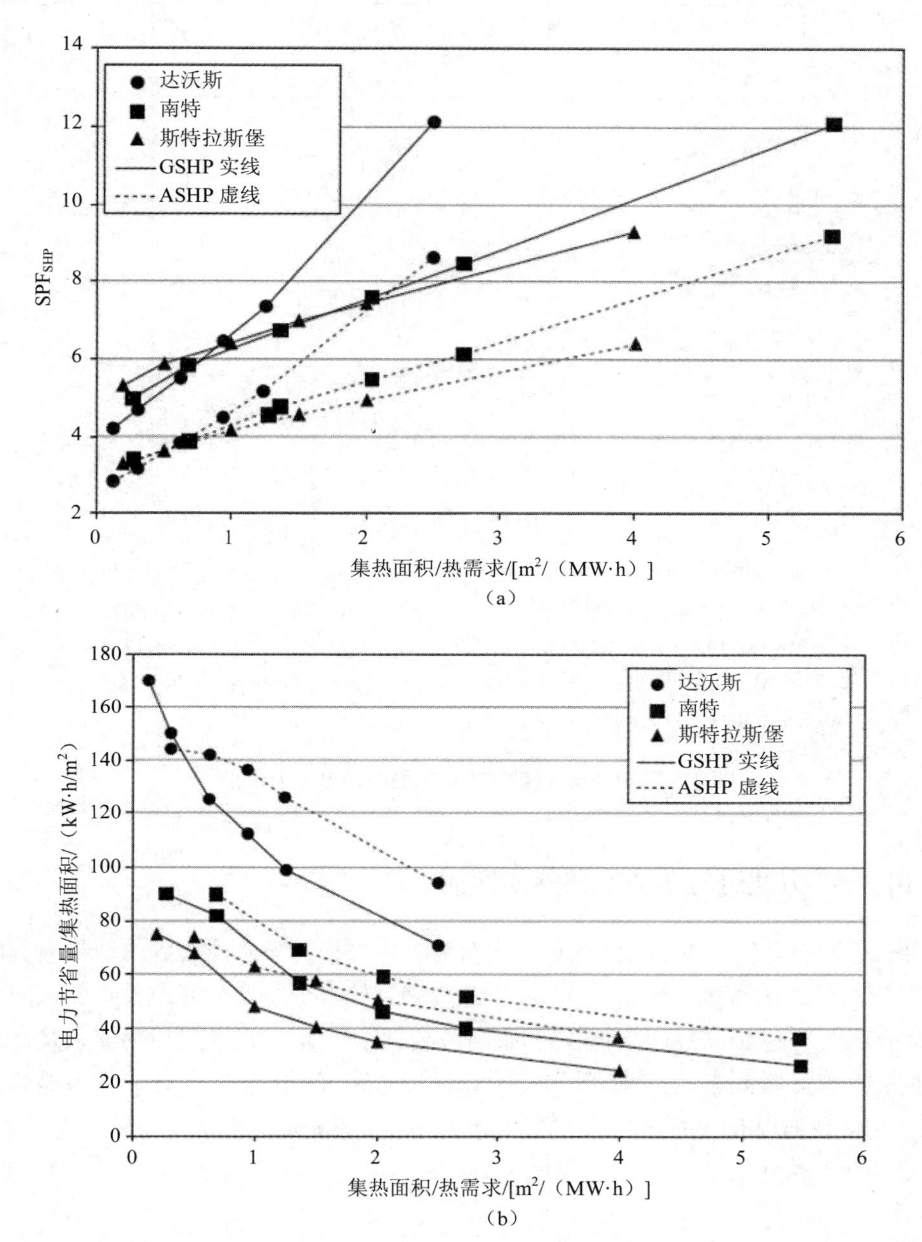

图 7.6 地面源和空气源 SHP 系统在不同气候、不同集热面积（2 m²、5 m²、10 m²、15 m²、20 m²）条件下的 SPF_{SHP} 和每单位电力节省量的集热面积

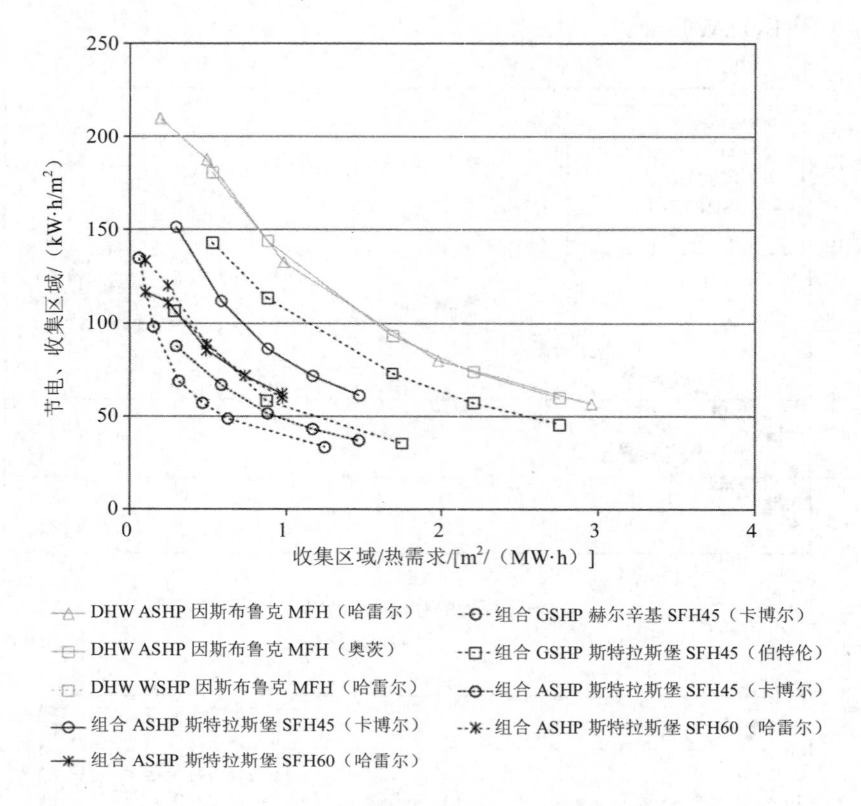

图 7.7 不同的特定需求集热面积的电力节省量

7.1.4 用 FSC 方法进行节能率和性能评估

前面的章节中提到，特定的气候和热负荷对一定面积的集热器达到的节能率影响是非常大的。在 IEA SHC 任务 26 中，FSC① 方法用来估计一个特定类型或设计的太阳能加热系统的节能率 f_{sav}，基于每月太阳辐射和热负荷数据[6,7]。这一概念背后的想法是，对于一个给定的太阳能集热系统，f_{sav} 等于 $Q_{solar,usable}$（集热区可用的辐射）除以参考能量需求。对 SHP 系统，我们以有效的热传递为基础定义这个参考能量需求。

$$Q_{tot}=Q_{SH}+Q_{DHW}\ ②$$

$$\mathrm{FSC}=\frac{Q_{solar,usable}}{Q_{tot}} \tag{7.1}$$

对于 $Q_{solar,usable}$（可用的太阳能）：每个月可用太阳能不能大于能源的月需求：

① FSC 即可用的太阳能与总能量需求的比值。

② 没有太阳能集热器的参考系统把燃料消耗当作总的热量需求。然而对于 SHP 系统，把热泵最终电力消耗当作总热量需求是不合理的，因此用 DHW 和空间采暖的热需求当作总热量需求。

$$Q_{solar,usable}=\sum_{1}^{12}\left(Q_{tot,r},Q_{solar,r}\right) \tag{7.2}$$

式中，Q_{tot} 是全年总的热需求（kW·h），$Q_{tot,i}$ 是每个月的热需求，$Q_{solar,i}$ 是每个月集热器上的太阳能辐射量。图 7.8 显示了来自参考文献[5]在各种气候和热负荷下的部分电力节省数据，在之前的章节中给出。集热面积为 2～40 m^2。通过所有对 FSC<1 的数据进行多项式拟合得到了 FSC 的相关性：

$$f_{sav}=a\times FSC^2+b\times FSC \tag{7.3}$$

参考文献[5]模拟结果的分析表明，删除 SFH15 的模拟数据和低能源需求有显著相关性。①

图 7.9 显示了对于特定的空气源和特定的地面源 SHP 系统结果的相关性。必须指出的是，获得的相关性低于以天然气燃烧器为备份的太阳能组合系统，R^2=0.99 已在文献[7]中呈现。其中一个原因可能是热泵的性能不仅取决于每月的用热需求，而且还与热分配的温度、DHW 占热负荷的份额及环境温度有关。因此，热负荷的特性对热泵的影响远远超过了对燃油锅炉的影响，超过了每个月的总热量需求对热泵的影响。必须牢记的是，图 7.9 中显示的数据是针对某一种特定的系统，不同的 SHP 系统结果可能完全不同。

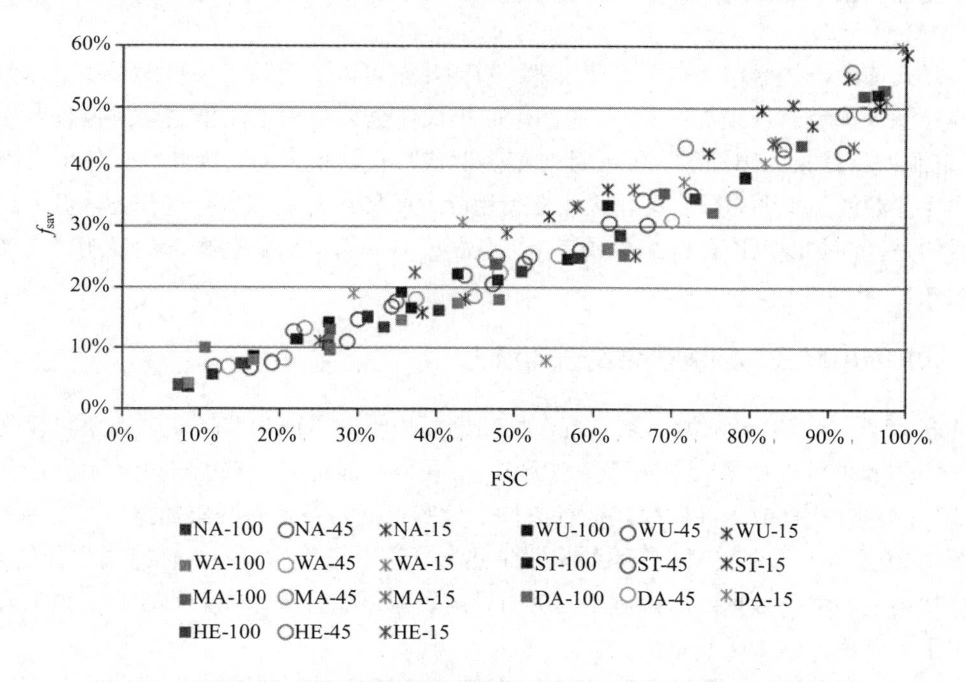

图 7.8 不同气候、不同热负荷条件下地源 SHP 系统 f_{sav} 与 FSC 的关系

① 对于地面源系统 R^2 从 0.93 增加到 0.97，空气源系统 R^2 从 0.97 增加到 0.98。

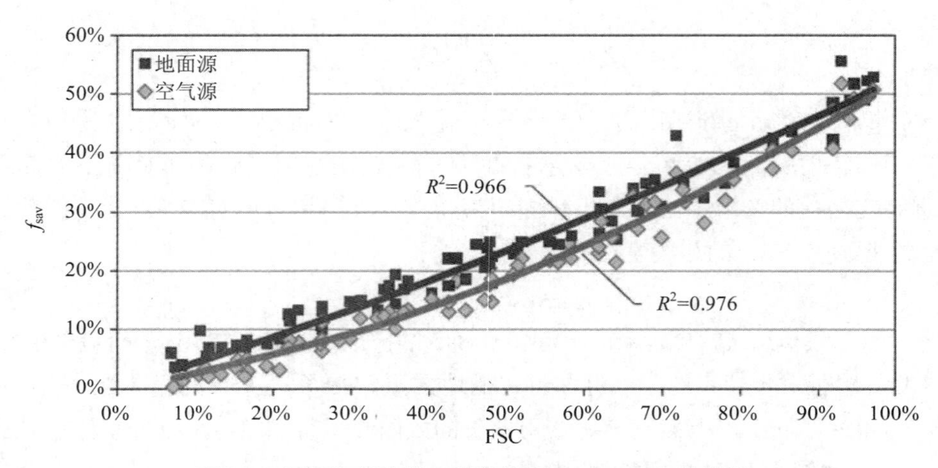

图 7.9 不同气候和热负荷条件下 f_{sav} 与 FSC 的关系

7.2 串联和双源式

串联式使用集热器作为热泵的蒸发器。双源热泵可以使用除了来自太阳能集热器热源外的其他源（如空气或地面）。单一源的串联模式完全采用太阳能集热器或吸收器作为热源。“单源”不是指太阳辐射，而是针对集热器或吸收器来说的。因此，只使用太阳能吸收器作为热源的是单源系统，即使吸收器使用除太阳辐射外的环境空气作为热源。这些模式的目的是提高热源温度，或减少或完全取代另一种热源。对这些概念的说明，读者可以参考图 7.12 至图 7.14。

7.2.1 并联/串联式与双源热泵结合的潜力

并联/串联（P/S）与双源热泵系统，集热器可用于并联或串联模式，热泵可以使用集热器作为热源也可以使用其他热源（双源）。串联集热器可能是额外的——不降低并联模式下的加热温度——或当并联模式运行条件下效率很低时替代并联集热器。

图 7.10 显示了一个双源 P/S 系统串联集热器理论上可用的太阳能辐射的估计结果。基于斯特拉斯堡的气候数据：向南倾斜 30°的导向表面每小时全球辐射值，利用以下假设计算可用于串联模式的太阳热量：

— 带有选择性涂层的典型玻璃平板集热器的集热效率数据；

— 集热器入口温度为 30℃；

— 集热器质量流量为 15 kg/（m^2·h）；

— 假设直接利用太阳能，当集热器温度升达 ΔT>4 K 时考虑上述假设；

— 并联式不可用或者并联式不能满足所需热负荷，即 9 月到 4 月，可以考虑串联模式。

每月的结果在图 7.10（a）中显示。所使用的假设，串联可用的太阳能辐射约为太阳照射到集热器表面总量的 9%。图 7.10（b）显示的是在 4 种不同的气候和不同的集热器入口温度下，串联模式可用的总辐射的百分比。在并联模式下随着集热器入口温度的升高，集热器的效率降低，并联模式下可用太阳辐射也降低。因此，额外的串联模式的使用潜力在增长。

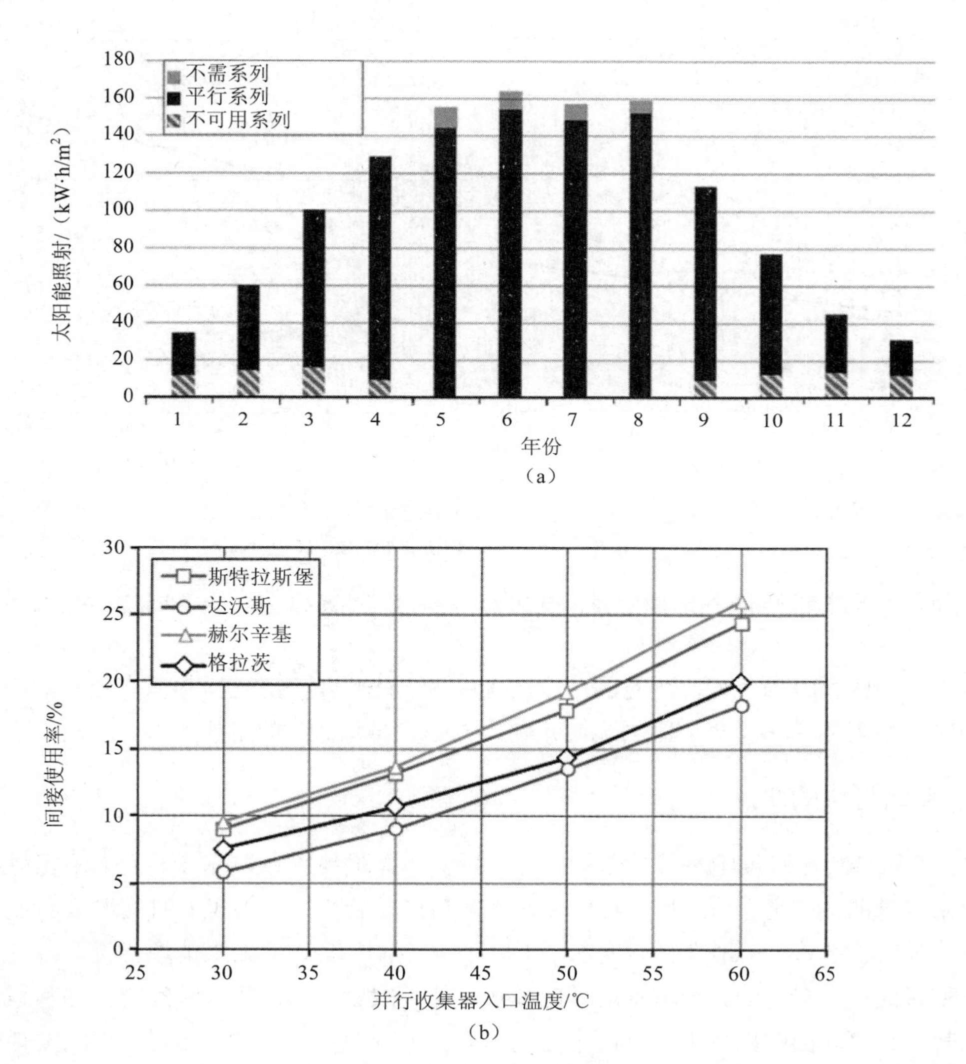

图 7.10 （a）斯特拉斯堡 30° 倾斜面集热器直接或间接可利用的太阳辐射，集热器入口温度为 30℃；（b）4 种不同气候和集热器入口温度条件下，30°倾斜表面集热器可利用太阳能辐射百分比

根据不同气候下每年的系统模拟结果，其他串联集热器利用和用串联模式替代并联的潜力在参考文献[8]中进行了分析。图 7.11 通过比较蒸发器所需总热量的百分比，显示了利用太阳能集热器代替双热源作为热泵蒸发器的高限。在本书的分析中，下列情况下太阳能可作为热泵蒸发器：

a）不可能直接利用太阳热，但有作为热泵蒸发器的需求，使用太阳能热与使用双热源相比它可以使热泵 COP 增加；这些值显示为“额外的运行时的潜力”；

b）太阳能热通常会被直接使用，但它作为热泵的蒸发器会提升系统整体 COP；这些值显示为“转换潜力”。

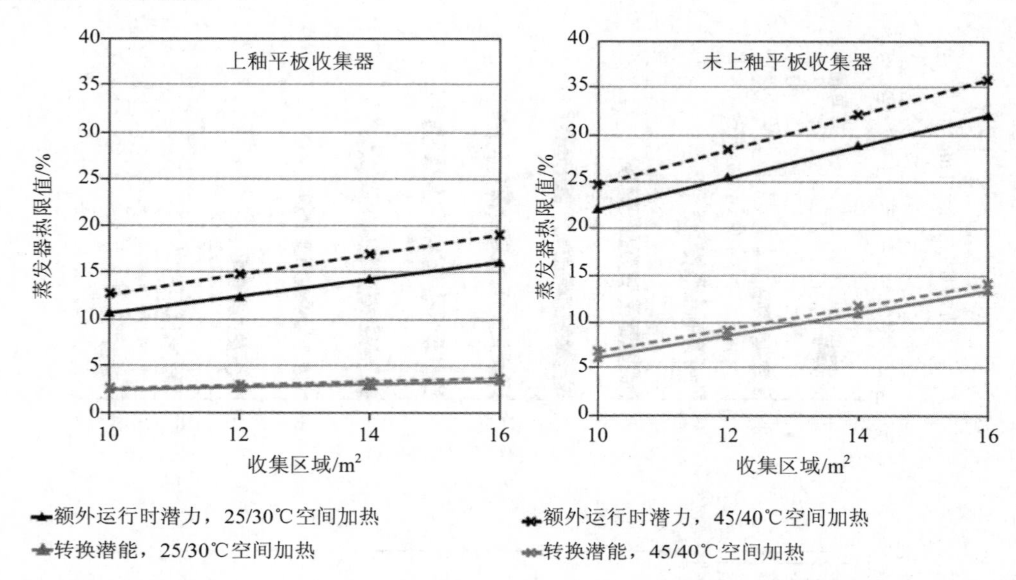

图 7.11 将太阳能热用于热泵蒸发器的理论限制，有利于提高系统性能，考虑到蒸发器热需求

对于调查的系统的类型，额外的串联式比用太阳能热作为蒸发器热源有更好的潜力，与此同时，太阳能热作为蒸发器热源在并联式中可能会有更高的集热效率。

7.2.2 地面再生的概念

带有 80～300 m 深度地埋管的蓄热器再生所需热量最终来自地球表面的太阳辐射或者来自内部地球的地热通量[9]。从垂直地埋管连续热提取会耗损几十年的时间形成的地表框架。随着时间的推移，单地埋管温度水平下降很小（约 1 K），但如果地埋管没有合适尺寸或没有积极回充热量，较大地埋管的效应叠加可能是戏剧性的。随着时间的推移和地面热量的消耗，来自表面的部分再生热比来自地球内部的变得更加重要和主导。地面损耗的影响并没有因地产边界停下来，因此在住宅区适合使用相邻的地埋管换热器。将并联式太阳能热应用于地源热泵，会减少使用从地下开采出来的热量，从而降低几十年的地面的热消耗量。此外，夏季来自太阳能集热器的余热或者来自盖板或无盖板集热器的低温热，可以使地热很好地再生。为了达到这一目的提出了不同的模式，模式中利用无盖板的集热器或盖板集热器（图 7.12）。

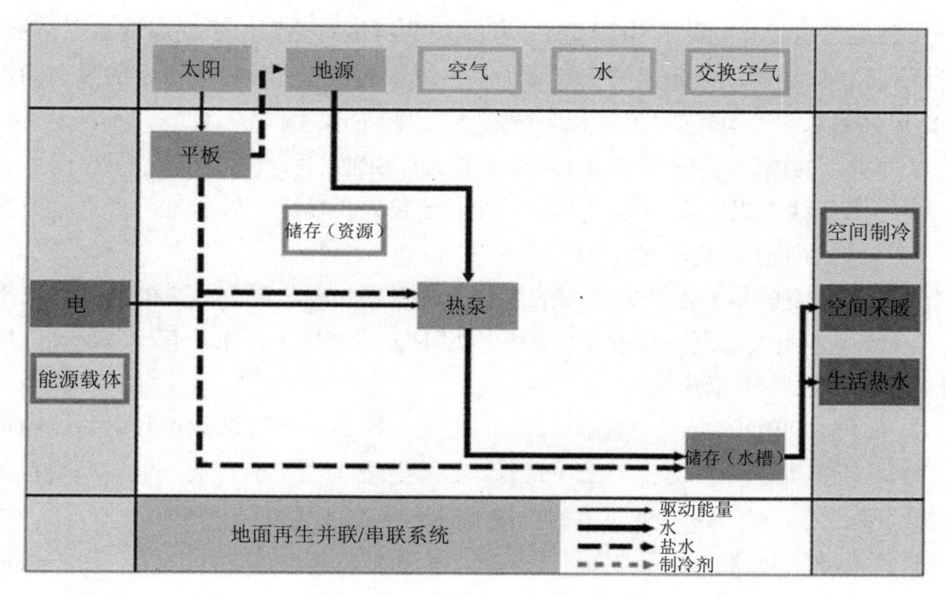

（a）

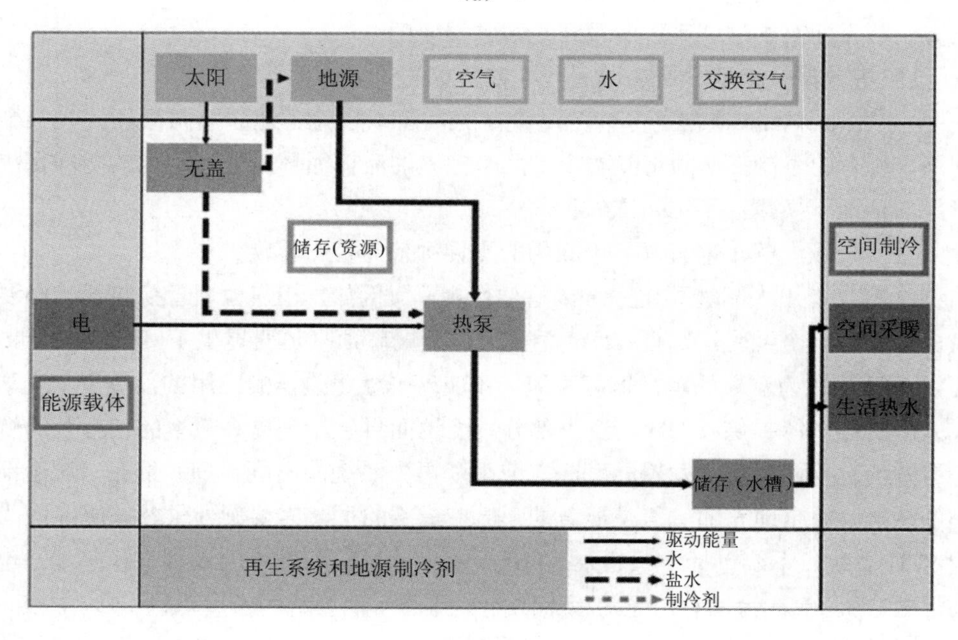

（b）

图 7.12 并联/串联与再生双源系统（a）和串联与再生系统（b）的能量流图

研究地消耗和再生效果的首选方法是通过模型模拟，而并不是仅通过测量来进行校准。[①] 基于现有文献中地面再生系统的模拟，以下建议可以考虑：

① 由于缺少重复性以及涉及时间框架，案例中的测量并不理想。

— 如果地埋管尺寸适当（不可过短），单地埋管再生对热源的长期温度水平影响不大。在这种情况下，集热器或吸收器的安装对于单地埋管的再生并没有经济上的吸引力，更多的是通过提高热泵的 COP 从而节省耗电量[10]。

— 较小的① 地埋管再生可能有助于改善系统的 SPF[11,12]。

— 多年来连续热提取而不考虑再生，可能导致大孔耗尽，低至某一个点就不能作为热源了。在这种情况下，再生是必不可少的。

— 首先来自盖板和无盖板集热器的热量应该直接使用，只有多余的热量（夏季）或低温用热（当冬季不能达到直接使用的加热温度时）应该用于再生。有一些证据表明，这个规则甚至适用于 PVT 集热器。

— 为了不减少用于再生的热量，从地面再生转换到集热器直接热利用的控制策略必须精心选择。一旦集热器在再生模式下运行，该集热器的温度会持续很低，即使在不被地面冷面热沉吸热的情况下，它可能达到直接加热所需的温度。

— 只有高效集热器泵适合地面再生系统。在较低的温度水平下，运行压力损失必须仔细评估。应牢记阅读较早的报告和论文，可发现泵的效率远不如今天。

还有一些方面对于这些系统的设计是非常重要的：

— 高温进入聚合地埋管换热器可能导致严重的伤害，必须避免。

— 集热器霜冻保护通常是专为低温设计的，而不是为了地面热源循环。在一个联合流体回路，所有的限制都必须得到尊重，两个独立的流体循环应使用不同的防冻保护（或如果可能的话地下换热器不用防冻保护）。

除了这些一般注解，来自以下出版物的更详细信息值得呈现。

伯特伦等[12]指出太阳能再生系统的稳健性提高。例如，相邻地埋管换热器的必要距离可以减少。作为一个经验法则，1.2 m^2 无盖板的金属屋顶吸热器提供 1 MW·h 热需求。

柯吉森等[11]认为瑞典的单户家庭系统，在玻璃平板集热器的应用的前提下，夏季使用并联式太阳能热系统提供 DHW、冬季部分用于地面再生，是提高效率的最有效的解决方案。在这种情况下，冬季蒸发器温度比在纯串联再生系统的温度要高。然而，对于地埋管深度小的情况，完全地充的优势是显著的，但在最冷的季节需要额外供热。伯特伦[10]模拟了不同 SFH 系统，系统包括地源热泵、110 m 深度地埋管和改进的地埋管换热器（也有短期的惯性效应）。他认为，利用无盖板太阳能集热器，地埋管的长度可以减少约 20%，并且不严重影响 SPF_{SHP+}。在温暖的月份，通过增加太阳能集热器面积来减少地埋管长度可进一步减少热需求，在寒冷的冬季里电力需求增加，电备份加热越来越多地被使用。

奥克斯等② 模拟不同的地埋管换热器类型（垂直、水平、basket 篮子和建筑地下室结合/围绕管道）与太阳能热泵系统的结合。太阳能热量用于提供热水和供暖季节地面的再生。

① 与年热负荷相比过小。
② 2014 年发表于在蒙特利尔举行的热泵进程会议出版物上。

需要注意的是，尽管部分太阳能热用于地再生，但这并没有降低太阳能对生活热水制备的贡献率。电动备份是用于热水的制备。考虑到只有 DHW 的制备和再生的用途，用了非常大的集热面积 10～30 m^2。得出的结论是，再生没有显著改善系统的性能，以一个平的地下换热器集成到建筑结构的地下室的情况除外。在这种情况下，太阳能再生有助于减少额外的空间加热，是因为建筑地下室的热损失是由热泵排热造成的。

基于中欧现场监测数据的校准，每年的无盖板集热器产生的对地面再生系统冷凝作用的影响已在文献[13]中给出。虽然冬季冷凝对 30%集热器有影响，但只有 4%的年度集热器对冷凝有贡献，可以忽视年度模拟中冷凝对系统 SPF 的影响（差＜0.02）。

一种有趣的地面再生系统模式目前正在瑞士研究，地埋管深度达到 300～500 m，其中前 100～150 m 是绝缘的[14]。据称，这种地埋管需要一个新的同轴地热换热器，提高向下和向上流动的流体之间的热阻，以提供 18℃的源温度。地埋管再生热来自 PVT 集热器。这些发展的结合，使得当用提到的热源温度产生 30℃空间热时，新的低温提升热泵有望达到 COP＞10 的水平[15]。

7.2.3 其他串联模式：双源或单源

许多串联模式包括冷端热蓄热器以适应太阳辐射波动。这种存储可以是蓄冰器，在从水到冰放热的相变过程，为热泵提供热量，而蓄热器得到再生，即由太阳能热使冰融化。同时装满了水和乙二醇防冻剂的混合物（乙二醇存储）的储罐可作为冷端存储。乙二醇存储的优势是不需要换热器，因为乙二醇已经用于集热循环过程并且作为热泵热源。此外，乙二醇与水相比是额外费用，0℃范围的存储容量远低于水/冰的相变焓，乙二醇存储同样量的热量需要更大的蓄热器。典型的串联系统的能量流程图如图 7.13 所示。

对于用于空间采暖和生活热水加热的（覆盖）太阳能热泵系统，弗里曼等首次系统地分析了不同的模式[16]。在这项研究中，在美国的 3 种不同的气候下，用 TRNSYS 对 3 种模式（并联式、P/S 双热源和 P/S 单源）进行了模拟，模拟得出了并联模式的热性能始终优于其他两种模式的结论。从理论的角度来看这是令人惊讶的，因为双源系统的理想控制器需要切换到串联运行模式，只有这样才能实现更高的性能。因此，P/S 双源系统应至少与并联系统性能一样。30 多年过去了，在这期间热泵和太阳能集热器已经成为了欧洲住宅采暖应用的标准组件，其性能远比 20 世纪 70 年代好得多。

西吉特等[17]研究了瑞士 3 种不同气候下不同串联和并联/串联模式。在这项研究中，表现最好的是带有玻璃平板集热器的系统，其热量主要用于与其并联的热泵。而将太阳能集热器与热泵并联结合使得 SPF_{SHP} 提高了 0.5，额外的串联加热器使得 SPF 提高了 0.1。比较两个具有相同的集热器面积的系统，一个是具有冷端存储的 P/S 系统，另一个是并联模式下只提供生活热水的系统，第一个系统集热器面积≥30 m^2 时性能更好。在这些系统中，用无盖板的选择性集热器代替玻璃平板集热器，比使用盖板集热器更有效率，尽管相同集热面积集热器的 SPF_{SHP} 较低。对无盖板和盖板的集热器控制策略是相同的。所以，没有具体的控制策略使得无集热器盖板更好地利用周围空气的热量。对冷端存储大小的影响随着集热器面积增大而增加。

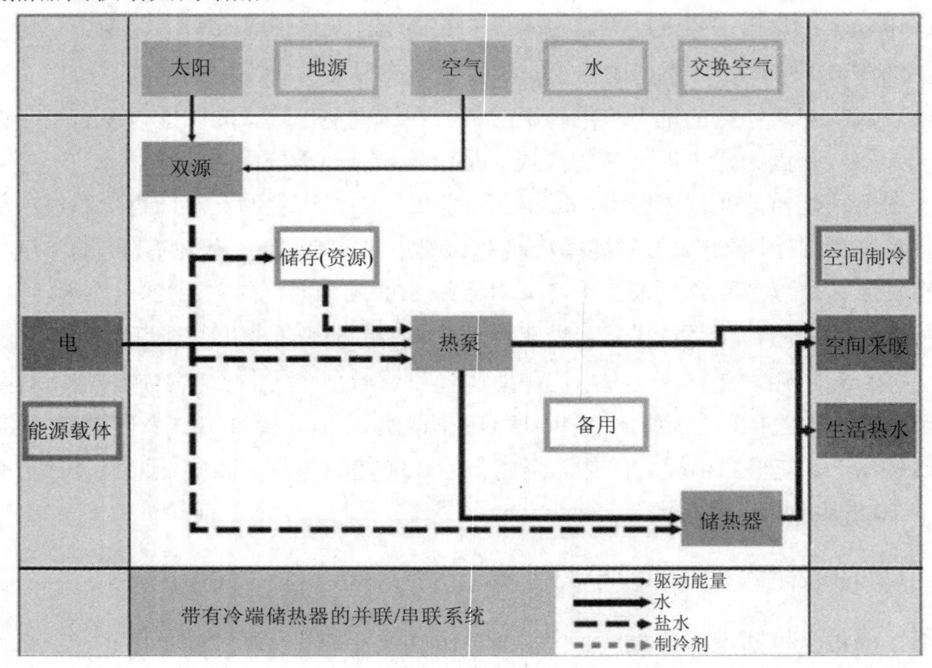

(a)

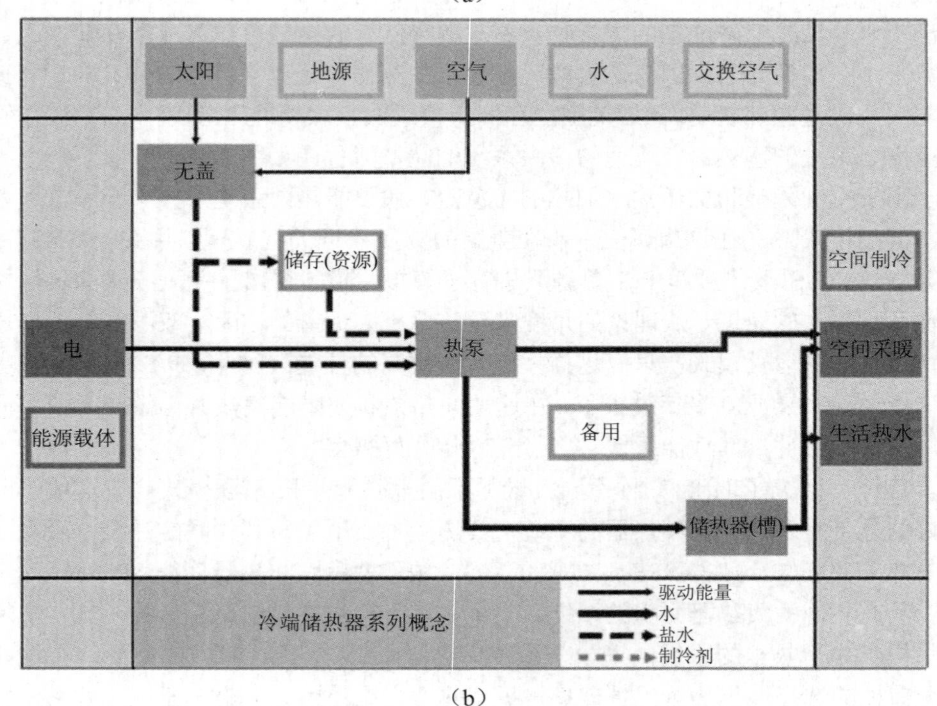

(b)

图 7.13 并联-串联系统（a）和串联系统（b）的能量流图

注：两种系统均用集热器作为唯一热源（单一源）。

在格拉茨气候下，莱尔克等[18]比较了几种太阳能热泵系统与 SFH45 建筑参考“热泵”系统。在斯特拉斯堡的气候条件下，T44A38 对相同系统再次进行模拟[19]。空气源热泵和 14 m^2 的平板太阳能集热器并联式系统 SPF_{SHP+} 达到了 3.84，“空气源热泵”系统 SPF_{SHP+} 仅为 2.98（+0.06/m^2）。① 对以 30 m^2 选择性无盖板集热器作为唯一的热源的 P/S 系统进行了分析。该系统——无冷端存储——与并联式太阳能和空气源系统（集热面积为 14 m^2）相比表现稍差（SPF_{SHP+}=−0.09）。将相同的无盖板集热器产生的热量用于蓄冰器，由热泵撤回，进一步减少 SPF_{SHP+}（SPF_{SHP+}=−0.12）。对 14 m^2 覆盖集热面积和双源（采用集热或空气）热泵的 P/S 型系统进行了研究。与并联式太阳能、空气源的组合相比优点可忽略（SPF_{SHP+}=+0.03 和 SPF_{SHP+}=+0.04）。然而，必须指出的是，与并联式太阳能空气源系统相比，所有的串联和并联/串联模式对组合存储器提供的热量稍低（约−1%），这可能是一个指标，表明系统控制需要进一步改进。所有太阳能和空气源热泵组合比“地源热泵”的要好（SPF_{SHP+}为 3.38），但不如并联式太阳能与地源热泵组合（SPF_{SHP+}为 4.83）。额外的 14 m^2 太阳能集热器与地源热泵结合系统 SPF_{SHP+}增加 1.4。

对带有选择性无盖板集热器的串联单一源模式，以及 10 m^2 选择性玻璃平板集热器与空气源热泵并联模式进行模拟，莫吉科等[20]对模拟结果进行了比较。串联模式集热器面积的选择基于“同一系统的成本作为参考”，因此与空气源 SHP 系统相比面积高出 40%～80%。结果表明，在大多数欧洲的气候条件下，两种系统（覆盖并联式和无盖板的串联式）的季节性能系数非常相似，例外的是：达沃斯表现出明显优势的是串联模式；赫尔辛基表现出明显优势的是并联模式。然而，这两种气候下电力备用加热相当大，对比西吉特等给出的结果[17]，整体性能 SPF_{SHP}=1.9～2.7，随着集热器面积增大其对冷端存储的影响减弱。昂贵的覆盖集热器的建筑允许自然通风，只在少数情况下可作为一个低于环境温度的热泵热源，这有利于提高整体系统的性能。

一个 116 m^2 无盖板的选择性集热器作为一个海水源热泵的唯一热源，集成在一个位于日内瓦的 927 m^2 的多户房子上，用 TRNSYS 进行模拟，莫茅德等[21]对监测结果进行了比较。由于不寻常的 SH 和 DHW 的比例[21 kW·h/（m^2·a）和 48 kW·h/（m^2·a）]，以及一个不允许直接太阳能预热 DHW 的液压配置，模拟季节性能系数不超过 3.1（包括热泵电量、蒸发器温度低于−20℃时备份加热）。如果具有相同的总热需求，对更常见的 60% SH 和 40% DHW 比例来说，季节性能系数可提高到 4.6，只要：①提供的平均年气象没有冬季极端温度；②负载调节热泵的 COP 无下降。本系统监测结果在 6.4 节呈现。

太阳能集热器和废水余热回收用为 P/S 系统热泵源是海因茨等[22]的研究。模拟结果表明，这种系统的 SPF_{SHP} 值可以达到 4 以上，如表 7.1 所示的是一幢 SFH30 建筑。最好的结果是包括冰储器系统、均由集热场和污水换热器供热（系统 D）。所研究的系统没有传

① 讨论的结果相比 SHC 会议（气候：格拉茨）结果与 T44A38 报告 C3 Annex G.5（气候：斯特拉斯堡）结果更相近。

统的热泵热源（空气或地面），冬季可用太阳辐射是影响系统性能的关键。这可以从格拉茨与斯特拉斯堡气候比较结果中看出，格拉茨在冬季太阳辐射明显降低。在格拉茨虽然采暖需求显著增加，但仍可达到更高的 SPF_{sys} 和较低的总耗电量。在 T44A38 的边界条件下，斯特拉斯堡系统 D 供暖的模拟桑基图如图 7.14（a）所示。

表 7.1 SFH30 的结果（集热器面积 30 m^2）

天气/系统		水储热器体积/m^3	冰储热器体积/m^3	回收废水提供热量/（kW·h）	总电力需求/（kW·h）	SPF_{sys}
格拉茨	A	3	—	486	1 953	4.31
	B	3	—	448	2 021	4.17
	C	3	—	794	2 146	3.93
	D	1.5	1.5	867	1 390	5.89
斯特拉斯堡	A	3	—	461	2 039	3.53
	B	3	—	477	2 048	3.52
	C	3	—	794	2 222	3.25
	D	1.5	1.5	825	1 378	5.08

温特勒[23]和卡比内尔等[24]研究了单一源系统模式，这种模式为一个单户家庭提供生活热水和空间采暖，每户家庭都有水/蓄冰器埋在地下。在这些情况下，蓄冰器是没有或只有部分绝缘的。在这些系统中冰储量和集热器表面的大小确定，以避免储冰完全冻结，若完全冻结备用电加热器将被用来代替热泵，直到热源温度低于热泵的温度限制。温特勒等[23]发现，在斯特拉斯堡串联系统的 SPF_{bSt} 值为 4 左右，该系统蓄冰器的大小为 0.5～2 m^3/（MW·h），无盖板集热器面积为 1 m^2/（MW·h）。卡比内尔等[24]模拟大小不同的蓄冰器，当系统有较大的蓄冰量[2～4 m^3/（MW·h）]和覆盖集热器面积[2～4 m^2/（MW·h）]时，系统的 SPF_{SHP+} 达到 5～6。对于一个 45 kW·h/m^2 热需求的家庭，在 T44A38 边界条件下，需要约 20 m^3 的蓄冰器和 30 m^2 的集热面积。目前正在对两种系统类型进行现场测量，验证模拟结果。这些模式的桑基图如图 7.14（b）和图 7.14（c）所示。有关长期性能的开放问题是无论周围的地面温度如何改变，是否会导致正的或负的年度净能量流从地下蓄热器转移到地下，是否会改变系统的性能。

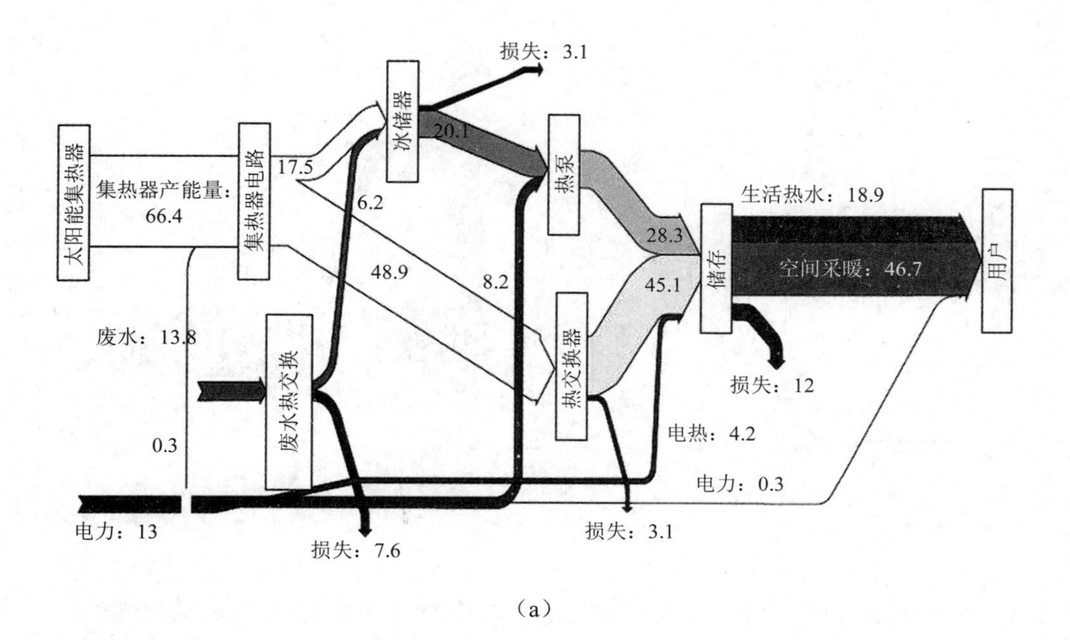

损失：3.1
冰储器
20.1
太阳能集热器
集热器电路
17.5
热泵
集热器产能量：
66.4
6.2
生活热水：18.9
28.3
储存
48.9
8.2
45.1
空间采暖：46.7
用户
废水：13.8
热交换器
废水热交换
损失：12
0.3
电热：4.2
电力：0.3
电力：13
损失：7.6
损失：3.1

（a）

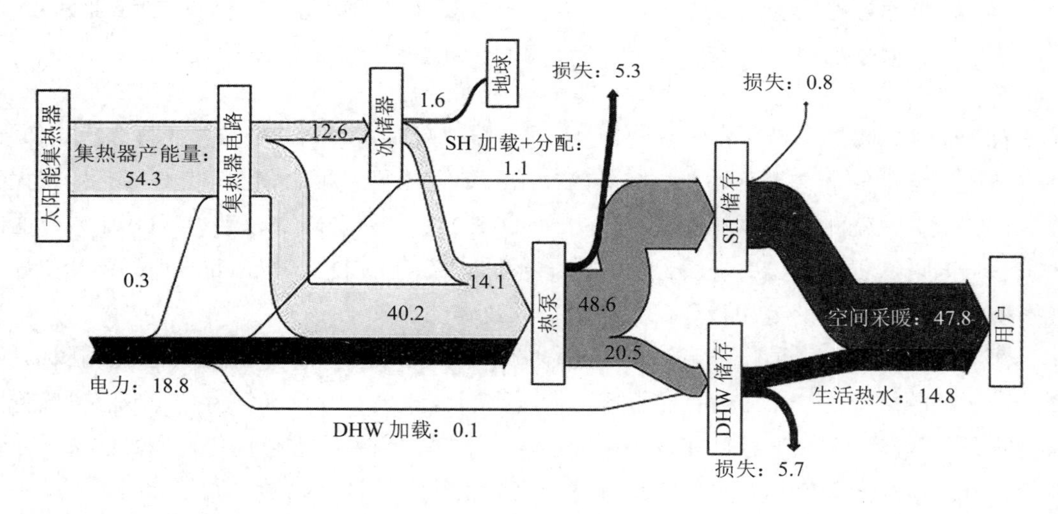

地球
损失：5.3
冰储器
1.6
损失：0.8
太阳能集热器
12.6
集热器电路
SH 加载+分配：
1.1
集热器产能量：
54.3
SH 储存
0.3
14.1
热泵
48.6
40.2
空间采暖：47.8
用户
20.5
电力：18.8
DHW 储存
生活热水：14.8
DHW 加载：0.1
损失：5.7

（b）

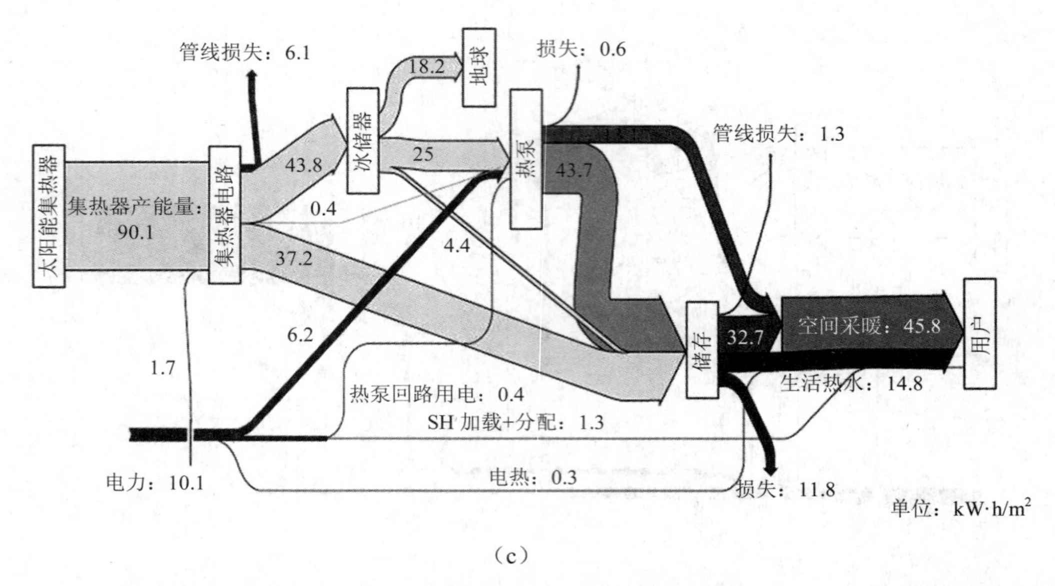

（c）

图 7.14　T44A38 项目中斯特拉斯堡建筑 SFH45 不同串联系统的桑基图：（a）海因茨等的太阳能和余热回收系列概念[22]；（b）温特勒等的“小微”冰蓄冷单独太阳能系列概念[23]；（c）卡波尼尔等的“大型”冰蓄冷单独太阳能系列概念[24]；所有数值显示的是千瓦时每平方米加热板面积。注意生活热水不同的需求被假定为（a）高于（b）、（c）。

有一个大的蓄冰系统（SPF 5.5）是通过一个生命周期影响评价分析手段（LCIA）进行生态影响分析的，并与有类似热需求的盐水源地埋管热泵相比较（SPF 3.9）。① 在大型蓄能器领域，② 就对不可再生能源需求方面（CED_{NRE}）和全球变暖潜力（GWP）方面的生态影响来说，仍由 UCTE 电力结构主导。蓄冰系统的 CED_{NRE}（cradle to grave）比地埋管系统低 15%左右，这是由操作的低电力需求决定的。

柯瑞门等[25,26]分析了一个集热器与地埋管盐水源热泵并联/串联联合的系统。目标是找到一种最佳的情况，一个 28 m^3 储水器，在所需温度情况下可直接作为热源或温度较低时作为热泵的热源。大容量存储在夏季失去了大量的热。当系统进行优化，最好的选择是在电价较低时运行热泵，尽管事实上这并不会产生最佳季节性能系数。

施特林和柯林斯[27]分析比较了渥太华（加拿大）3 种不同的提供 DHW 的系统。这 3 种提供 DHW 的系统都是直接使用电力的系统，太阳能集热系统（4 m^2 的集热器面积）结合电备份，利用乙二醇储存泵（500 L）的太阳能热泵系统，热量可以通过换热器传递或由热泵提供给生活热水的蓄热器。与电热水系统相比，太阳能热水系统电力需求减少 57%、

① 见 T44A38 报告 C3 Annex H17。

② 80 m^3 的蓄冰器，50 m^3 的覆盖平板集热器，17 m^2 的选择性无盖板集热器，与热需求 36 000 kW·h/a 的 306 m 地埋管相比。

太阳能热泵组合系统减少 63%。

西斯特等[28]提出了一种结合盐水/水源热泵的双源串联 DHW 系统，热从 2 m^2 太阳能集热器（无中间存储）或从空间加热回路中获得。T44A38 对为空间采暖提供热量的地源热泵系统进行模拟。他们发现，这种系统模式（背面）绝缘无光的选择性吸收器性能优于平板、真空管或绝缘的选择性吸收器。还模拟了没有太阳能集热器，只使用从空间加热循环热的系统，其性能仅降低了 6%。另一种太阳能可利用的并联系统比原来的系统有更好的性能（+14%）。在这种情况下，真空管集热器是比较适合的。在斯特拉斯堡气候下，与没有太阳能集热器系统相比每平方米集热器面积电力节省 166 $kW \cdot h_{el}$。

7.2.4 多功能模式，包括制冷

意大利博尔扎诺太阳能两用+系统，不仅提供空间采暖和生活热水，也可空间制冷，德安东尼等[29]对此进行了模拟。该系统集成了热驱动吸收式制冷机组，由一个可逆压缩盐水/水热泵和较大的太阳能集热器组成。电动热泵用于加热，作为冷却操作过程中吸收式制冷机的备份。两源电热泵：干燥冷却器（空气换热器）和太阳能集热器，太阳能热用于并联或串联（P/S 双源系统）。在制冷模式时干燥冷却器也用来消散来自双源热泵的能量。计算 28 m^2 集热面积系统的 SPF_{bSt}（不包含组合蓄热器的损失），罗马为 10，博尔扎诺为 4.5。该研究中，用于计算 SPF 的热量包括制冷、空间采暖以及 DHW 所需热量的总和。

在 2013 年太阳能十项全能比赛中，楚等[30]模拟了加拿大渥太华气候条件下，用于提供 SH 和 DHW 的双源串联系统。二醇丙烯贮罐用来收集太阳能集热器的热量，并且将热量提供给热泵。当需要制冷时蓄冷器冻结，如果需要再由热泵解冻。在热量用于采暖和生活热水之前，一个蓄热器用于对热泵热端蓄热。另外，在制冷模式下室外换热器是用于散热的。采用空调新鲜空气热回收装置系统以及循环室内空气进行加热和冷却。利用余热制冷模式——收集来自制冷系统异常的废热——唯一的热源是 12 m^2 覆盖集热场。重要的辅助加热是在 12 月和 1 月。在年度基础上，系统为生活热水和空间加热提供 6 MW·h 热，提供 7.4 MW·h 用于空间制冷和除湿热（包括冷却、除湿、除湿后的加热）的热。在夏季气候平均每日最高温度 27℃时，后者可以被看作是一个令人惊讶的高冷却的能源需求。如果这些热与冷相加的和，除以 5.8 MW·h 的电能耗量（27%是辅助加热），该系统的 SPF 值是 2.3。

佩雷尔斯等[31]分析了丹麦用于 DHW、空间采暖及空间制冷的太阳能与地源热泵模式。在 DHW 控制优化研究的基础上，得出的结论是，天气预报将有利于这类系统的控制。

7.3 串联系统中特殊的集热器

7.3.1 直接膨胀集热器

直膨式太阳能辅助热泵热水器是串联式系统，太阳能集热器并不是充满了防冻液，而

是随着热泵循环的制冷剂。这些系统自 20 世纪 50 年代[32]开始发展，后来被使用和引入市场，主要适用于温暖的气候条件下生活热水的制备。在这种气候条件下，通过模拟可知用于提供 DHW 的系统 SPF 为 3，如墨里森[33]。在 T44A38 项目中，法考和卡瓦略报道在欧洲气候下雅典用于提供 DHW 的该种系统的 SPF 为 2.1 左右。

7.3.2 光伏–热集热器

PVT 集热器用一个组件提供热能和电能。因此，可以达到非常高的特定区域的能量产量。这成为为有限的屋顶面积提供高效太阳能的一个关键因素。PVT 集热器与双源热泵串联系统是一种很有前途的选择。这里的热泵蒸发器冷却 PVT 集热器，使其温度保持在较低的水平，从而提高光伏发电效率。然而，在高辐射期间，热需求或其他热沉需要达到这种效果。因此，额外的发电量只能用冷储器或地埋管换热器实现，这使得夏季 PVT 可以冷却。

测量和模拟了德国卡塞尔气候条件下[34]，一个无盖板的 PVT 集热器串联系统。该系统中，PVT 集热器用于夏季地面再生。在年度数据基础上，与非制冷光伏阵列相比产生额外 4%的电量，风速约为自由场气象风速的 50%。被检测系统在一个平坦的屋顶上有 PVT 集热器。一个 1～1.5 m^2 集热面积的 PVT 集热器场，每年热量需求为 1 MW·h 被认为是合理的。进一步的分析和模拟结果表明，在热条件下光伏组件可实现较高的附加光伏产量，可达±10%。这种热光伏组件温度可以在屋顶和低风速时使用。相反，在高风速下的冷却效果降低 2%。

基于博日胜的模拟，多特和艾弗杰[35]对 T44A38 项目中的建筑 SFH15–SFH100 进行了比较，其屋顶面积均为 50 m^2，使用 PV（或 PVT）集热器、太阳能集热器（SC）或吸收器（UC）：

— PV：50 m^2 PV，空气–水 HP；
— SC：50 m^2 太阳能集热器、空气/水 HP（P）；
— SC+PV：8 m^2 太阳能集热器和 42 m^2 PV、空气/水 PV（P）；
— PVT：50 m^2 PVT 集热器作为盐水/水 HP（P/S）的唯一源；
— UC：50 m^2 无盖板高分子吸收器为盐水/水 HP（P/S）的唯一源；
— SE：50 m^2 选择性无盖板集热器为盐水/水 HP（P/S）的唯一源。

斯特拉斯堡的 SFH45 建筑模拟结果如图 7.15 所示。PV 自身消耗计算要结合光伏发电和热泵消耗功率，且基于每小时的时间步骤。

高效的太阳能热集热系统（包括平板、选择性无盖板或 PVT）电网购电金额（电网用电）最低。剩余 PV 对于 PVT 来说最高，热泵的唯一热源是 PVT 板热产量。在寒冷冬季里的电网购电金额（没有显示）也是 PVT 最低，空气源热泵最高，一年的第一个月可达到与其他系统相媲美的水平，50 m^2 太阳能集热器具有非常低的电需求量。

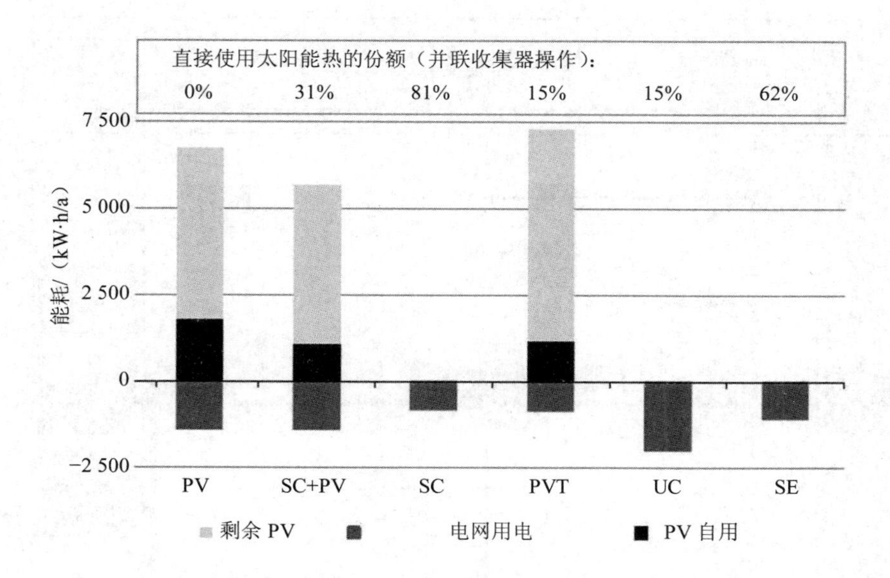

图 7.15 斯特拉斯堡 SFH45 建筑的模拟结果

7.3.3 利用太阳能热以及环境空气设计集热器

原则上，任何盖板的集热器都可以用于与周围空气的热交换，因此可以使用环境空气作为热源。一个创新的带有覆盖的平板集热器风机模式的单源串联太阳能热泵系统已经提出且进行了研究分析。该系统的能流图如图 7.16 所示。蓄有 290 kg 水/冰的冰储器，混合存储有 1 000 L。基于方法 EN 12977-2[36]进行了模拟研究。热水需求量为 2 945 kW·h/a，两个空间的热负荷分别为 A：9 090 kW·h/a、B：6 817 kW·h/a。季节性能系数基于传递给组合蓄热器后的热量，包括热泵压缩机的用电需求、集热器空气呼吸机和源泵。系统的季节性能的系数为 4.9（25 m^2 的集热器面积热需求 A）和 4.8（20 m^2 的集热器面积的热量需求 B）。

7.4 太阳能热节省与光伏电力生产

在相同的中欧气候条件下，SHP 系统[①] 太阳能集热器电量节省略大于光伏设施的电力产量。SHP 系统将较少的太阳能[②] 用于提供 DHW。对于较大比例太阳能用于 DHW 和太阳能组合系统的模式[③]，就不再是这种情况了。然而，通过收集和储存太阳能热达到电力

① 见 7.13 节。
② 100～200 kW·h/m^2 集热面积。
③ ＜100 kW·h_{el}/m^2。

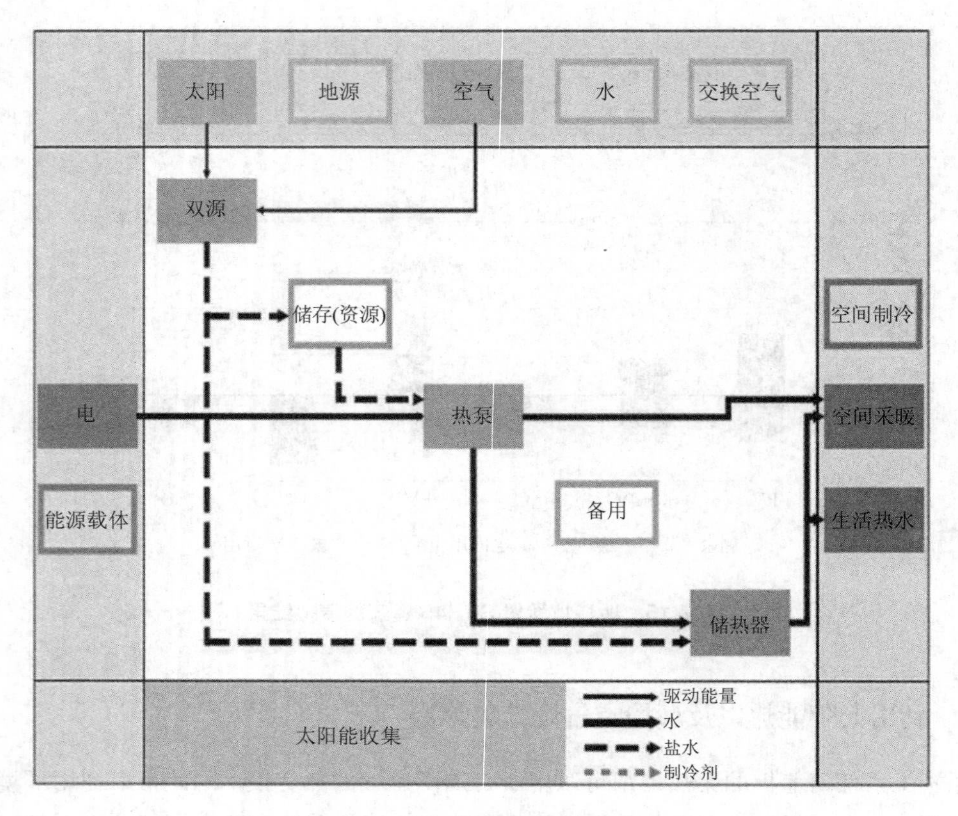

图 7.16 德国太阳能系统能量流图

节省的目的的系统与通过产生电力弥补热泵用电并且提供给电网的系统之间有一些重要差异。当比较通过太阳能热节省电力和 PV 产生电量以及相关的成本时，这些差异必须牢记：

（1）太阳能集热系统的成本通常包括（全部或仅附加）蓄热成本，而 PV 无成本，通常是将电网作为一个“虚拟”蓄热器或所需传输器计算。电力转移和虚拟蓄热系统是很难估量的，取决于最重要的提供给电网的 PV 总量。光伏发电只占很小的比例（与总区域或总网发电相比），额外的成本可能接近于零；可以预期较大的比例会相应地增加成本。

（2）太阳能热收集后，如果短时间内没有足够的需求量，太阳能热将无法使用（或丢失），而通常假设光伏发电可以在没有限制条件的情况下进行使用。后者并不是大范围光伏发电的原因（当市场电价处于低迷时，将停止 PV 供电）。

（3）贮藏损失完全包含在太阳能储蓄计算中，然而电网损失——最终——储量损失对于 PV 来说难以估计。

（4）如果 PV 电力输送到电网，通过电价补偿，这通常意味着：

a．它得到补贴（如果关税与目前市场价格不同）；

b．可再生能源光伏电力出售给电力公司，这也是电力的碳足迹。

这意味着，PV 系统的发电量输送到电网和报销关税不影响当地热泵运行的碳足迹。它只影响那些买电人的碳足迹。热泵运行的碳足迹仅为 PV 自身消耗加上额外从电商那里买来的电量。

基于上述原因，对太阳能系统、热泵 PV 系统和热泵组合系统的比较就像比较苹果和橘子，除非 PV 产电在本地使用没有被馈送到电网（自我消费）。这可以通过电池或热泵运行且给蓄热器供热时使用 PV 产生的电力来实现。这种系统的发展刚刚起步，目前对其性能以及对经济和生命周期成本的影响知之甚少。

然而，对光伏发电的产量与太阳能热泵节约的电费量进行比较的原因十分有趣，因此在本章中提出了。

多特等[37]比较了不同的太阳能 DHW 系统，这些系统至少利用 50%的太阳能热或通过 PV 实现 50%电补偿。他们发现，在生态方面以及经济方面两种形式很相似。

奥克斯斯等[38]发现，在因斯布鲁克气候条件下针对被动房间，与光伏太阳能集热（屋顶空间的有效利用）系统相比，覆盖 20%的生活热水需求的小太阳能系统有较好的利用价值。若利用空气源热泵，对太阳能热系统的最佳尺寸要求很高。经济评价在很大程度上取决于光伏系统的成本以及购电和光伏充热的关税。这项研究的结果表明，当光伏产量过剩导致关税价格较低时，为了实现经济最优化，利用更高的太阳能集热器份额比得到关税更贴近现状。

多特和艾弗杰[35]的工作已经在上一节中提到，他们还提供了光伏以及太阳能集热器的比较结果。如果得到补贴或者供电关税，从经济观点出发目前完整的屋顶覆盖（50 m^2）是有趣的。在夏天，大型集热器产生多余的热量且不能使用。除了用于必要的自我消耗外，大型光伏领域产生更多的电力，从而依靠补贴关税或其他补贴手段。从对屋顶面积的有效利用的角度看，PVT 系统似乎是最有趣的解决方案（图 7.15）。

7.5 比较相似的边界条件下的模拟结果

12 份模拟报告已经公布，由不同的作者进行了总结，C1 的报告定义了 T44A38 项目中的边界条件。这给了不同模式、不同作者的模拟结果进行比较的独特机会，已经给出热负荷、气候和模拟标准，独立平台的检查报告发表在 T44A38 项目的 C4 报告中。在这一部分中，仅对 T44A38 边界条件下得到的模拟结果之间进行了比较。单模拟总结报告发表在报告 C3 的附件 G 上，这些单报告综述中还包括 7.1 节至 7.4 节。

为了在有限空间展现适用的信息，以下简称在本章中使用：

Hp source—热泵热源
A 空气源
G 地面源
S 太阳能集热器
Class—系统类型
S 串联（集热器唯一的热沉是热泵，但是热泵还可以用其他源）
P 并联（太阳能热与热泵的热并联传递）
R 地面源再生
Ref 参考模拟系统（不包含太阳能集热器只有热泵）
Coll.type—集热器类型
FL 平面集热器
UC 无釉集热器
SE 选择性无釉集热器
A_{coll} 总的集热器和吸收器面积（m^2）
V_{st} 总储存量（热源+热沉）（m^3）
ID 数据追踪的标志

斯特拉斯堡气候条件下热负荷和生活热水负荷列于表 7.2。设计流入和供热系统返回温度对 SFH15 和 SFH45 分别为 35℃和 30℃，SFH100 为 55℃和 45℃。更多的细节，读者可以参考报告 C1。

表 7.2 斯特拉斯堡不同建筑的空间采暖和 DHW 负荷

Q_{SH} SFH15	2 474 kW·h
Q_{SH} SFH45	6 476 kW·h
Q_{SH} SFH100	14 031 kW·h
Q_{DHW}	2 076 kW·h

7.5.1 斯特拉斯堡 SFH45 结论

图 7.17 显示了在斯特拉斯堡的气候下，不同系统模式 SFH45 热负荷模拟结果。浅灰色代表空气源热泵系统，黑色代表地源热泵系统，中灰色为太阳能集热器作为唯一的热源的热泵系统。深灰色代表用于 SH 的地源热泵系统，系统使用太阳能集热器为热源的热泵，其热量用于热水或空间加热回路。不含太阳能集热器的热泵参考系统模拟结果用白色填充。可以看出，即使该种系统也有可能达到的 SPF 值。这可能是由热泵不同的 COP、热泵的尺寸和温度范围、不同的假设、液压集成的能量效率以及存储管理造成的。

根据图 7.17 给出的数据，可以得出以下结论。

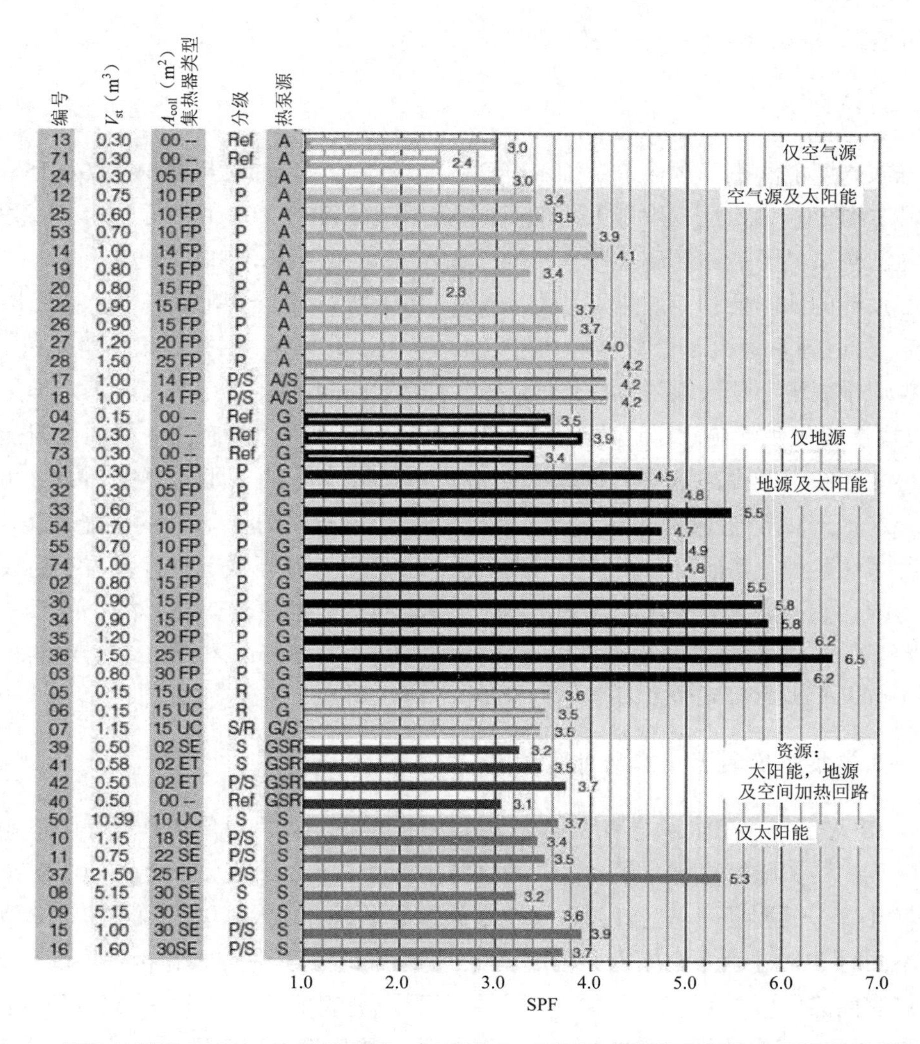

图 7.17　斯特拉斯堡 SFH45 的模拟结果：不同模式、不同集热面积和储热容量的系统的 SPF

7.5.1.1　热源

最高能量的性能（SPF 为 3.5～6.5）是由地面热源系统实现的。空气源系统和“太阳能”源系统性能系数相当（SPF 为 3～3.8）。从离群数据可以发现：一个是太阳能和空气源热泵系统（编号 20，SPF 2.3），性能很低是因为差的液压集成控制。另一个是“太阳”系统（编号 37，SPF 5.4），性能大大优于其他“太阳”系统。这可以通过 25 m^2 的集热器[①] 与埋在地下的 20 m^3 大型蓄冰器组合解释。然而，该系统的性能仍明显低于模拟研究中的系统，太阳能和地源热泵并联系统具有相同的集热器面积，只有 0.8～1.5 m^3 的热蓄热

① 20 m^2 平板+5 m^2 选择性无釉。

器（编号 35，编号 36，编号 3，SPF 6.2～6.5）。

7.5.1.2 系统分类

并联式太阳能和空气源热泵系统若有良好的设计、合理的集热面积（10～15 m^2），其 SPF 可以达到 3.0～4.0。与空气源系统相比（编号 13，SPF 3.0）增加了 1.0。并联/串联组合的双热源热泵是不能够超越这些系统的（编号 17，编号 18，SPF 3.9）。

精心设计的太阳能和地源热泵并联系统有 10～15 m^2 的集热面积，其 SPF 可以达到 5.5～5.9。与地源系统相比（编号 4，SPF 3.5）高出 2.0～2.4。[①] 平板集热器面积 10 m^2 的两个系统似乎表现不佳（编号 54、编号 55、SPF 3.8～4.1）。在这些情况下，集热器面积 10 m^2 仅用于提供生活热水，这比通常建议的集热面积要大。带有无盖板的太阳能集热器的地面再生系统很难提高这些单井系统的 SPF。然而，在模拟地埋管的长度从 110 m[②] 下降至 90 m，无乙二醇蓄热器（有乙二醇蓄热器降至 70 m），没有显著的性能降低。

一种系统除外，其他所有系统使用无盖板的太阳能集热器或选择性无盖板的太阳能集热器作为唯一热源。只有采用≥20 m^2 吸收器或集热器以及总储存量≥1 m^3 的系统实现了 SPF 值大于 3.5。平板集热器和选择性无盖板集热器[（20+5）m^2]与 20 m^3 冰/水的相变蓄热器结合，可以实现单源系统最具活力的性能（SPF 5.4）。

7.5.1.3 依赖集热器的大小和额外贡献

图 7.18 显示了由不同的作者在任务边界条件下模拟 SPF 对集热器尺寸的依赖性。专用无盖板集热器（选择性或非选择性）的系统用圆圈表示。发现太阳能和地源热泵系统有明显依赖性——低坡度——空气源系统也是。这并不适合“太阳能”源系统，模拟中集热器面积不同时 SPF 在恒定范围内。出现这种现象的原因可能是：模拟由不同的作者完成，对集热器的性能（无覆盖物的聚合管、选择性无釉或玻璃平板）、集热器热利用（S 或 P/S）、热泵的 COP、冷端存储的大小以及系统的控制给出的假设不同。

图 7.19 显示了 SPF 与贡献指标之间的关系，贡献指标应反映材料贡献以及系统的成本，应通过表 7.3 中所示的任意因素加权变量的总和进行计算。从被选择的加权因子可以看出，地源热泵系统比空气源系统有更好的投资回报，带有覆盖集热器的“太阳能”系统（SPF 5.4）与地源系统有相同的收益。然而，大型地下冰存储成本和地埋管换热器承担的成本对结果至关重要，这些结果可能依赖特定的情况或位置。

---

① 值得注意的是地面源系统与空气源系统并不是由同一个团队进行的模拟，模拟结果显示地面源系统的 SPF 低于上面提到的空气源系统。

② 值得注意的是地面换热器的深度（110 m）比 T44A38 项目中标准定义（85 m）要深。

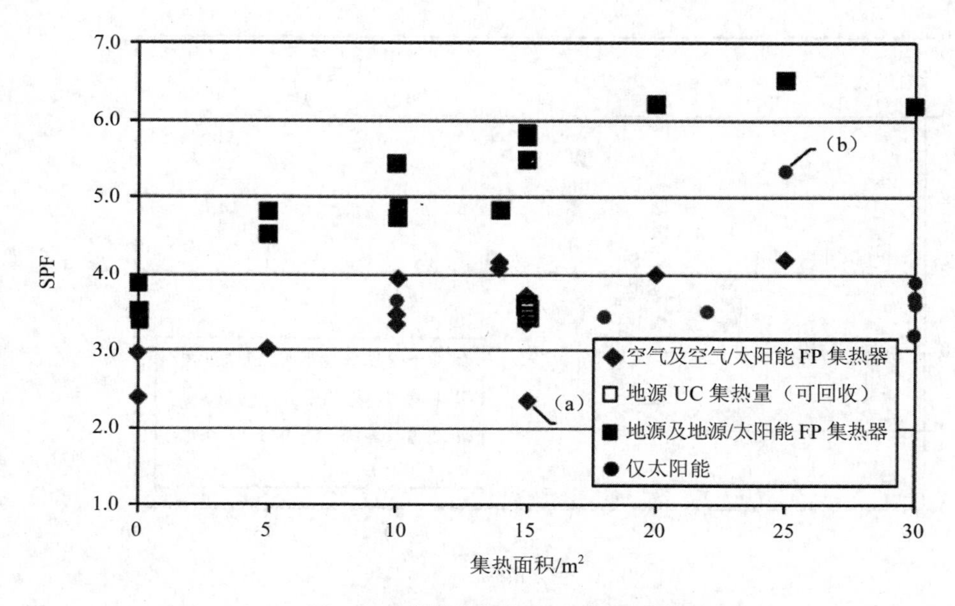

图 7.18 斯特拉斯堡 SFH45 的模拟结果

注：SPF 与不同系统模式、不同集热面积的关系。极端值（a）是不恰当的液压控制造成的；（b）是大的蓄冰器和集热面积造成的。缩写词的解释见 7.5 节。

表 7.3 不同气候条件、不同建筑物的空间采暖和 DHW 负荷

体积	A	单位
平板集热器	0.50	/m^2
可选无釉器	0.30	/m^2
无釉器	0.15	/m^2
水槽储存	2.00	/m^3
源存储	1.00	/m^3
气源需求	1.00	/个
地源需求	7.00	/地面热量交换量
双热源热泵需求[a]	1.00	/个

a：空气资源系统仅用于 P/S 型。

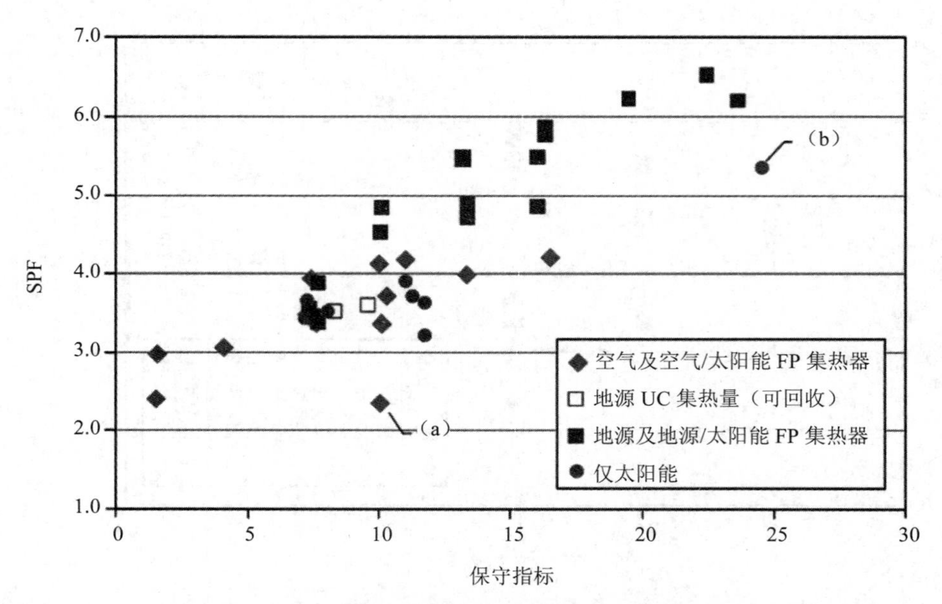

图 7.19 斯特拉斯堡 SFH45 的模拟结果：不同系统模式的 SPF

7.5.1.4 电力消费

斯特拉斯堡 SHP45 模拟热负荷所有系统都是相同的；因此，总用电量与上述 SPF 值成反比。

对所有模拟太阳能热泵系统耗电量的最大份额可以归因于热泵压缩机（图 7.20）。

根据热泵大小以及假定的低温截止，电动备份加热负责空气源系统 0～25%的总电能需求。只有一个作者认为：电动备份很大一部分用于地源 SHP 系统，“太阳能”系统获得了相当不同的结果。这些系统的控制器电需求范围为 3～30 W，用于空间加热的泵和太阳能集热器电耗的假设有相当大的不同，这只能通过不同作者对这些泵的效率、泵的尺寸和控制、各自的流体回路压降的不同假设解释。

7.5.2 斯特拉斯堡 SFH15 和 SFH100 的结论

只有少数模拟是针对建筑物负荷的，低负荷（SFH15）或特别高负荷（SFH100），如图 7.21 所示。一般来说，并联式地源热泵系统比其他系统的 SPF 值要高。

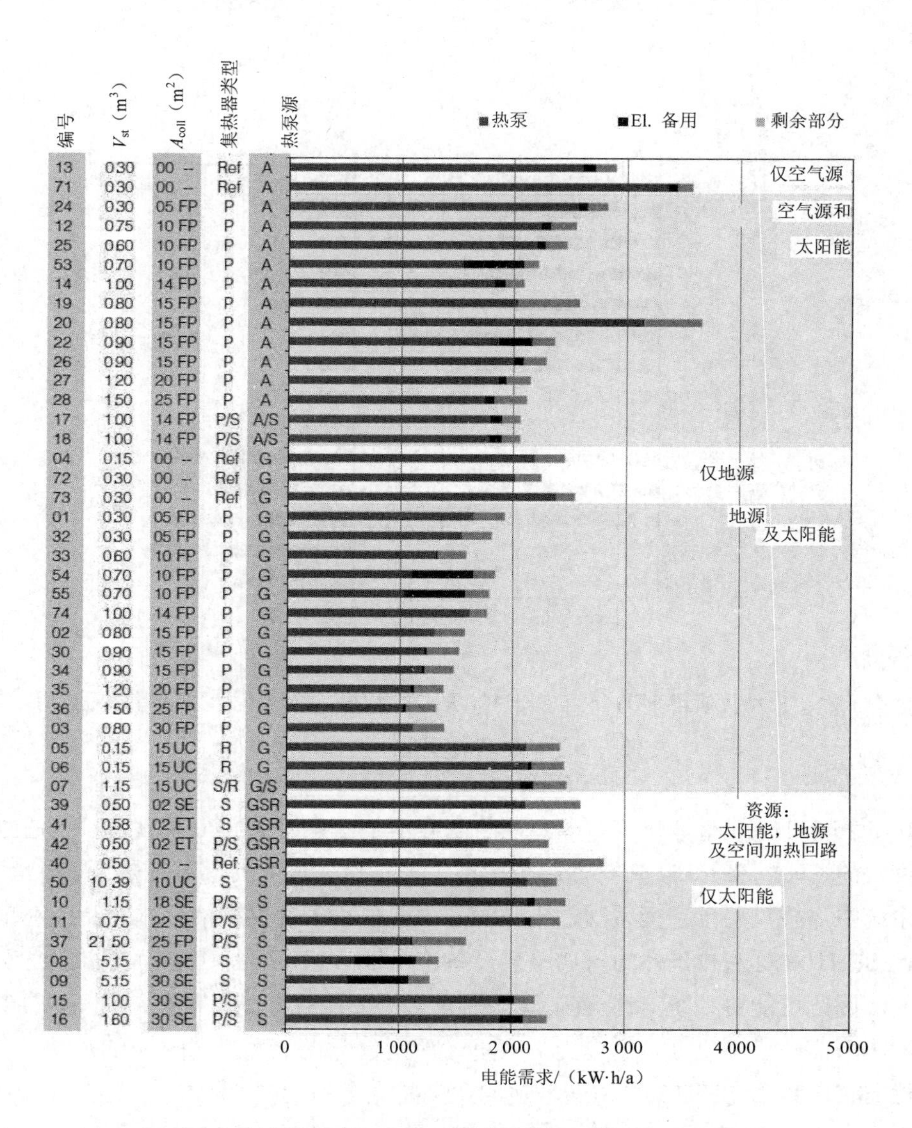

图 7.20 斯特拉斯堡 SFH45 的模拟结果：热泵的电量消耗

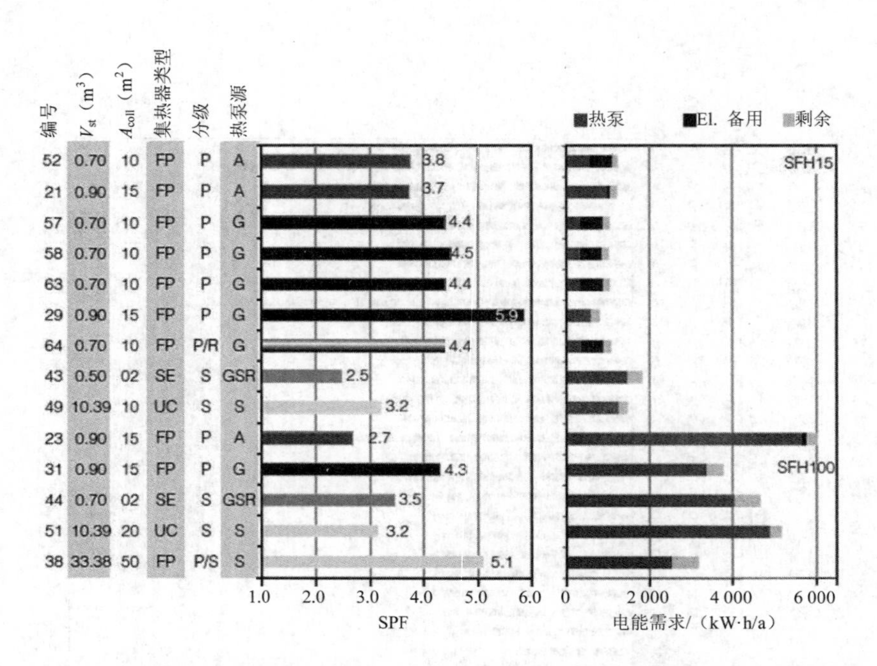

图 7.21 斯特拉斯堡 SFH15 和 SFH100 的模拟结果：不同模式、不同集热面积和储热容量的系统的 SPF 和电量消耗

SFH15 和 SFH100 整体建筑节能性能的差异不是由系统的 SPF 体现的，而是由总的电力需求反映的。对于 SFH15，在许多模拟中电力需求份额最大的不再是热泵，而是电备份。在这些系统中热泵只用于空间采暖，太阳能和电备份用于提供生活热水。从绝对值来看，SFH45 比 SFH100 对除热泵外的附加电耗设备不是很敏感，但是相对而言它们产生更高的消费份额，因此可能对系统 SPF 有较大的影响。需要注意的是，需要达到 SFH15 建筑标准的回收热所需电量不包括在总电力需求里，而是包含在上面提到的 SPF 值中。

显然，SFH100 和 SFH15 的 SPF 增加的意义是完全不同的。例如，对于 SFH100，SPF_{SHP} 从 3 增加到 4 每年节省 1 340 kW·h_{el} 电量，但 SFH15 仅节省 380 kW·h_{el} 电量。因此，为了提高 SPF 而增加投资，SFH100 比 SFH15 更合理。

7.5.3 达沃斯 SFH45 的结论

图 7.22 显示了达沃斯的太阳能集热器节能远高于斯特拉斯堡。达沃斯气候值如图 7.22 所示，对应 170 kW·h_{el}/m^2 的为空气源、130 kW·h_{el}/m^2 的为地源和太阳能结合。达沃斯的案例中，并联/串联组合性能并不会高于纯并联模式。“太阳能”系统比空气源热泵性能高，但比不上并联的空气源和太阳能结合系统。

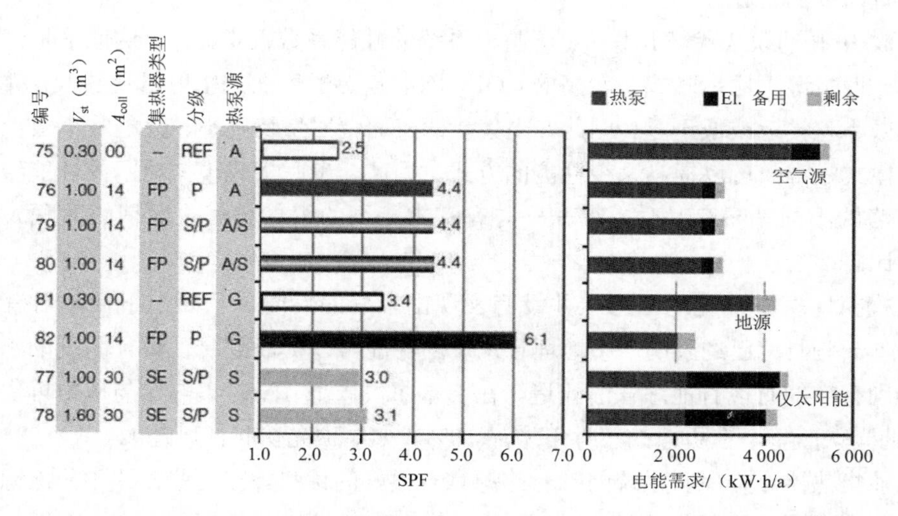

图 7.22 达沃斯 SFH45 的模拟结果：不同模式、不同集热面积和储热容量的系统的 SPF 和电量消耗

7.6 结论

在 SHP 系统中，带有覆盖集热器的并联式系统最常见，它向 DHW 蓄热器或者组合蓄热器提供热量，其设计比串联或双源系统要简单（见第 1 章）。与不结合太阳能集热器的热泵系统相比，模拟显示并联式 SHP 系统每平方米集热器面积省电 50～200 $kW{\cdot}h_{el}$。在欧洲中部的气候条件下，对于典型的单户住宅的热负荷，只要集热面积足够小便于节制，总体系统的季节性系数将提高 0.07～0.1/m^2。相应的特定区域较高的太阳能保证率会造成较低的电节省率。结果取决于气候——系统太阳能热也进行空间供暖——也取决于供暖季节太阳辐射的有效利用率。太阳能消耗利用率的方法可用于不同气候、不同热负荷的情况下，一个已知的系统模式表现粗略估计一个合理的精度。

与串联和双源系统相比，并联式太阳能热泵系统似乎是简单的解决方案，模拟结果表明，它们不只是用热泵更换了太阳能组合系统中的燃料锅炉。必须注意到相同的加热功率，热泵与燃油锅炉相比有较高的质量流量。事实上热泵的 COP 对其提供热量的温度水平相当敏感。因此，对热泵储存损失必须重新评估并使其最小化。这尤其适用于太阳能组合蓄热器，必须使其有较低的损失，包括智能液压集成和适当控制充放热以及直接存储入口的良好分层。

太阳能热与 PV 电力节省的比较很难实现，因为通过太阳能集热系统提供的功能任务与 PV 系统没有直接的可比性。太阳能热利用平等的比较，光伏发电用于局部不绕道穿过电网。随着更多的自我消费，系统存储和使用光伏会越来越多，因此是太阳能热泵组合系统的竞争对手。然而，关于这种系统有效性测量的科学信息只收集了一小部分。这会是未来几年调查研究的主题。

用并联/串联的模式代替并联模式，整个系统的性能系数很难提高。这似乎是由于并联式集热器一般情况下比串联式有较高的COP，除非集热器表面的辐射量足够低，并联式模式中集热效率将接近或低于零。因此，当集热器表面辐射量特别小、只能收集很少的热量时，串联模式是唯一可以提高系统性能的方式。因此，串联模式模拟显示的性能结果，只有可以忽略的不同——有时会更糟——与有基本相同的组件和集热面积的并联太阳能热泵模式相比。

所有模拟研究中单孔地面再生并没有表现出很好的性能，只要地下换热器有适当大小。然而，一些研究已经表明，小地埋管系统的性能可以提高到合理设计系统的水平。这可能是特别有趣的对现有地埋管的改造。在卡塞尔气候下 PVT 集热器与地面再生结合可增加 4%的光伏产量，在更热的条件下增加 10%（如屋顶光伏和低风速）。

太阳能集热器作为串联系统的唯一热源具有很好的优势。在这些模式中，地源或空气源换热器是不必要的，因此：

— 与双热源热泵系统相比成本和复杂性都减少了；

— 地埋管换热器（地埋管和浅层地面集热器）是可以避免的，因此，法律的限制和可能的风险或副作用会降低；

— 空气源蒸发器单元可以避免，可以降低噪声和提高系统的美感。

太阳能集热器作为唯一热源的系统往往配有蓄冰器。带有无盖板集热器和蓄冰器的系统与地源热泵系统有相同的整体性能系数，有很大集热面积和蓄热器的并联式地面热源 SHP 系统也有相似的性能。

所有 SHP 模式，热泵压缩机通常是迄今为止最大的电力消费器（因此最初能源以及购买终端能源）。如果有一个电备用加热器，对小组件系统或边界条件超出热泵能力的系统，电力消耗扮演着很重要的角色。这可能是由于：

— “太阳能”源 SHP 系统有太小的集热面积或太小的蓄冰量；

— 地面换热器太短；

— 空气源热泵在极低的周围环境温度下。

有较低电力需求的系统，用于泵和控制部分的电大幅增加（如被动式房屋），如果不仔细选择耗电器，可能会降低这些系统的 SPF。然而必须指出的是，性能较差建筑的 SHP 系统电能需求总是大大低于 SFH45 中相似或更好的系统。太阳能泵电耗随着串联和地面再生系统运行时间的增加而增加。

最后：

— 控制问题起到了重要作用，并可能导致复杂系统完全不同的结果（如双源 P/S 或 P/S/R 系统）；

— 当模拟新的系统模式时必须注意，组件可能是在正常范围以外工作（热泵有较高的蒸发温度、太阳能集热器温度低于环境温度）；

— 在大多数情况下，并联模式是一个很好的解决方案，可以大大提高热泵系统的整体 SPF；

— 并联/串联模式中，如果是一个特定的情况下的相关标准，太阳能集热器或吸收器作为唯一的热源是取代其他来源的一个好方法，这些系统的控制是不重要的；

— 所有 SHP 系统必须精心设计，有最小的存储和液压损失，并考虑组件限制。

附录 7.A 关于模拟边界条件和平台独立性的附录

确定共享边界条件，是为了保证不同研究者在不同的模拟平台进行模拟的结果具有可比性。本节已经对这些共享边界条件的最重要特征进行了总结介绍。在 T44A88 报告 C1（A 和 B 的部分）可以看到更多的细节[39, 40]。

为了完成 T44A38，在不同平台进行了模拟，如 TRNSYS，IDA ICE，MATLAB/Simulink 和 Polysun。不同的平台应用相同的边界条件，对模拟的结果进行比较以保证平台的独立性。

7.A.1 气候

用于模拟框架的气候基础分别是斯特拉斯堡（适中）、赫尔辛基（寒冷）、雅典（温暖）。除了这些，达沃斯是一种极端的山地气候，蒙特利尔是极端的大陆性气候（图 7.A.1）。

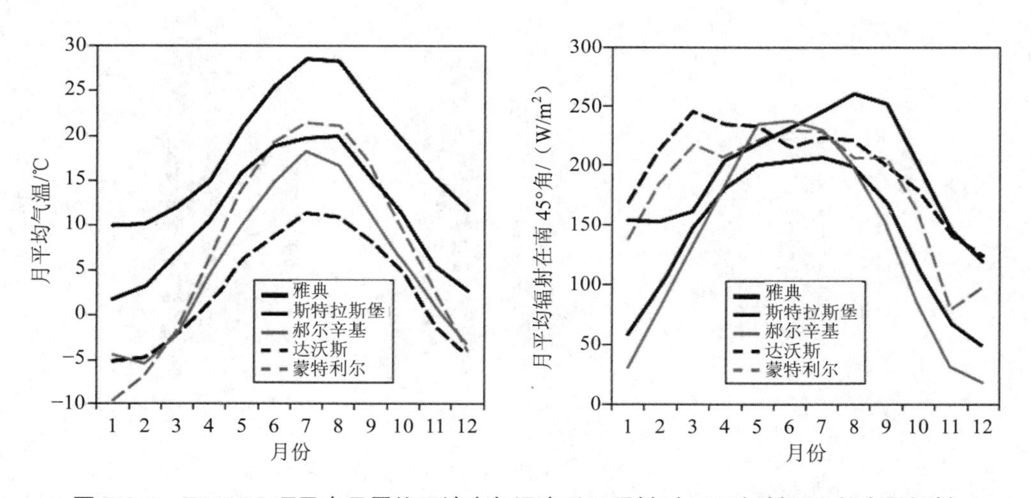

图 7.A.1 T44A38 项目中月平均环境空气温度以及照射到 45℃倾斜面上的太阳辐射

7.A.2 建筑负荷和生活热水的需求

建筑负荷基于来自以前的 IEA SHC 任务 26 和任务 32 中一种独幢建筑的模拟。使用了 4 种不同的热性能水平。为便于识别，在斯特拉斯堡气候条件下，这些建筑物已按热需求

[kW·h/（m^2 a）]标记为 SFH15、SFH45 和 SFH100。在斯特拉斯堡的气候条件下，这些建筑的年度能量平衡如图 7.A.2 所示，SFH45 放置在不同气候条件下的比较结果如图 7.A.3 所示。假定 SFH15 和 SFH45 用一种低温度（地板采暖）系统，SFH100 用高温散热器采暖系统。① 针对斯特拉斯堡、赫尔辛基和雅典三种不同气候类型，表 7.A.1 显示了液压热分配系统名义热需求、返回温度以及设计供热需求。

表 7.A.1　建筑热系统参数：热负荷、流入及流出温度、季节性能系数

气候	单位	建设量		
		SFH15	SFH45	SFH100
All	采暖季节环境温度限值/℃	12	14	15
ST	设计条件下 ST 空间加热功率/W	1 792	4 072	7 337
	设计条件下的供给/回温/℃	35/30	35/30	55/45
AT	设计条件下的空间加热功率/W	0	1 310	3 382
	设计条件下的供给/回温/℃	35/30	35/30	55/45
HE	设计条件下的空间加热功率/W	3 097	6 315	10 931
	设计条件下的供给/回温℃	35/30	40/35	60/50

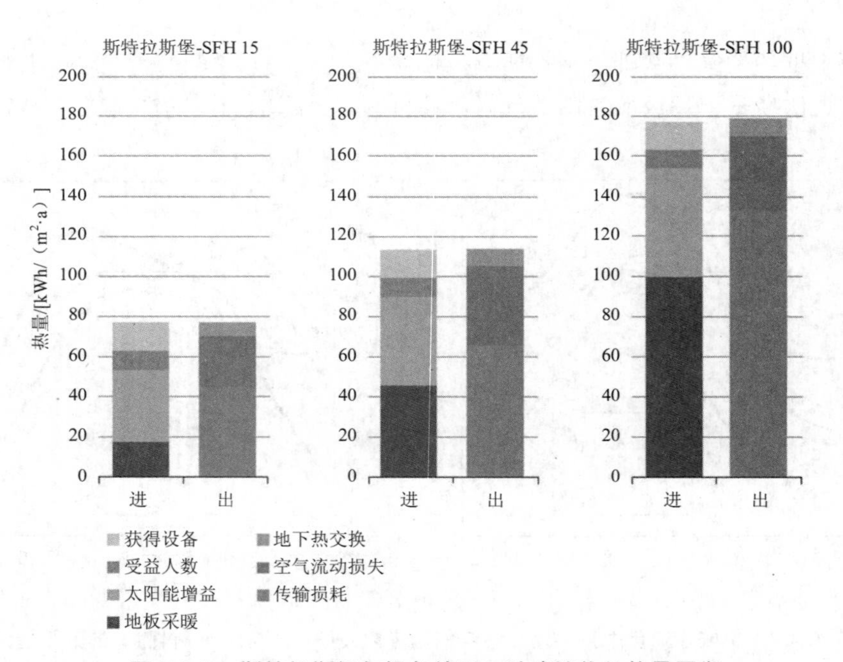

图 7.A.2　斯特拉斯堡气候条件下 3 种建筑物的热量平衡

① 由于对 T44A38 项目中主要利用这些系统的国家有很少的贡献，排除了空气热分布系统的模拟。

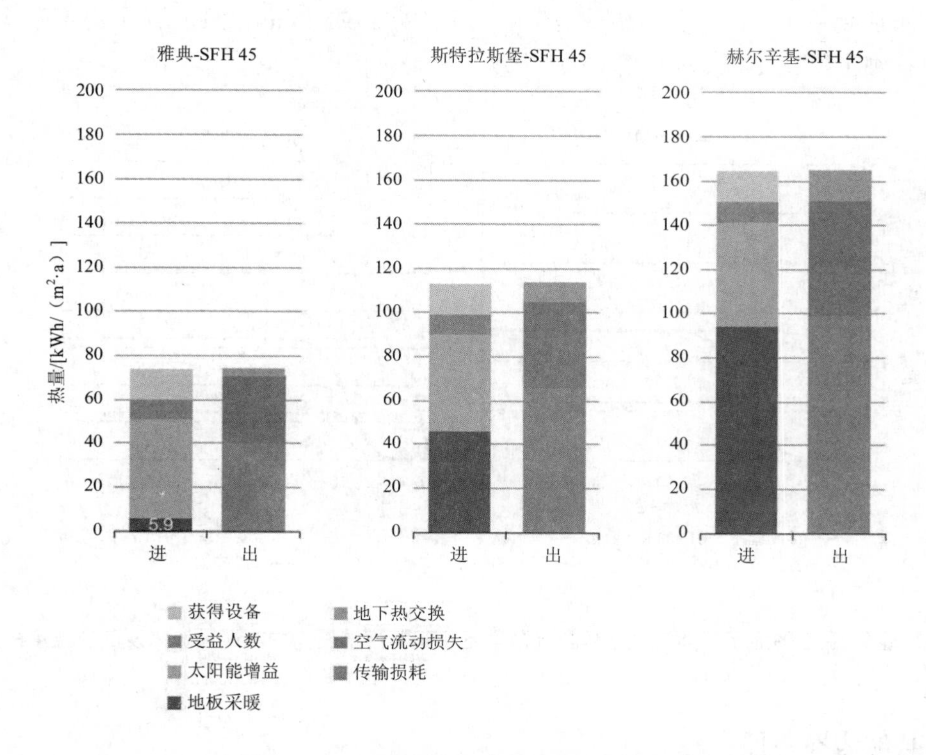

图 7.A.3 SFH45 在 3 个不同地点的热量平衡

热分配系统的供热温度取决于 24 h 平均环境空气温度，房间的温度设定点总是 20℃。假定恒温阀在所有配送回路有相同的作用，当房间里的温度升高时降低质量流率，而当平均 12 h 环境温度高于采暖季节限定时，热分布系统将完全关闭。

低流量和仅空间加热系统有回流系统时，SPF 可以在模拟中大大提高，但并没有提高系统传递的热量。为此，解决中央采暖系统的一个关键问题是：为满足供热需求所需要的温度水平是多少。图 7.A.4 回答了这个问题，即在每种气候和热负荷下，传递到空间热分布的累积能量与流入和回流最高温度的关系。这些曲线从每小时空间热分布系统的能量供应以及每小时入口和出口温度的平均值得到。图 x 轴对应温度、y 轴的值是结合低于合理值的空间热分布供给或回流温度。从这些图中可以得出，在斯特拉斯堡 SFH100 的采暖负荷 14 MW·h/a，流量温度低于 40℃、回流温度低于 25℃时需要 6 MW·h。

对太阳能和热泵系统性能的比较，是最重要的曲线（除了对热水温度的总需求），这使得两种不同的模拟具有了可比性！

生活热水负荷基于欧盟指令 M/324M[41]。为了适合在每年的模拟中使用以及便于每周介绍一种而对每个地点冷水温度对热水的需求以及波动的温度进行了调整。斯特拉斯堡对热水需求为 2 076 kW·h/a，赫尔辛基为 2 398 kW·h/a，雅典为 1 648 kW·h/a。

为了保证模拟系统具有可比性，同时提供舒适的房间温度和生活热水，“电能消耗的惩罚”被添加到系统中，惩罚的条件是室温低于 19.5℃或 2 min 内 DHW 的温度平均低于 45℃。过程细节可在 T44A38 报告 C3 中发现[19]。

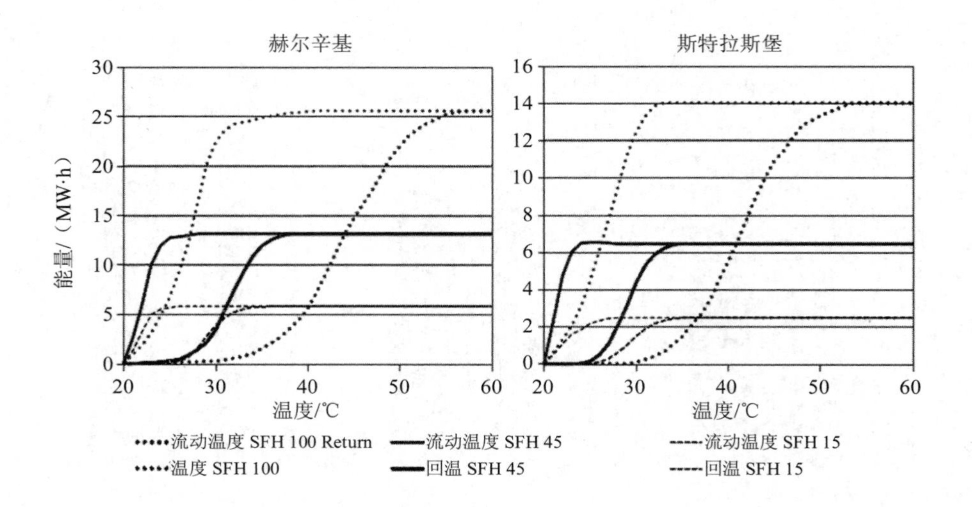

图 7.A.4　能量-温度图显示了斯特拉斯堡与赫尔辛基建筑累计能量需求与最大流入及回流温度的关系

7.A.3　其他边界条件

针对斯特拉斯堡和赫尔辛基的气候，对地埋管换热器进行模拟，确定了参考地面属性与标准换热器的设计（如探针的数量和长度）。标准的模拟采用垂直地埋管换热器，该种换热器有 U 形管，采用 0.18 m 地埋管直径和 0.026 m 内管直径；地面和填充材料导热系数为 2 W/（m·K）。如表 7.A.2 所示，不同建筑、不同气候条件下，地埋管的数量和长度不同。

表 7.A.2　不同地点和建筑物换热器的数量和长度

	斯特拉斯堡			赫尔辛基		
	SFH15	SFH45	SFH100	SFH15	SFH45	SFH100
最大热提取/kW	3.5	4.2	7.0	3.5	5.6	10.5
地面孔洞/m	49	84	2×90	75	2×95	4×95

7.A.4　平台校验

平台校验检查是为了保证在不同的平台上使用边界条件实现类似的结果。在这些平台独立性检验中，对一些系数如直接和散射在斜朝南 45°的表面辐射、环境空气温度、生活热水和空间采暖需求进行了比较。不可忽视的是，对热分布系统流入和回流的温度能量曲线进行了比较，由于不同控制的解释影响回流温度，甚至影响总热量需求，使得比较难以进行。这些平台独立检查的结果都包含在 T44A38 报告 C3 中[19]。

致 谢

在 T44A38 工作中，对提供相关气候数据的 Meteomest（瑞士）表示感谢。

参考文献

[1] Gabathuler，H.R.，Mayer，H.，and Afjei，T.（2002） Standardschaltungen für Kleinwärmepumpenanlagen – Teil 1：STASCH-Planungshilfen，im Auftrag des Bundesamtes für Energie.

[2] Haller，M.Y.，Haberl，R.，Mojic，I.，and Frank，E.（2013） Hydraulic integration and control of heat pump and combi-storage：same components，big differences. SHC Conference 2013，Freiburg，Germany.

[3] Huggenberger，A.（2013）Schichtung in thermischen Speichern – Konstruktive Massnahmen am Einlass zum Erhalt der Schichtung. Bachelor thesis，Institut für Solartechnik SPF，Hochschule für Technik HSR，Rapperswil，Switzerland.

[4] Haller，M.Y.，Haberl，R.，Carbonell，D.，Philippen，D.，and Frank，E.（2014）SOL-HEAP：Solar and Heat Pump Combisystems，im Auftrag des Bundesamt für Energie BFE，Bern.

SHP——solar and heat pump——太阳能加热系统/太阳能热泵系统
SPF——seasonal performance factor——季节性能因素
HVAC——供暖、通风和空调
FE——the final energy——系统最终产能的量/最终能量消耗量/最终能耗量
SH——the space heating——空间加热
DWH——domestic hot water——生活热水
EU27——欧盟
TCO——总体拥有成本
NPV——the net present value——净现值

8 经济和市场问题

马泰奥·德安东尼，罗伯托·费德里齐，沃尔夫拉姆·施帕贝尔（Matteo D'Antoni，Roberto Fedrizzi，and Wolfram Sparber）

概 要

本章主要对太阳能加热系统（SHP 系统）进行经济性分析，该分析基于该系统 20 年所有权（包括投资和运营）所需的总费用进行。将使用 SHP 系统的总费用与使用其他加热系统（即化石燃料系统或区域供热系统/集中供热系统）的总费用进行直接比较，并最终得到一个用户易于理解的成本对比分析结果（a spendable figure）。

本章主要阐明：与其他市场上已有的供热系统比较，SHP 系统在环保和技术方面有明显优势，这主要得益于 SHP 系统在燃气锅炉设备方面的竞争力，尤其是对于翻新建筑、现存建筑或大面积经济条件较好区域等能源需求量较大的区域，SHP 系统竞争力更为明显。

SHP 系统在环保和技术方面具有明显优势，但较高的投资费用是限制 SHP 系统在市场上广泛应用的瓶颈。为了促进 SHP 系统的大范围应用，供应商在中长期内应尽量降低市场价格。同时，国家应采取激励措施支持 SHP 系统的推广。

电费对 SHP 系统的推广也起到了一定作用。电费涨价将使得 SHP 系统像空气源加热系统一样划算，即便投资费用高的 SHP 系统也是一样。天然气价格上涨所带来的影响较电费涨价更为突出，尤其是对于具有中小投资费用的 SHP 系统。

8.1 引言

在第 3 章和第 7 章我们已经知道，SHP 系统的加热性能受到很多因素的影响，包括地理位置、建筑负荷和集热面积。从理论上讲，由热泵和太阳能集热板集成的单一的产能系统可以克服热泵和太阳能集热板二者单独应用的局限。如果集合系统的季节性能因素（SPF）较传统热泵系统有所增长，那么其增长量（ΔSPF）必须要补偿多出的投资费用。因此，进行季节性电能分析后，需要进行经济分析来证明其经济上的合理性，并以此来支持 SHP 系统的大范围推广。

SHP 系统在节能方面的优势前文已经进行了讨论，本章主要对 SHP 系统的经济性和环境性进行讨论。本章的具体目标为：

——提出一种通用的计算框架，用以比较基于已产生费用的系统变量；

——开发一种人性化的图形界面，从而即时追踪技术问题、经济问题和环境问题，并为设计师提供决策支持。

因此，本章内容将为以下人员提供实用性帮助：

——为设计师提供经济学框架，该框架基于能够被最终使用者/用户轻松理解的简单且清楚的价格；

——为产业提供目标投资成本和最小性能值，从而实现市场竞争力；

——为决策者提供能够帮助 SHP 系统市场推广的个性化的激励方案。

8.2 SHP 系统的优势

HVAC（供暖、通风和空调）技术的市场成功主要得益于用户满意度。理论上来说，好的能源系统应该能够具备廉价、易经营、经营费用低、维护工作少并且使用期限长等特点。

在过去几十年，用户对环境问题越来越敏感。对于用户来说，即使有着清晰的环保意识，能源花费的衡量权重仍大于环保考虑。绝大多数时间，与更为环保的能源系统相比，投资花费相对较低的能源系统更能吸引消费者。

国际标准和欧洲标准已经将市场重定向环境友好型系统，所有新生产的 HVAC 系统及组件都必须强加能源标签。该措施促进了制造商间的竞争，制造商们需要以最低的市场成本生产出环保性能更佳的能源系统。在新居民楼或翻新居民楼，热泵和太阳能集热板成为应对新出台的更为严苛的 CO_2 减排标准的两个优先选择，从这个意义来说，SHP 系统成为最优解决方案。欧洲市场上大量的随时可用的 SHP 系统即证实了这个说法。为了减少投资花费以及安装期间的错误风险，根本方法是实现 SHP 系统设计标准化，一个更完善的设计方法可以延长系统的使用期限。

太阳能集热板和热泵系统的集成在非能源方面也有一些优势。例如，采用太阳能集热板作为额外的热源可以减少设备每年的运行时间，从而提高设备的使用期限。此外，由于用户夏季习惯打开窗户，则空气源热泵的噪声在夏季可以减少甚至消除。

能源方面和环保方面的优势是 SHP 系统上述优势中最重要的两方面。太阳能技术和热泵技术的结合有利于增加 SPF 系统的产能量并减少系统最终产能（FE）的消耗，从而减少 CO_2 排放。太阳能集热板带来的系统季节因素的增长量（ΔSPF）是变量，其大小由 SHP 系统的结构（长并联）、热源类型学、太阳能集热板的表面积、建筑负荷等因素共同决定。其具体关系我们已经在第 7 章进行了详细描述，在第 7 章内容中，我们根据串并联 SHP 系统的布局给出了每平方米太阳能集热板产生的 ΔSPF 值。FE 的减少率取决于参照系统季节性能因素 SPF_{ref} 的值和系统季节因素增长量 ΔSPF 的值。

$$FE(\%)=\frac{FE_{ref}-FE_{SHP}}{FE_{ref}}=\left(\frac{1}{SPF_{ref}}-\frac{1}{SPF_{SHP}}\right)/\frac{1}{SPF_{ref}} \tag{8.1}$$

假定 SPF_{ref} 的值为 2.7（典型的纯净空气源热泵系统[1]），SPF_{SHP} 的值为 4.5，根据上述方程，可知系统最终产能总量的节约率为 40%。系统最终产能总量的减少带来系统主要能量的减少，通过第 4 章提到的转换系数我们可以将最终产能总量的减少量转化为 CO_2 的减排量，即可以得到 ΔCO_2 的值。从这个意义上来说，SHP 系统代表了一种即用的解决方案，即在新、老居民楼实现一种可再生能源概念。

8.3 经济计算框架

在绪论中我们已经提到，本章的目的是通过经济学分析为 SHP 系统在住宅区的应用提供决策方法。

SHP 系统在能源价格方面的经济效益已经表现出来，能源价格是最终用户在一段时间内必须要面临的问题。一般来讲，当两个能源系统进行比较时，有吸引力的一定是能源价格较低的系统。为了推导出一般的、可复制的结果，与经济和能量相关的数量值都需要除以建筑面积。这种计算方法的优点是适用于任何一种系统，无论是进行空间加热还是满足用户热水需求。

对能源系统的任何一种经济分析都始于对能量需求的评价。住宅楼的能量需求总量 Q_{tot} 由空间加热（SH）所需能量 Q_{SH} 和生活热水（DHW）所需能量 Q_{DHW} 两部分组成：

$$Q_{tot} = Q_{SH} + Q_{DHW} \tag{8.2}$$

居民楼应用系统能量需求量与生活热水（DHW）负荷和加热所需能量有关，而 DHW 负荷一般为每平方米 15～25 kW·h 或者每人每天 1.2～1.4 kW·h，加热所需能量与建筑蓄热能力和气候状况有明显关系。

电力系统的 FE 值可以由系统季节性能因素 SPF_{SHP}（见第 4 章）计算得到

$$FE = \frac{Q_{tot}}{SPF_{SHP}} \tag{8.3}$$

锅炉的 FE 值可以由整体季节效率 η_{boiler} 计算得到

$$FE = \frac{Q_{tot}}{\eta_{boiler}} \tag{8.4}$$

SPF_{SHP} 的值可以通过数值模拟（见第 7 章）或某一 SHP 系统的核定获得。而 η_{boiler} 的变化范围为 80%（即现有的不能凝固的燃气锅炉）～120%（即气体驱动热泵）。

FE 值计算出来后，年度能量消费付款 C_{fe} 也就可以计算得到

$$C_{fe} = FE \times \mu \tag{8.5}$$

年度能量消费付款 C_{fe} 只需要考虑年度支出，而年度支出与覆盖加热的能量费用和满足 DHW 需求的能量费用有关。根据当地的能量关税和能量载体，统一的能量价格 μ 即表示能量账单上报道的最终的能量价格。能量价格 μ 随着国家（图 8.1）和时间不同而变化。EU27 国的电力价格和天然气价格的变化趋势见图 8.2。假设 SHP 系统只由电力驱动，则

能源价格变化率 i_e 为每年 4%～5%。此外，考虑到能源关税的昼夜变化，能源价格的平均值可以由下式计算

$$\mu = \frac{FE_{day} \times \mu_{day} + FE_{night} \times \mu_{night}}{FE_{day} + FE_{night}} \tag{8.6}$$

使用 SHP 系统的一户家庭在一定时间内需要支付的总费用即是 SHP 系统所有权总费用 TCO，该费用根据净现值[2,3]法进行计算，净现值法将考虑分析过程中涉及的所有费用。

- 初始投资费用 I_0；
- 消费付款（最终能量支付费用）C_{fe}；
- 操作付款（维护费、保险费、税金）C_m；
- 更换费用 C_r。

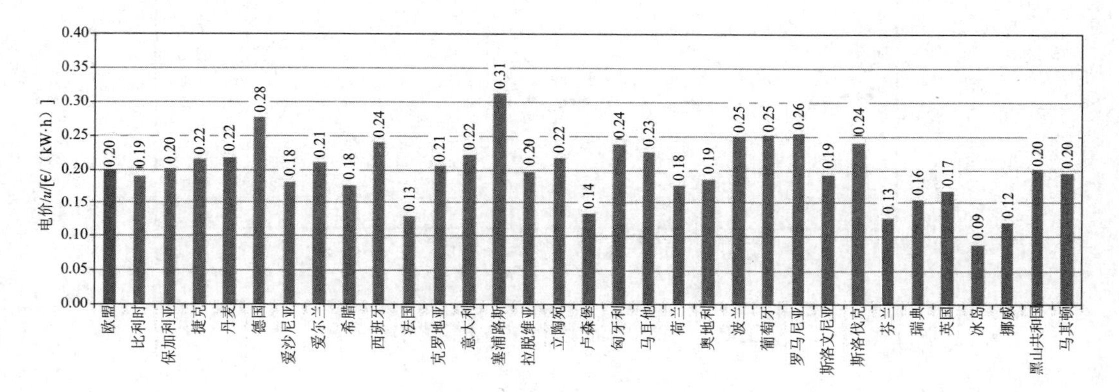

图 8.1 2013 年上半年欧盟国家的电价

资料来源：欧盟统计局。

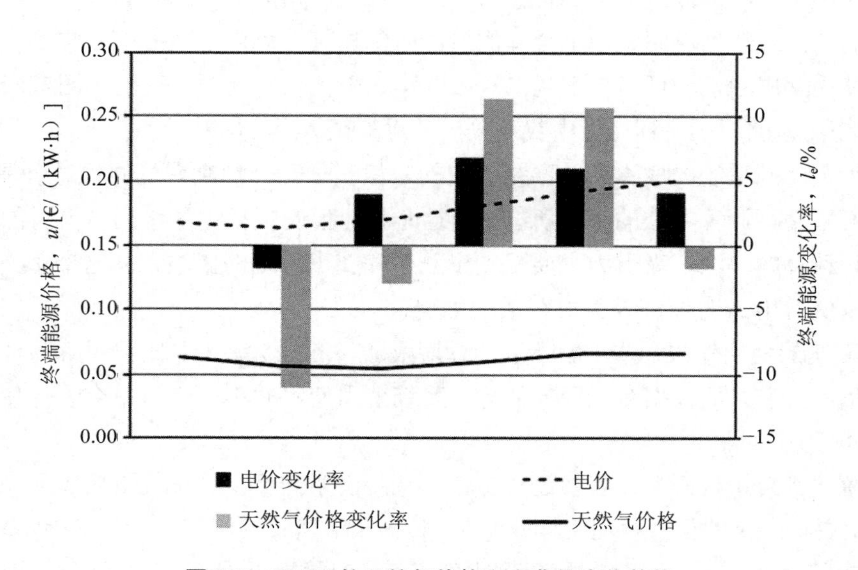

图 8.2 EU27 的天然气价格和电费的变化趋势

在后文我们将根据上述的几种费用的发生时间和关联价值对其进行总计。对于前文提到的能源系统经济分析和能源价格变化率，我们是在当前对未来的价格进行计算，因此通货膨胀率 i_{infl} 起到非常重要的作用。图 8.3 表示了欧共体直至 2012 年的通货膨胀率，该数据来源于欧盟统计局所报道的数据。我们可以注意到，在过去十年间，欧共体通货膨胀率的平均值为 2.5%。

我们采用的计算方法基于一个基本假设，即一户家庭有能力支付系统的投资费用和替代费用。当这个假设不成立时，则系统的投资费用和替代费用需要由银行贷款提供。为了计算简便，计算过程中没有考虑银行贷款利率。

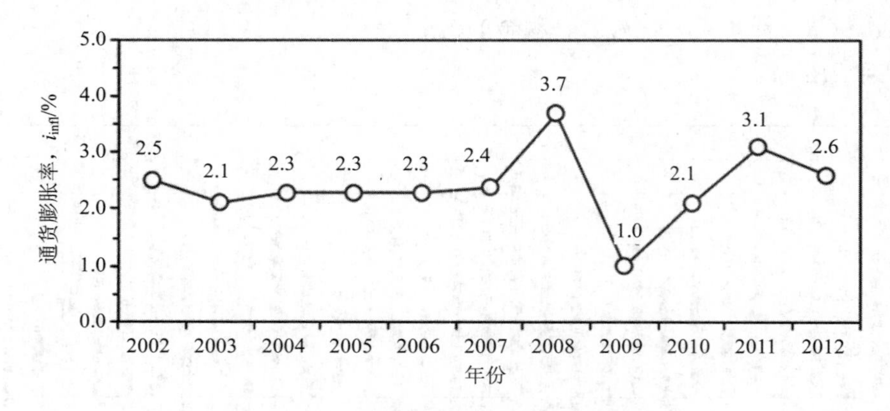

图 8.3 EU27 通货膨胀率的变化趋势

资料来源：欧盟统计局。

为了比较两种不同能源系统的投资费用，必须要定义一个相同的经济时间框架。在相同的经济状况下对不同能源系统的性能进行统一比较，相同的经济时间框架是一个关键因素。不幸的是，对于如何假定一个合理的参照时间框架，可供参考的资料较少。主动式能源系统的使用期限通常较低，一般为 15～20 年，而被动式能源系统的使用期限较长，一般为 30 年[4]。因此，在下列计算中我们采用计算期限 N 为 20 年。

一个给定能源系统的成本效益不是确定的，但其与一个参照系统的相对值是确定的，这就是我们采用该计算方法的优势所在。而这个相对值是依据由最终用户支付的特定的能源价格进行计算的。经济吸引力主要受支出总额和支出周期的影响，从这个意义上说，系统的初始投资费用 I_0 对经济吸引力有很大影响。

SHP 系统的使用期限 τ_{SHP} 一般小于计算期限 N（图 8.5）。τ_{SHP} 的值不容易计算，绝大多数情况下，其值只能根据个人经验估算。系统使用期限并不一定与单个组件使用期限存在函数关系。

当一个系统达到使用期限后，就要进行更换。从经济学角度讲，系统更换体现在更换次数 n 以及每次更换产生的更换费用 C_r 上（图 8.4）。在这里我们假定，一旦 SHP 系统达到使用期限，更换费用 C_r 等于初始投资费用 I_0，产生初始投资费用的时间是固定的，而产

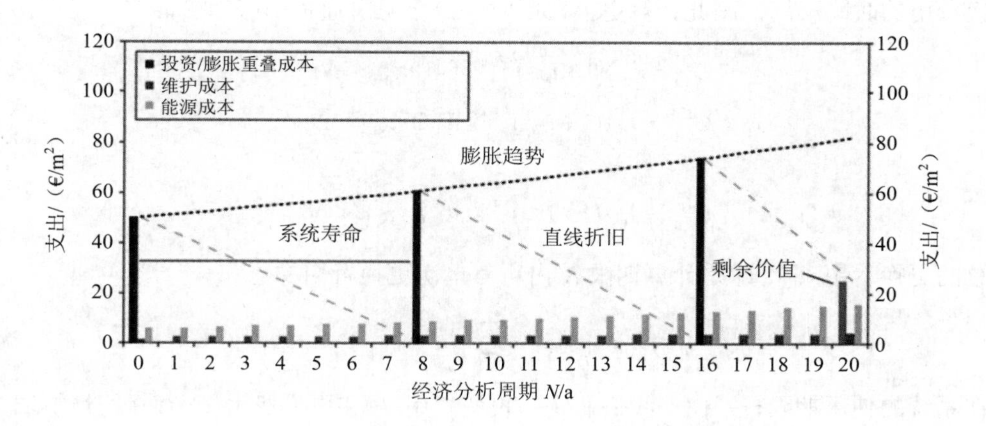

图 8.4　一个经济分析期限内支出及效益成本的周期性图解

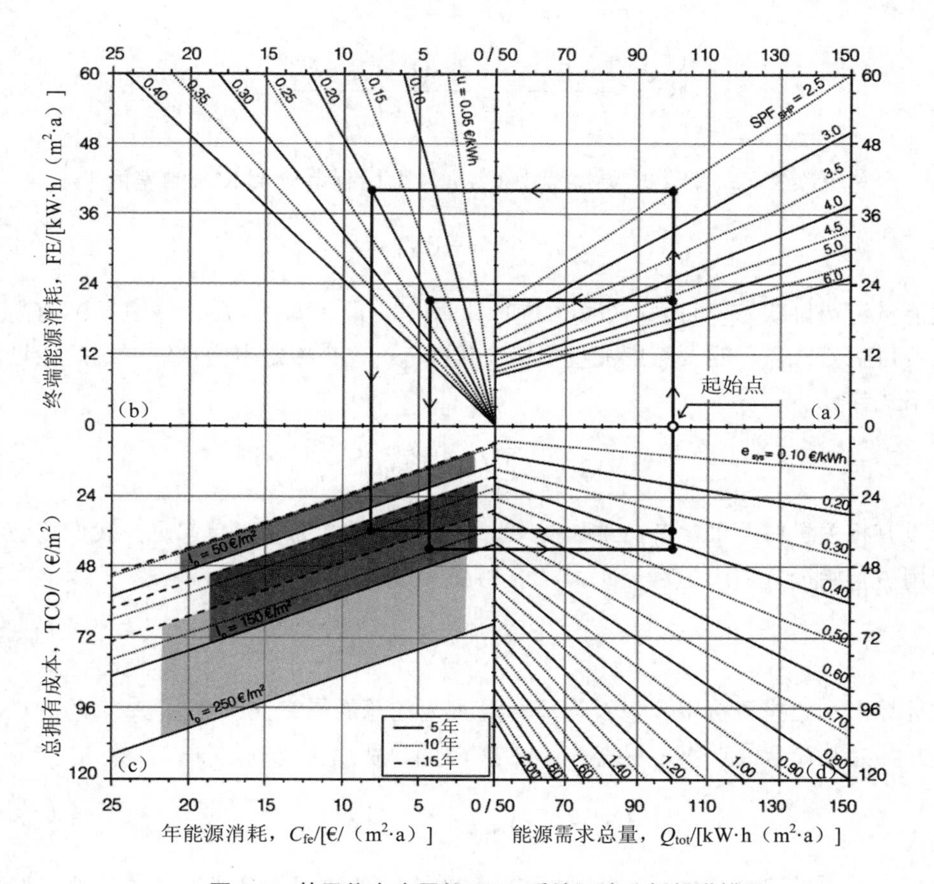

图 8.5　基于住宅应用的 SHP 系统经济分析的诺模图

生更换费用的时间不同，因此计算更换费用时一定要考虑通货膨胀率 i_{infl}：

$$\begin{aligned} C_{\mathrm{r},0}^{(1)} &= I_0 \cdot (1+i_{\text{infl}})^{1\cdot\tau_{\text{SHP}}} \text{ if } 1\cdot\tau_{\text{SHP}} < N \\ C_{\mathrm{r},0}^{(2)} &= I_0 \cdot (1+i_{\text{infl}})^{2\cdot\tau_{\text{SHP}}} \text{ if } 2\cdot\tau_{\text{SHP}} < N \\ &\vdots \\ C_{\mathrm{r},0}^{(n)} &= I_0 \cdot (1+i_{\text{infl}})^{n\cdot\tau_{\text{SHP}}} \text{ if } n\cdot\tau_{\text{SHP}} < N \end{aligned} \tag{8.7}$$

总的更换费用 $C_{\mathrm{r},0,N}$ 即是计算期限 N 内所有单次更换费用的总和。

$$C_{\mathrm{r},0N} = \sum_{j=1}^{n} C_{\mathrm{r},0}^{(j)} \tag{8.8}$$

在系统的使用期限 τ_{SHP} 内，我们假定，投资费用 I_0 和更换费用 C_{r} 存在线性折旧（图 8.4）。在达到经济分析期限 N 时，可能会出现正的剩余价值 RV。系统的现行剩余价值 RV_0 可由下式计算：

$$\mathrm{RV}_0 = \frac{\mathrm{RV}}{(1+i_{\text{infl}})^N} = \frac{I_0 \cdot (1-\tau_{\text{SHP}}/N)}{(1+i_{\text{infl}})^N} \tag{8.9}$$

因此，净总更换费 $C_{\mathrm{r},N}$ 等于总更换费用 $C_{r,0,N}$ 与现行剩余价值 RV_0 的差值。

$$C_{\mathrm{r},N} = C_{\mathrm{r},0N} - \mathrm{RV}_0 \tag{8.10}$$

年度能量消费付款 C_{fe} 可由式（8.5）进行计算。为了计算用户在计算期限 N 内需支付的总的消费付款 $C_{\text{fe},N}$，一定要考虑能量价格变化率 i_{e}。一个给定电力系统的总的能量消费付款可由下式计算

$$C_{\text{fe},N} = \sum_{j=1}^{n} C_{\text{fe}} \cdot (1+i_e)^j \tag{8.11}$$

由于没有相关资料可供参考，维护费 C_{m} 也很难计算。为了简单起见，我们规定年标准维护费用占初始投资费用的百分比。对于 SHP 系统其值为 1%～3%。

$$C_{\mathrm{m},N} = \sum_{j=1}^{n} C_{\mathrm{m}} \cdot (1+i_{\text{infl}})^j \tag{8.12}$$

一旦计算出初始投资费用 I_0 以及计算期限 N 内的总的最终支付费用 $C_{\text{fe},N}$、总的维护费 $C_{\mathrm{m},N}$、净更换费用 $C_{\mathrm{r},N}$，则 SHP 系统所有权 TCO 的总费用可以利用下式计算

$$\mathrm{TOC} = I_0 + C_{\text{fe},N} + C_{\mathrm{m},N} + C_{\mathrm{r},N} \tag{8.13}$$

因此，SHP 系统产能单价 e_{SHP} 即是所有权 TCO 的总费用与总能量需求量 Q_{tot} 之比：

$$e_{\text{SHP}} = \frac{\mathrm{TCO}}{Q_{\text{tot}}} \tag{8.14}$$

8.4 经济分析诺模图

诺模图是一个二维的图形计算界面，可以进行简单的数学计算。在计算机和计算器普及前，诺模图已经被广泛使用了。诺模图在当前的使用已经很少了。然而，诺模图不光是解决问题的一个有效手段，而且可以对影响某一问题的多个参数进行图形论证。由此，我们采用诺模图来进行 SHP 系统的经济、技术以及环境分析。

诺模图是一个数学关系或数学原理的图形表示，一系列的滑动标尺来提供包括乘法、除法在内的算术运算。这些标尺代表 SHP 系统的主要参量，如最终能量价格 u、初始投资费用 I_0、系统使用期限 τ_{SHP} 等。在介绍诺模图是如何构思出来以前，声明诺模图的适用领域及前提假设是很重要的。

（1）诺模图适用于计算下列未来量：

— 系统投资费用；

— 基于某一组件或系统交互作用的系统性能改善以及技术发展；

— 能量价格。

（2）诺模图不依赖于定义的任何参照系统，也不依赖于地理位置。

（3）诺模图可以比较在同一个边界状态下（地理位置和建筑负荷）运行、由不同能量载体（即电力和天然气）驱动的能量系统。

（4）因为 T44A38 中没有考虑冷却模式，所以诺模图仅适用于提供空间加热和生活热水所需能量的系统。

（5）它一般应用于居民楼。

另外，诺模图的应用基于以下假设：

（1）在系统使用期限内，假设系统运行状态始终良好。

（2）在系统使用期限内，假设通货膨胀率 i_{infl} 和能源价格 i_e 变化率均为常数，分别为每年 2.5%和 5%。

（3）假设每年的维护费用为初始投资费用的 2%。

（4）在系统使用期限内，系统每年的投资费用和更换费用是线性折旧的。

（5）假定某给定系统的使用期限是系统各组件使用期限的加权平均。

使用诺模图的第一步就是在图 8.5（a）的 x 轴上选择总的能量需求量（图 8.5 右上角）。从选定点开始向 x 轴方向画直角线，直至与相关的 SPF 线相交。SPF_{SHP} 值被找到后，就能清楚地读出最终耗能量的值。

上述诺模图的一个特点就是一个图表的输出量是紧邻下一个图表的输入量。根据这个特点，由图 8.5（a）输出的最终耗能量的值便是图 8.5（b）的输入值（图 8.5 左上角）。能量费率 u 是一个主要的计算参数。u 值代表的是实际的电费，不受任何折旧或变化率的影响。与图 8.5（a）类似，继续画垂直向下的直线便能确定 C_{fe} 值，C_{fe} 表示与年度能源账单相关的能源花费，其值是前文定义的几个变量（总的能源需求量 Q_{tot}、系统性能参数 SPF_{SHP} 和能量费率 u）的综合作用结果。

从图 8.5（c）（图 8.5 左下方）可以计算出所有权总花费 TCO 的值。初始投资费用 I_0（灰色区域）和系统使用期限 τ_{SHP}（平行线）两个主要参数已经清楚。图上 TCO 的值以一组平行线的形式给出，斜率由初始投资费用 I_0 决定，而截距则由系统使用期限 τ_{SHP} 决定。考虑到计算过程中大量的参数，假定能量价格变化率 i_e、通货膨胀率 i_{infl} 以及维修费用 C_m 均为常数。求得的 TCO 值为 20 年期限内系统所有权的总花费。

与前面几个图不同，图 8.5（d）（图 8.5 右下方）有两个输入量：总的能量需求量 Q_{tot} [来自图 8.5（a）]和所有权总费用 TCO [来自图 8.5（c）]。两个输入量分别沿水平方向和竖直方向延伸，其交点表示 SHP 系统的产能单价 e。

诺模图不仅是为了对 SHP 系统进行经济性分析而设计的，而且对其稍加变化就可以用来比较 SHP 系统和参照化石能源系统。两种系统的不同有两点：图 8.5（a）中使用的不同系统的性能率（季节效率性能η_{fossil}）以及图 8.5（b）中使用的不能系统的能量费率。

计算实例

让我们考虑下面这个案例，一座独栋的房子，其总的加热需求量为 100 kW·h/m²，有两种 SHP 系统的安装方案可供考虑:

方案 1：系统的 SPF_{SHP}=2.5，初始投资费用为 150€/m²，平均使用年限为 10 年。

方案 2：系统的 SPF_{SHP}=5.0，初始投资费用为 250€/m²，平均使用年限为 15 年。

在 20 年内居民对 SHP 系统所有权的总费用是多少？

根据图 8.5 的诺模图，我们可以很容易地求出这个问题的答案。将该房屋的总的加热所需能量（100 kW·h/m²）输入图 8.5（a）（见“起点”）并选择系统的 SPF_{SHP} 值（2.5 和 5.0），则可以计算出年度最终能量消耗量（分别为 40 kW·h/m² 和 20 kW·h/m²）。假定图 8.5（b）中的平均电费为 0.2€/（kW·h），则年度电能支付费用分别为 8€/m² 和 4€/m²。图 8.5（c）中的初始投资费用（灰色区域）和使用期限（平行线）已经知道，则图 8.5（c）可以输出所有权总费用 TCO，分别为 31.6€/m² 和 42.3€/m²。最后，TCO 除以总的加热需求量即可得到用户 20 年间需支付能量单价，分别为 0.32€/（kW·h）和 0.42€/（kW·h）。根据这个简单的计算，我们可以判断从经济学角度考虑，方案 1 更有吸引力。

8.5 具体案例应用研究

在本节中，8.3 节中介绍的计算方法将被应用于真实的系统设计。例如，我们将比较 1 个参照的化石能源系统和 3 个 SHP 系统的能源价格 e。需要指出的是，由于系统的初始投资费用不同国家之间存在很大差异，因此这里的初始投资费用只是参考值。在这里，我们只是想提供不同 SHP 系统配置的计算值比较，并不是为了支持或质疑某一个系统配置。

供研究的系统主要有以下几个：

（1）系统 1（VAR1）：冷凝式燃气锅炉；投资费用：50€/m^2。

（2）系统 2（VAR2）：空气源热泵；投资费用：70€/m^2。

（3）系统 3（VAR3）：由一个空气源热泵和 5 m^2 的太阳能集热板组成的并联式 SHP 系统；投资费用：150€/m^2。

（4）系统 4（VAR4）：由一个空气源热泵和 10 m^2 的无釉太阳能集热器组成的串联式 SHP 系统；投资费用：250€/m^2。

m^2 指的是空间加热面积。每个系统都应用于不同的建筑负荷：

（1）假定生活热水所需能量为 18 kW·h/m^2。

（2）建筑负荷分别为如下：能量需求小的建筑（SFH15）、能量需求中等水平的建筑（SFH45）和能量需求大的建筑（SFH100），其空间加热的需能量分别为 15 kW·h/m^2、45 kW·h/m^2 和 100 kW·h/m^2。

为计算简便，将 VAR1 系统的η_{fossil}值确定为 1.0。空气源热泵的系统性能 SPF 为 2.7[1]。由第 7 章的计算结果可知，VAR3 和 VAR4 的系统性能值分别为 3.2 和 3.6。

假定计算时间期限 N 为 20 年，通货膨胀利率 i_{infl} 为每年 2.5%，能源价格变化率 i_{e} 为每年 5%，每年的维护费用占初始投资费用 I_0 的 5%。VAR1 系统中天然气价格统一确定为 0.1€/（kW·h），SHP 系统中电价统一确定为 0.2€/（kW·h）。VAR1 系统的使用期限假定为 10 年，SHP 系统的使用期限假定为 15 年。基于上述假定，对 4 个系统进行经济学分析。

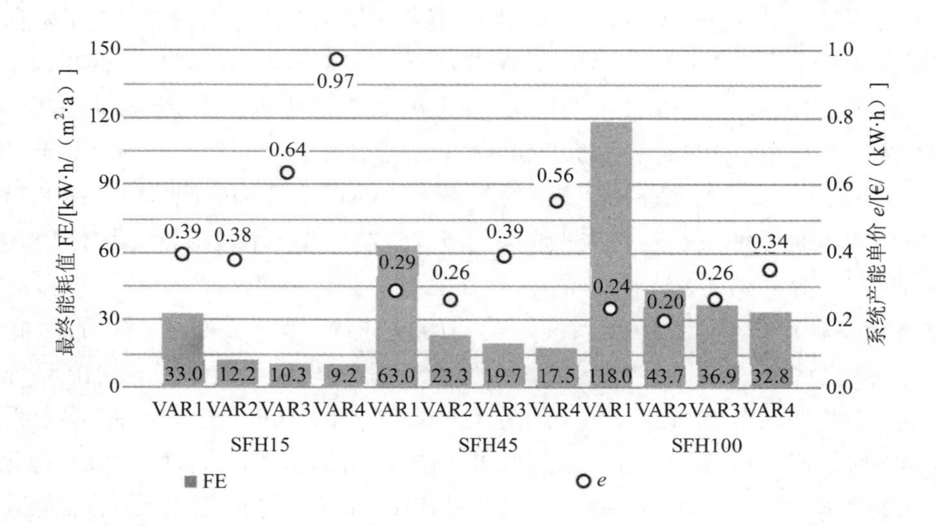

图 8.6 不同系统设计在居民楼应用比较

经济分析的结果见图 8.6。对于加热需能量相同的建筑，相比 VAR1 系统，SHP 系统的最终能耗量降低 63%～72%。与保温性良好的新建筑（SFH15）相比，应用于现有建筑（SFH100）的 SHP 系统的最终能耗量降低幅度更大，即应用于现存建筑（SFH100）的 SHP

系统的这种优势更为明显。相反的，不同的 SHP 系统（VAR2、VAR3、VAR4）引起的最终能耗量的差异不大，又由于最终节能量是季节性能因素 SPF 的反函数，由此可以推出不同的 SHP 系统的季节性能因素差异也不大，这结论与我们预期的一致，因为我们已经知道 VAR2、VAR3、VAR4 季节性能因素只有很小的差异。

虽然所有的 SHP 系统都可以减少最终能耗量，但是各个系统的能源价格/产能单价 e 是不同的。而系统的初始投资费用 I_0 是产能单价 e 的一个决定性参数，特别是对于需能量小的建筑而言。这主要是由于系统产能单价是所有权总花费 TCO 与能量需求总量/总需能量 Q_{tot} 的比值。因此，Q_{tot} 越大，系统能源价格 e 越小（个人理解：Q_{tot} 小，则 e 主要受分子 TCO 的影响，而 I_0 是 TCO 的重要组成部分；Q_{tot} 大，则 e 主要受分母 Q_{tot} 的影响，TCO 的作用相对而言不是那么重要）。

通过前文的分析，我们发现系统的初始投资费用 I_0 是某个 SHP 系统能否达到较好经济效益的一个主要限制因素。这时搞清楚一个 SHP 系统在哪种技术经济条件下可以达到参照系统的竞争力是非常有意义的，也就是要计算在哪种技术经济条件下某个 SHP 系统的产能单价等于参照系统的产能单价。

为了填补相同技术经济基础上 SHP 系统与参照系统的差距，要采取下面这些措施：

（1）提高 SHP 系统的季节性能因素 SPF_{SHP}，从而减小年耗能量；

（2）提高电费和燃气费，从而提高最终节能量；

（3）采取一些措施来增加能源成本。

定义参照系统对最终结论有非常大的影响，是很关键的。因此，我们设定了两套可供选择的参照系统：一个冷凝式燃气锅炉（VAR1）和一个空气源热泵系统（VAR2）。

图 8.7 和图 8.8 为不同 SPF_{SHP} 值的影响。在图中，选定建筑总的能源需求量 Q_{tot} 和初始投资费用 I_0，则 y 轴对应的值就是最小 SPF 值，最小 SPF 值即系统产能单价等于参照系统产能单价时的 SPF 值。如果选择冷凝式燃气锅炉（VAR1）作为参照系统（图 8.7），较大的 Q_{tot} 值和较小的 SPF_{SHP} 值可以产生相同的成本效益。选择空气源热泵系统（VAR2）为参照系统的相关分析见图 8.8。

考虑这样一种情况，某 SHP 系统，其初始投资费用为 100€/m^2，总的需能量为 60 kW·h/m^2，如果将该 SHP 系统与 VAR1 参照系统进行比较，则能保证该 SHP 系统与参照系统成本效益相同的最小 SPF_{SHP} 值大约为 3。如果将这个 SHP 系统与 VAR2 参照系统进行比较，则能保证该 SHP 系统与参照系统成本效益相同的最小 SPF_{SHP} 值为 3.6。因此，一个以冷凝式燃气锅炉为参照时 SPF_{SHP} 值为 5.0 的 SHP 系统，将其应用于总的需能量大于 50 kW·h/m^2、初始投资费用小于 200€/m^2 的状况下更划算。如果相同的 SHP 系统以空气源热泵系统为参照，则应将其应用于总需能量大于 70 kW·h/m^2、初始投资费用小于 175€/m^2 的状况下。

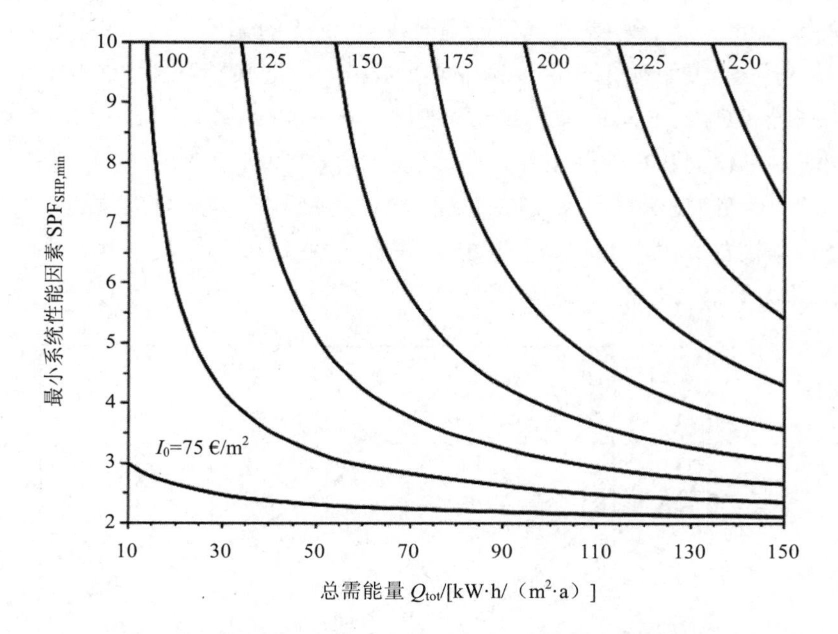

图 8.7 与冷凝式燃气锅炉参照系统（VAR1）成本效益相同的某 SHP 系统的最小 SPF_{SHP} 值

注：计算参数：电价：0.20€/（kW·h）；天然气价格：0.10€/（kW·h）；SHP 系统的使用期限：15 年；燃气锅炉的使用期限：10 年；能源价格变化率：5%/a；维护费：投资费用的 2%；通货膨胀率：2.5%/a。

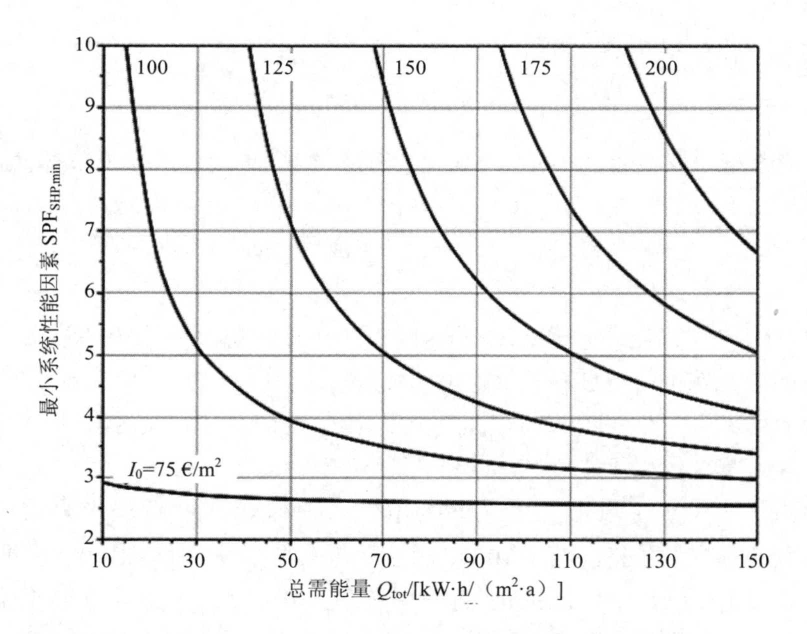

图 8.8 与空气源热泵参照系统（VAR1）成本效益相同的某 SHP 系统的最小 SPF_{SHP} 值

注：计算参数：电价：0.20€/（kW·h）；天然气价格：0.10€/（kW·h）；SHP 系统的使用期限：15 年；燃气锅炉的使用期限：10 年；能源价格变化率：5%/a；维护费：投资费用的 2%；通货膨胀率：2.5%/a。

在上面的分析中，电价或燃气价格是一个很重要的影响因素。因此，计算出满足 $e_{ref}=e_{SHP}$ 的能源税能源计费/能源税 u 是非常重要的。接下来，我们将重点比较一个常规的空气源热泵系统（VAR2）与拥有不同投资费用 I_0 的 SHP 系统（图 8.9 和图 8.12）。

考虑到平均电价为 0.2€/(kW·h)，只有满足 SPF_{SHP} 值大于 4.0 并且总能量需求量在 90～150 kW·h/m² 时，初始投资费用为 150€/m² 的 SHP 系统与空气源热泵系统相比才更有竞争力。如果是初始投资费用为 250€/m² 的 SHP 系统（图 8.10），则找不到这样一种状态，使得该 SHP 系统优于空气源热泵系统。

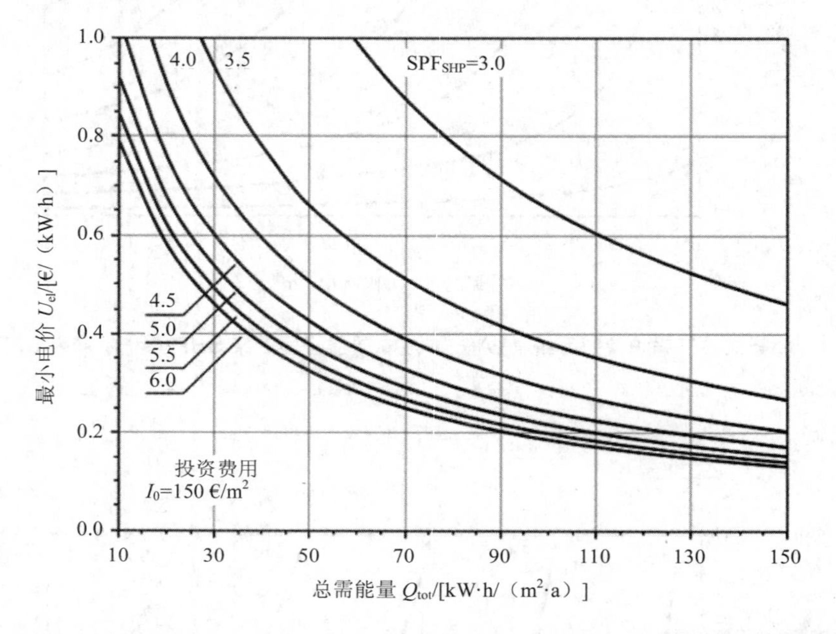

图 8.9 某 SHP 系统（投资费用为 150€/m²）与空气源热泵系统（VAR2）具有相同成本效益时的最小电价

注：计算参数：天然气价格：0.10€/（kW·h）；SHP 系统的使用期限：15 年；燃气锅炉的使用期限：10 年；能源价格变化率：5%/a；维护费：投资费用的 2%；通货膨胀率：2.5%/a。

在第一个例子（初始投资费用为 150€/m²）中，假定电价为 0.40€/kW·h，则 SHP 系统更具竞争力的条件放宽为：总需能量大于 40 kW·h/m² 并且 SPF_{SHP} 值大于 3.2。将电价等于 0.40€/kW·h 应用于第二个例子（初始投资费用为 250€/m²）中，则 SHP 系统更具竞争力的条件为：总能量需求量大于 100 kW·h/m² 并且 SPF_{SHP} 值大于 3.5。

比较电力系统和燃气系统，我们发现与电价一样，燃气价格同样影响 SHP 系统的成本效益。考虑到实际燃气价格约为 0.10€/kW·h，当总需能量大于 65 kW·h/m² 并且 SPF_{SHP} 值大于 3.0 时，初始投资费用为 150€/m² 的 SHP 系统比冷凝式燃气锅炉参照系统（VAR1）更划算（图 8.11）。对于初始投资费用为 250€/m² 的 SHP 系统，则找不到这样一种状态，使得该 SHP 系统优于 VAR1 系统。在以上两个例子中，提高燃气价格有利于提高 SHP 系统的竞争力。

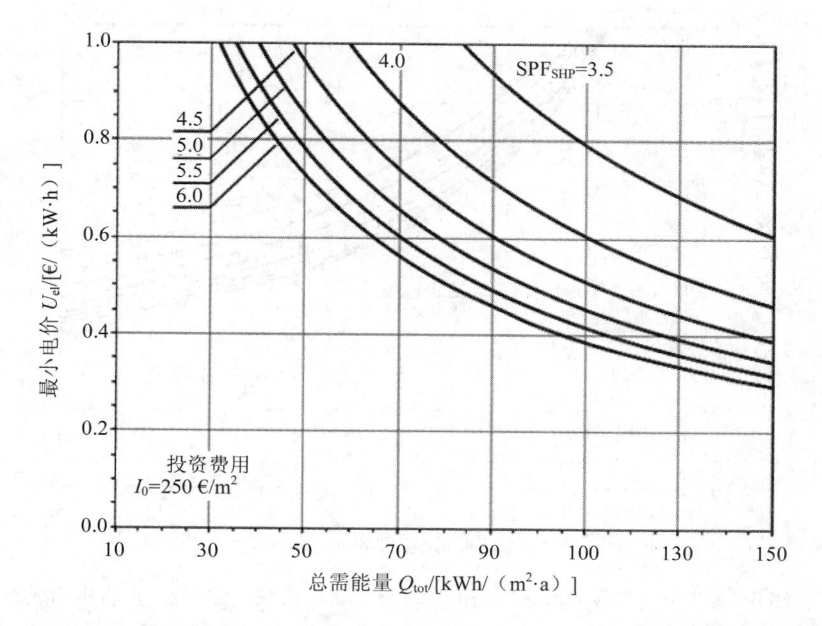

图 8.10 某 SHP 系统（投资费用为 250€/m^2）与空气源热泵系统（VAR2）具有相同成本效益时的最小电价

注：计算参数：天然气价格：0.10€/（kW·h）；SHP 系统的使用期限：15 年；燃气锅炉的使用期限：10 年；能源价格变化率：5%/a；维护费：投资费用的 2%；通货膨胀率：2.5%/a。

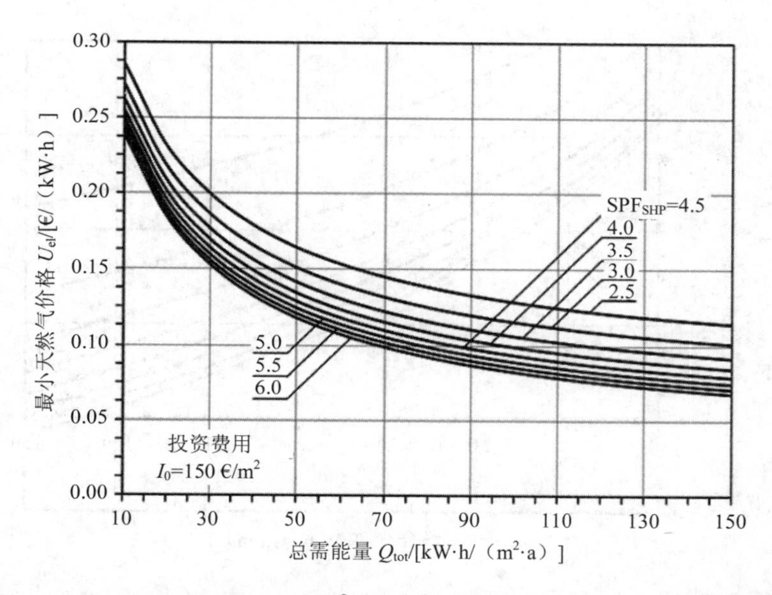

图 8.11 某 SHP 系统（投资费用为 150€/m^2）与燃气锅炉系统（VAR2）具有相同成本效益时的最小天然气价格

注：计算参数：电价：0.20€/（kW·h）；SHP 系统的使用期限：15 年；燃气锅炉的使用期限：10 年；能源价格变化率：5%/a；维护费：投资费用的 2%；通货膨胀率：2.5%/a。

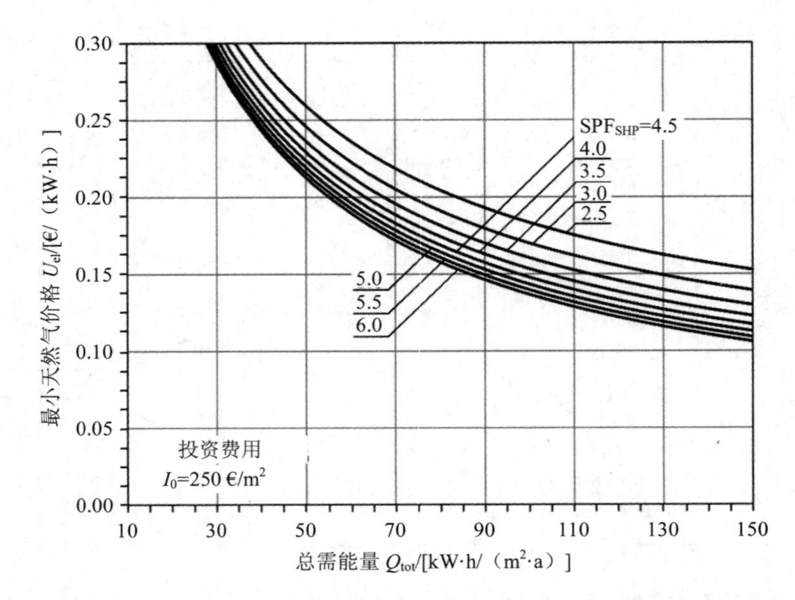

图 8.12　某 SHP 系统（投资费用为 250€/m^2）与燃气锅炉系统（VAR2）具有相同成本效益时的最小天然气价格

注：计算参数：电价：0.20€/kW·h；SHP 系统的使用期限：15 年；燃气锅炉的使用期限：10 年；能源价格变化率：5%/a；维护费：投资费用的 2%；通货膨胀率：2.5%/a。

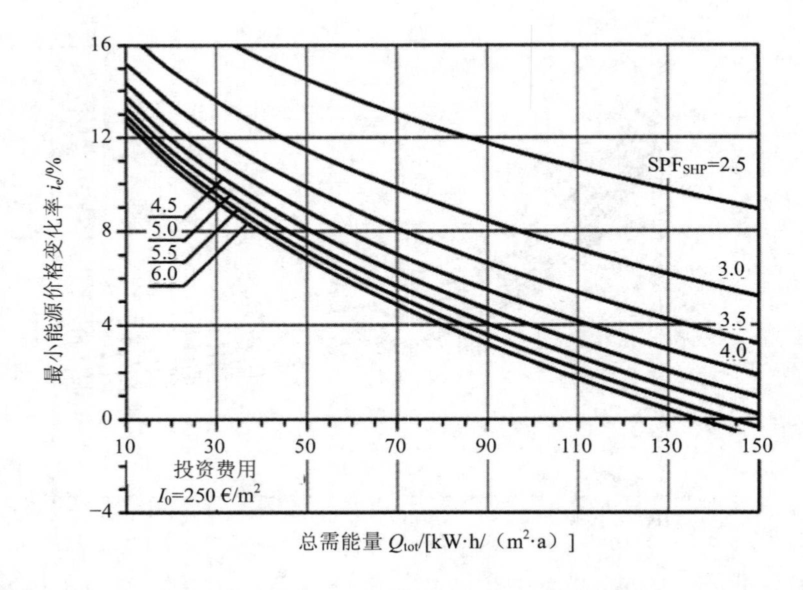

图 8.13　某 SHP 系统（初始投资费用为 150€/m^2）与燃气锅炉参照系统（VAR1）具有相同成本效益时的最小年能源价格变化率

注：计算参数：电价：0.20€/（kW·h）；天然气价格：0.10€/（kW·h）；SHP 系统的使用期限：15 年；燃气锅炉的使用期限：10 年；维护费：投资费用的 2%；通货膨胀率：2.5%/a。

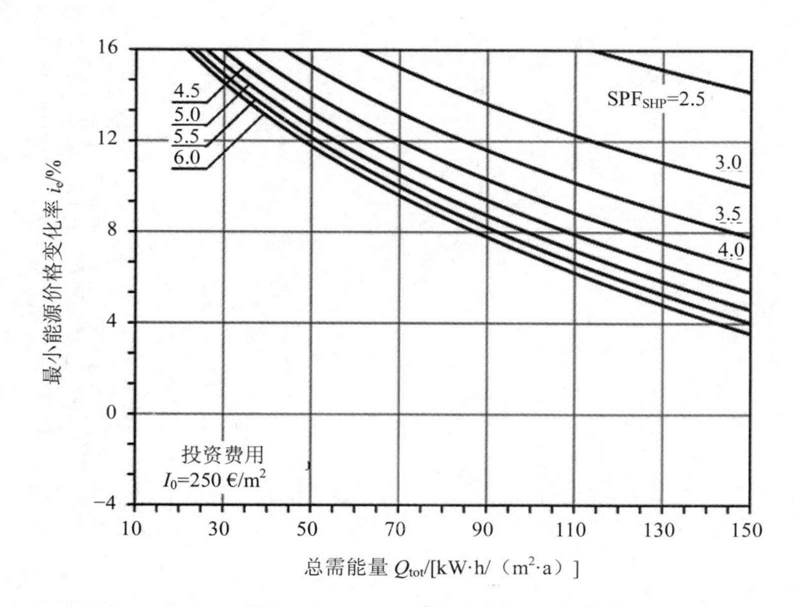

图 8.14 某 SHP 系统（初始投资费用为 250€/m²）与燃气锅炉参照系统（VAR1）具有相同成本效益时的最小年能源价格变化率

注：计算参数：电价：0.20€/（kW·h）；天然气价格：0.10€/（kW·h）；SHP 系统的使用期限：15 年；燃气锅炉的使用期限：10 年；维护费：投资费用的 2%；通货膨胀率：2.5%/a。

由于能源价格变化率/产能单价变化率 i_e 具有内在不可预测性，因此成为经济分析过程中最难假设的参量之一，目前关于 i_e 值的假定始终没有一个一致的结论。在前文的例子里，根据图 8.2 中电价和天然气价格的实际变化趋势，我们假定 i_e 值为每年 5%。然而，我们有必要弄清楚 i_e 值是如何影响 SHP 系统的成本效益的。

为了弄清楚这个问题，需要计算出最小能源价格变化率 i_e，最小能源变化率是使 SHP 系统每千瓦时的能源花费与参照系统相等的能源变化率。与前文一样，需要考虑两个参照系统 VAR1 和 VAR2 以及不同 SHP 系统的初始投资费用（图 8.13 至图 8.16）。同样地，与燃气参照系统的比较证实了 SHP 系统的强大潜力（个人理解：满足能量需求方面的强大潜力，可以满足 Q_{tot} 很大的情况），SHP 系统的潜力在某些条件下非常大以至于即便能量变化率减小，其潜力仍然很有吸引力。一个建筑的能源需求量为 70 kW·h/m²，如果以冷凝式燃气锅炉为参照系统，当其初始投资费用为 150€/m² 时，i_e 值需在 4.9%～13%才能保证该 SHP 系统较参照系统更为划算；当其初始投资费用为 250€/m² 时，i_e 值需在 10.2%～17.2%才能保证该 SHP 系统较参照系统更为划算。如果以空气源热泵为参照系统，当其初始投资费用为 150€/m² 时，i_e 值需在 6.7%～14.7%才能保证该 SHP 系统较参照系统更为划算；当其初始投资费用为 250€/m² 时，i_e 值需在 12.1%～19.1%才能保证该 SHP 系统较参照系统更为划算（图 8.15 和图 8.16）。通过以上练习，我们已经了解了未来能源价格变化趋势对 SHP 系统费用效率的巨大影响。

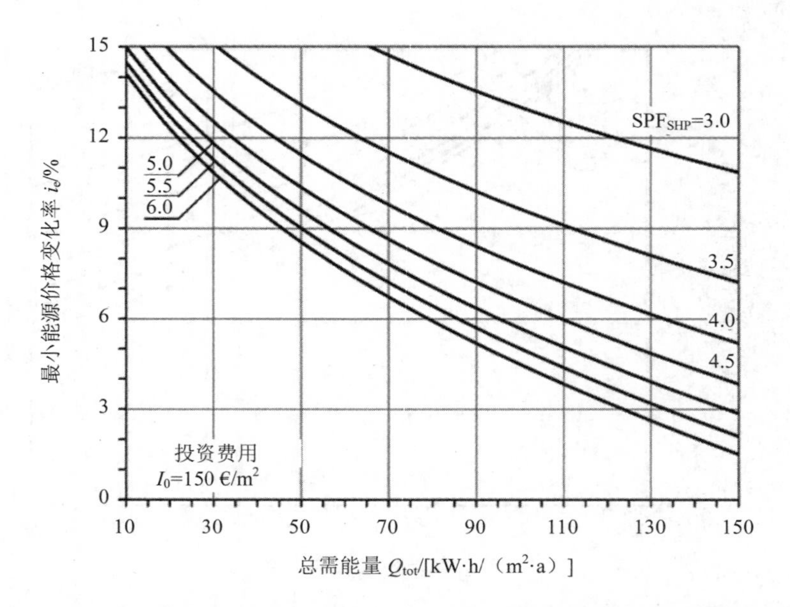

图 8.15 某 SHP 系统（初始投资费用为 150€/m²）与空气源热泵参照系统（VAR2）具有相同成本效益时的最小年能量价格变化率

注：计算参数：电价：0.20€/（kW·h）；天然气价格：0.10€/（kW·h）；SHP 系统的使用期限：15 年；燃气锅炉的使用期限：10 年；维护费：投资费用的 2%；通货膨胀率：2.5%/a。

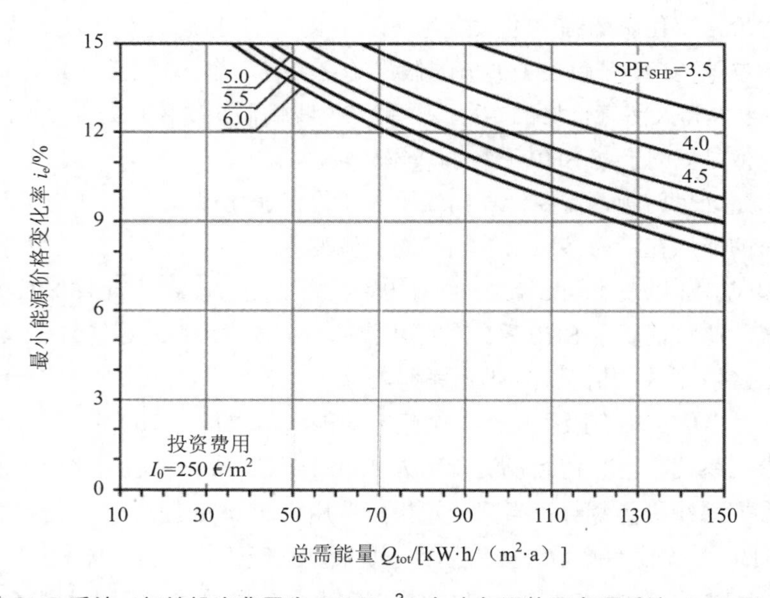

图 8.16 某 SHP 系统（初始投资费用为 250€/m²）与空气源热泵参照系统（VAR2）具有相同成本效益时的最小年能量价格变化率

注：计算参数：电价：0.20€/（kW·h）；天然气价格：0.10€/（kW·h）；SHP 系统的使用期限：15 年；燃气锅炉的使用期限：10 年；维护费：投资费用的 2%；通货膨胀率：2.5%/a。

对于拥有较大的最终能耗量的系统来说，明确其对未来能源价格变化趋势的依赖性是非常重要的。为了尽可能减小最终能耗量，设计师们应该首先减少加热能源需求量，然后安装具有低投资费用和长久使用期限的高效能源系统。这些措施的实施非常困难，一个好的系统不仅是高能效的，而且应该是用户可负担的。

参考文献

[1] Pezzutto，S.（2012） Analysis of the thermal heating and cooling market in Europe.Proceedings of the 1st International PhD-Day of the Austrian Association for EnergyEconomics，Vienna，Austria.

[2] Verein Deutscher Ingenieure（2000）VDI 2067. Part 1. Economic efficiency of buildings installations. Fundamentals and calculation.

[3] Verein Deutscher Ingenieure（1996）VDI 6025：Economy calculation systems for capital goods and plants.

[4] European Union（2012）Commission delegated regulation（EU） No. 244/2012. Supplementing Directive 3010/31/EU of the European Parliament and of Council on the energy performance of buildings by establishing a comparative methodology framework for calculating cost-optimal levels of minimum energy performancerequirements for buildings and buildings elements.

9 结论与展望

珍-克里斯多夫·哈多恩，沃尔夫拉姆·施帕贝尔（Jean-Christophe Hadorn and Wolfram Sparber）

9.1 引言

为了减少全球能量供应链中 CO_2 排放量，除电力领域和交通运输领域外，供暖领域是一个关键角色。在这本书中，我们对 SHP 系统进行了分析，SHP 系统用于为独栋或小型多户住宅提供供暖和生活热水，该系统开发了两种不同的可再生能源，并且使用电力作为支持。

在国际能源协会太阳能加热和冷却（SHC）规划以及热泵规划（HPP）的指导下，开始了一个为期四年的国际协作研究项目。T44A38 的研究范围是分析太阳能集热器[包括光伏光热（PVT）混合集热器的电力生产]与压缩热泵的结合，从而可以全年满足空间加热和生活热水需求。研究目的是得到太阳能集热器与压缩热泵结合的各种情况，并且能够更好地理解诸如 SHP 这种混合系统的基本原理及基本要求，从而对其进行提升改造。

9.2 组件、系统、性能指标和实验室试验

SHP 系统中的各个组件是众所周知的，它们中的大部分一般都在市场上存在几年了。然而，将它们应用于 SHP 系统时，SHP 系统的特殊工作环境要求对各个组件的性能有清楚的了解，但在系统设计时往往没有考虑组件的性能甚至没有采用标准试验方法进行测试。太阳能集热器应用于连续 SHP 系统就是一个例子。应用于 SHP 系统的太阳能集热器的工作温度会低于气温，并且每年需要工作很多小时，这显然不是一个太阳能集热器的常规运行状态。因此，需要对一些特殊组件进行改造或进一步开发，以便它们能在 SHP 系统实现高效集成。

为了对市场上现存的能源系统有一个深入的了解，T44A38 项目进行了广泛的数据收集。2010—2013 年，来自 11 个国家的 80 个制造商提供了各自系统的信息。确定了各式各样的市场上现有的不同的组件、液压技术、控制策略。因为近几年系统和液压装置公司很受市场欢迎，所以至今这类公司的整合进程都很缓慢。

为了在比较不同系统时对能量流动有一个清楚的认识，T44A38 项目介绍了一种叫作“能量流图”的高效方法来表示任意组合的 SHP 系统，能量流图在不丢失有关信息的情况

下简化了对系统的理解。图 9.1 便是一个能量流图。在第 2 章，我们对能量流及其中单个元素的含义进行了详细描述。像 Excel 工具的下载一样，我们可以从 T44A38 网站获得能量流图。

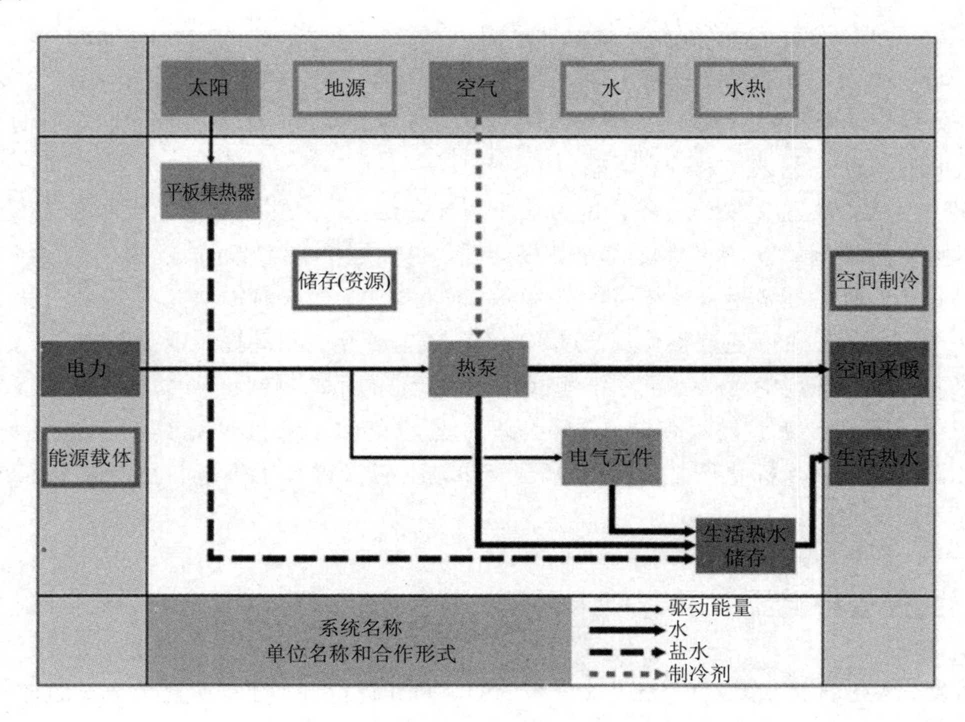

图 9.1　T44A38 系统描述工具案例

除此之外，T444A38 项目还得到了基于太阳能集热器、热泵和额外热源间关联性的系统分支。将现有的 SHP 系统分类为并联（P）系统、串联（S）系统、再生（R）系统和组合（C）系统。

由于市场上有许多不同的能源系统，识别最重要的能源性能指标并对其进行计算是非常关键的。高质量的单个组分的组合并不一定会产生性能良好的系统。不同系统的热泵本身的耗电量以及辅助组件（泵、控制器、显示器、风扇、进气门马达等）的耗电量都有很大差异。

基于 T44A38 项目的前期经验，选择季节性能参数（SPF）作为主要的能源性能指标。定义不同系统的划分标准以便能够计算重要的性能指标以及 SPFs 的值。系统能量流图可以应用于任何一个系统，并不仅仅是 SHP 系统。可以应用系统能量流图进行不同 SHP 系统间的比较以及 SHP 系统与其他供热系统的比较。为了使系统间的比较公正透明，工程师和制造商在指定 SPF 值时应该采用统一的系统划分标准。

专用实验室内的测试周期是测定 SHP 系统性能指标的一个方法。当开发了新的或改进的 SHP 系统，实验室测试被作为一项基础的、主要的工作。实际上，SHP 系统是相当复杂的，系统内主要组件间存在动力相互作用。在不到一个月的时间内，通过实验室测试可以获得关于系统性能、故障、默认行为的重要信息。实验室测试最终可以得到被测试系统的最优潜能。

从经济学角度看，实验室测试是很划算的。因为实验室测试可以进行快速的误差检测，并且可以降低表现差的系统进入市场的风险。如果性能表现差的产品进入市场，消费者会失望，并最终影响品牌形象和公司信誉。在T44A38项目期间，那些性能表现一般的系统，都要先进行实验室测试，之后才可能向市场推广。

SHP系统的实验室测试有不同的方法。两种主要方法分别是“单一组件测试+系统模拟”和“全系统测试”，二者都是基于数字处理，目标是在一段较长时间内评估系统性能。当评估单个组件性能及整个系统中各组件的集成性能时，第一种方法尤其高效。第二种方法——全系统测试——通过整个测试过程中系统交互作用、自动控制器操作的测试，实现对复杂系统整体表现的评估。全系统测试接近于真实的系统测试。

目前关于SHP系统还没有一个国际公认的质量标签。根据T44A38项目的研究，发展一个国际公认的质量标签是非常重要的，它可以激励优质系统的发展并且使优质系统被消费者认可。

9.3 监控模拟结果以及非技术因素

在T44A38项目中，对已安装SHP系统的测量和评价进行了研究。首先对监控方法、测量点位置和测量装备特性进行了统一规定。T44A38项目的研究人员提供了来自7个国家50个不同系统超过1年或2年时间的监控数据。监测结果展现了市场上现有加热系统的多样性，同时也表明其中一些系统还只是雏形，并不够完善。监测结果表明被监测系统的SPFs取值为1.5～6。由于SHP系统相比仅以燃气作为能源的热泵系统在安装上更为复杂，投资费用也更高，所以我们一般认为SHP系统的SPF值更高一些。作为参考，SPF＞3可以在空气源热力系统监控中用于选择SHP系统。在第6章中有监控活动的详细描述，并报道了监控结果。几个被监控系统的SPFs值也在第6章中有报道。

我们分析了T44A38项目中系统SPF值多样性的原因，发现该结果是由多种原因造成的。混合系统调试的复杂性是一个重要原因。控制策略同样也很重要。高度预制装备系统可以通过减少现场调试的复杂性来提高达到恒定最大SPF值的可能性（例如，通过发展“即插即用”系统）。如第7章所讲的，水力联系也是SPF值多样性的一个原因，尤其关于蓄热器输入/输出的位置。

关于系统的不同分类，尽管并联系统是最常见、操作最简单的系统，但其实4个类别（并联系统、串联系统、再生系统、合成系统）中均有性能良好的系统，并且所有部件的良好集成也是可能的。最佳实践在本书中有介绍。

在为期4年的T44A38项目中，进行了大量的模拟工作。为了能够比较不同的模拟结果，对在不同气候、不同建筑负荷条件下模拟 SHP 系统的框架/步骤进行了详细阐述。这个框架非常详细，可以应用于未来系统模拟结果的比较。为方便未来的基准测试工作，所有技术的附加任务报告都可以在网上找到。T44A38 项目的参与者用常见工具模拟了超过 20 个不同系统，这些系统可以在不同环境下进行比较。

第 7 章介绍了应用于一栋标准化建筑（SFH45）的不同 SHP 系统的模拟结果，这栋标准化建筑（SFH45）的相关参数如下：空间加热需能量为 45 kW·h/m^2，居住面积为 150 m^2，生活热水需能量为 6 476 kW·h，坐落在中欧（斯特拉斯堡）。第 7 章有关于模拟过程和模拟结果的详细描述。结果发现，即便是未安装太阳能集热器的参照系统，可能的 SPFs 值也存在一个变化范围。这是由热泵额定能效比（COP）、机器涂料、热泵的应用温度范围、假设条件甚至储能方式的不同造成的。

研究发现，对于空气源+并联太阳能系统，其大部分 SPFs 值为 3.0～4.2。对于土壤源/地下源+并联太阳能系统，SPFs 的模拟值一般为 3.5～6.2。另外，对于未安装太阳能集热器的参照系统，如果是空气源热泵，则其 SPF 值为 2.4～3.0，如果是土壤源/地下源热泵，则其 SPF 值为 3.4～3.9。模拟结果与检测结果呈线性关系。

模拟结果可以帮助我们更深入地理解单个组件的相互作用，同时对关键组合有更好的理解。比如，模拟实验表明了在组合系统中蓄热性能的重要性，也表明水槽中通过保存蓄热器分层从而避免热降低泵性能的必要性。如第 2 章所讲，蓄热对性能良好的 SHP 系统来说是很重要的。

模拟结果还表明，在减少一次能耗和温室气体（GHG）排放方面，SHP 系统中太阳能集热器有很大的贡献。

最后，本书根据模拟结果制定了 SHP 系统的设计建议。

继单一的系统性能之后，我们针对系统经济方面和其他非技术方面进行了计算。在第 8 章中，我们使用了诺模图，诺模图可以评价单个系统的经济效益并选出我们需要的、与参照系统总花费相同的 SPF 值。此外，利用诺模图可以进行 SHP 系统与其他加热系统的比较。

SHP 系统较参照系统投资费用更高（选择仅以空气为热源的热泵和燃气锅炉为参照系统）。免费的可再生能源占比越高，则产能花费越小。通过经济分析发现，SHP 系统——尤其是应用于高能耗建筑的 SHP 系统有可能较参照系统更有经济优势。未来影响 SHP 系统经济性的主要因素包括电价、燃气价格以及使用不可再生能源导致的最终罚款。

最终消费者不光会考虑不同系统间的经济性比较，还会考虑其他非经济方面。系统的设计者同样应该考虑到这些问题。其中一个方面就是串联 SHP 系统中的无釉太阳能集热器。在串联 SHP 系统中，太阳能集热器具有双重作用：空气换热器的巨大表面积和太阳能集热器。这是因为太阳能集热器的这种双重作用，空气源热泵才不需要露天设备。因此，建筑外不需安装运动部件，也就避免了噪声以及未来可能带来的干扰。

9.4 展望

可以推断，SHP 系统将是许多国家未来能源系统的组成部分，主要用于空间加热和制冷以及生活热水（DHW）提供。如果 SHP 系统可以和 PV（串联或通过 PVT 集热器）结合，则可以实现每年的能量平衡。

T44A38 项目已经提出了研究方法（模拟、监控、实验室测试、定义性能指标）用于进一步支持 SHP 技术融合。

我们可以发现整合较好的系统其 SPFs 值也较高。太阳能是热泵的有效能量来源，而且太阳能可以带来巨大的经济效益。

下文我们将对特别重要的一些方面进行重点介绍。

9.4.1 蓄能技术/器

在 T44A38 项目的研究中发现，蓄热器的良好整合和操作是一个关键问题，其对 SHP 系统的性能有很大的影响。在研发、模拟、测试和监控过程中都要特别注意这一点。

在未来，当 SHP 系统整合在电网中，各种可再生能源占据的份额不断增加则蓄能器的重要性将进一步提高。实际上，SHP 系统可以存储太阳能，从而减小一年中特定时期的峰电需求。此外，SHP 系统还可以在电力产能过剩时存储热泵产生的热能，从而有利于电网的负荷管理。应该出台政策来促进可再生能源每小时和每天的局部存储。

9.4.2 系统预制

T44A38 项目中有些系统性能很好，感觉就像是量身定制的、首次应用的系统。通常系统表现的性能都低于预期。SHP 系统是由相关组件组合的复杂系统。

为了保障一个系统性能可靠、减少安装时间和安装费用、减少安装错误率，应该减少系统之间的外部连接，开发一些类似“即插即用”的方法。这种预制式系统将成为未来几年内的标准应用。

9.4.3 系统质量测试

系统的质量和可靠性应该有独立的或官方的证明。新兴的混合技术经常缺乏对于系统质量和组分相互作用的相关知识，这非常不利于赢得消费者信任。所以成熟完善的系统需要在专业实验室对其整个系统方法进行长期测试，这是非常关键的。

国际社会普遍接受的质量标签目前并不存在，不过这是未来加热领域市场内 SHP 系统未来发展的一个重要方面。本书中对定义质量标签的性能测试方法进行了一些介绍。

9.4.4 未来组件发展

未来 SHP 系统的组件设计应该在工厂待办事项清单中，该产业需要处理的主题包括以下几个：

— 太阳能集热板，用于 SHP 系统中的具体使用。

— 蒸发器一侧允许更高可能温度的热泵。

— 蒸发器一侧进气温度为-10～30℃时的优化热泵。

— 即便在各种分载条件下，各种状态（质量流速率和能量、压缩机速度）下热泵都有较好的压缩热泵效率。

— 对太阳能集热器和热泵之间共享热储量的策略有更好的理解。

— 在几种电网状况下评估局部制热或局部储热量或储冷量。

T44A38 项目研究对太阳能集热器和热泵技术的组合使用有了更清楚的理解，同时也表明了在何种状况下两种技术的组合更为高效。

本书编者希望通过对以上信息和结论的详细阐述，对国际加热市场上太阳能热泵系统的应用有所贡献，并为未来的技术发展做出贡献。

专业术语

缩写

AT　雅典
bSt　蓄热器前（before storage）
BU　备份装置
CCT　简单循环测试法
CFD　计算流体力学
COM　制冷模式
CTSS　组件测试与系统仿真
CU　控制器
DHW　生活热水
EHPA　欧洲热泵协会
EN　欧洲标准
ETC　真空管集热器
FPC　太阳能集热板
GHX　地埋管换热器
HE　赫尔辛基
HGHX　水平地埋管换热器
HOM　制热操作方式
HP　热泵
HPP　热泵规划
HR　排热/热消耗
HVAC　供暖、通风和空调
HX　换热器
IEA　国际能源署
ISO　国际标准化组织
NPV　净现值法
NRE　不可再生能源
OP　操作点
P　并联系统

PCM　相变材料
PVT　光电集热器
R　再生系统
S　串联系统
SC　太阳能集热器
SE　选择性无釉集热器
SFH　独户住房
SH　空间采暖（加热）
SHC　太阳能加热和制冷（规划）
SHP　太阳能热泵系统
SHP+　太阳能热泵系统加能量分配系统
ST　斯特拉斯堡
T44A38　国际能源署 SHC 任务 44/附加任务 38
TV　恒温阀
UC　无覆盖/无釉
UCTE　电力传播协调协会
VDI　德国工程师协会
VGHX　垂直地埋管换热器

符号

a_1、a_2 固定的上釉的集热器模型的阻力系数[W/（m^2·K）、W/（m^2·K）]
A 面积（m^2）
b_1、b_2、b_u 固定的无釉集热器模型的阻力系数[W/（m^2·K）、J/（m^3·K）、s/m]
$c_{1\text{-}6}$ 拟动力学集热器模型的参数系数
c_{eff} 区域有效热容[J/（m^2·K）]
c_m 相关维护成本（%/a）
c_p 比热容[J/（kg·K）]
C_{fe} 空间加热所需的最终能量费用（€/m^2）
C_m 空间加热所需的维护费用（€/m^2）
C_r 空间加热所需的更换费用（€/m^2）
CED 累积能量需求量[kW·h/（kW·h）]
COP 性能系数
e 总的系统产能单价[€/（kW·h）]
$\dot{E}$ 能量通量（W）
EER 能效比

EWI_{sys} 系统有效温室效应[kg CO_2 equiv./（kW·h）]
f_{sav} 节能率（%）
f_{sol} 太阳能保证率（%）
FE 最终能耗（kW·h）
g 重力（m/s^2）
G 太阳辐射照度（W/m^2）
GWP_{ec} 一种能量载体的全球变暖潜势/等效变暖影响[kg CO_2 equiv./（kW·h）]
h 比焓（J/kg）
H 热焓（J）
HSPE 加热季节性能因素
I 利益/利息（%/a）
I 空间加热投资（€/m^2）
$k_{\theta,b}$ 太阳辐射 IAM
$k_{\theta,d}$ 太阳散射辐射 IAM
m 质量（kg）
$\dot{m}$ 质量流率（kg/s）
N 经济分析时间期限（a）
NTU 传热装备数
p 压力（Pa）
p_{el} 单位面积电能（W/m^2）
P 周长（m）
P_{el} 电能（W）
PE 一次能源（kW·h）
PEEF 一次能源图/初始能源图
PER 一次能源利用率
$\dot{q}$ 单位面积热流速（W/m^2）
Q 热量（kW·h）
$\dot{Q}$ 热流速（W）
R 热阻（m^2·K/W）
RV 系统空间加热的剩余价值（€/m^2）
$\dot{S}$ 熵产率[J/（K·s）]
SCOP 季节性制热性能系数
SEER 季节性制冷能效比
SPF 季节性能系数
SSE 相对误差的平方和（%）

T温度（K）

$\triangle T$温差（K）

u最终能源计费[€/（kW·h）]

U整体传热系数[W/（m^2·K）]

UA 整体传热系数与面积的乘积（W/K）

W功（J）

希腊字母

α角度（°）

α_c对流传热系数[W/（m^2·K）]

δ热穿透深度（m）

ρ密度（kg/m^3）

λ 热导率[W/（m·K）]

η效率（%）

η_0零损失集热器效率（%）

θ温度（℃）

Θ太阳光辐射集热器的入射角（°）

σ玻尔兹曼常数[W/（m^2·K^4）]

τ时间（s）

ω集热器利用率

下标

0

adj 相邻的

amb 环境空气

avg 平均

b 光束

brine 防冻水混合物

circ 流通

coll 集热器

comp 压缩

cond 冷凝

C 制冷、低温

d 传播

day 日间

desup 降温器
dir 直接费用
eff 有效的
el 电的
fe 最终能量
Fl 流向线
g 全球的
gen 产生
grd 地面上的
H 加热、高温
in 输入
ind 间接用热
infl 通货膨胀
IAM 入射角修正系数
lat 潜在的
lim 限制的
loc 位置
L 长波辐射
k 传导的
min 最小的
night 夜间
pe 一次能源/初始能量
prim 初始的
PV 光电的
rad 辐射的，辐射光
ref 参照
ren 可再生的
Rd 暖气片/楼层加热系统
Rt 回流管
sens 明智的
set 设定值（或调整点或凝结点）
sky 顶点值
std 标准的
S 短波辐射
tot 总的

ue 有效能
use 可用的
vent 通风设备
vol 体积的

索引表

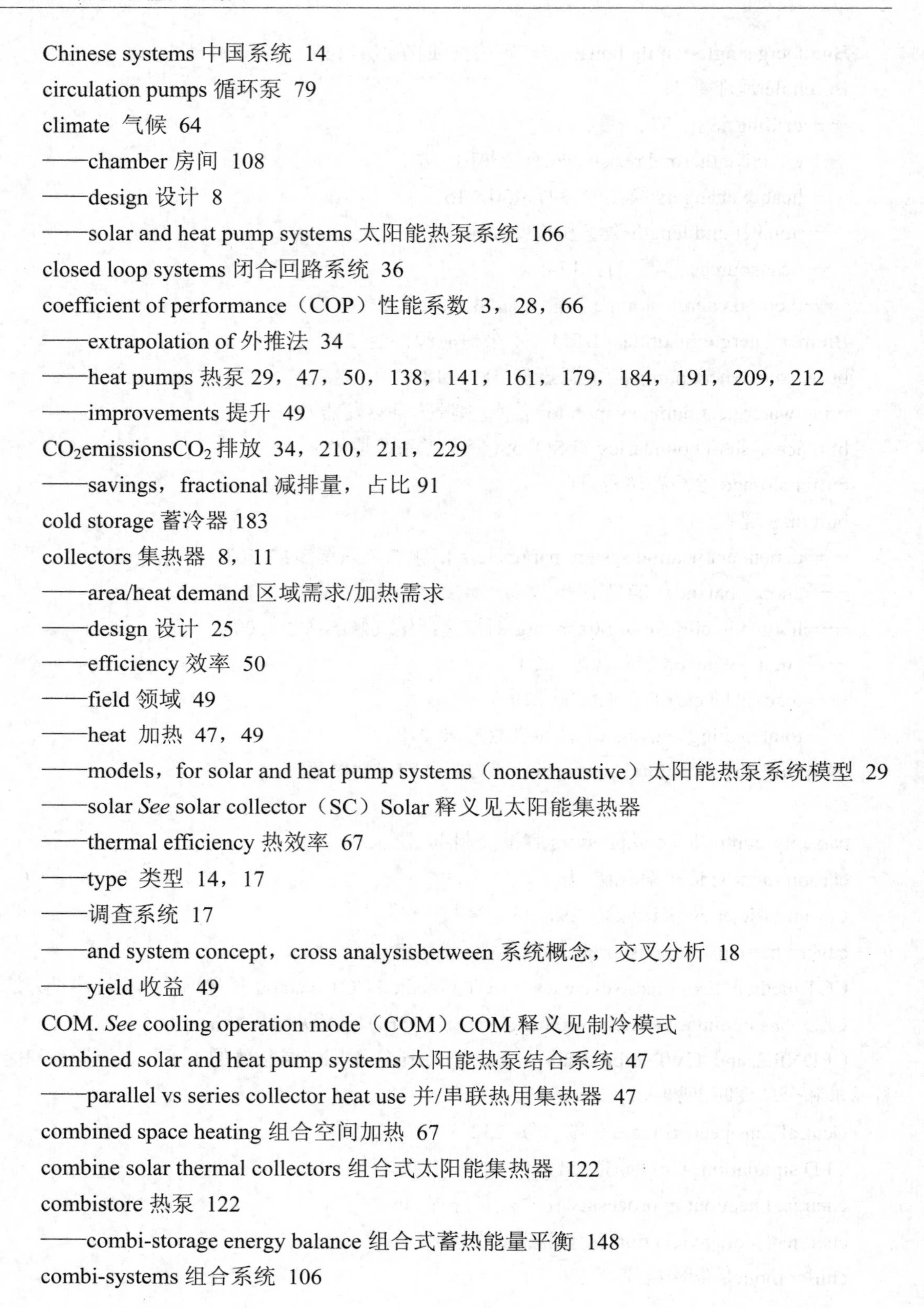

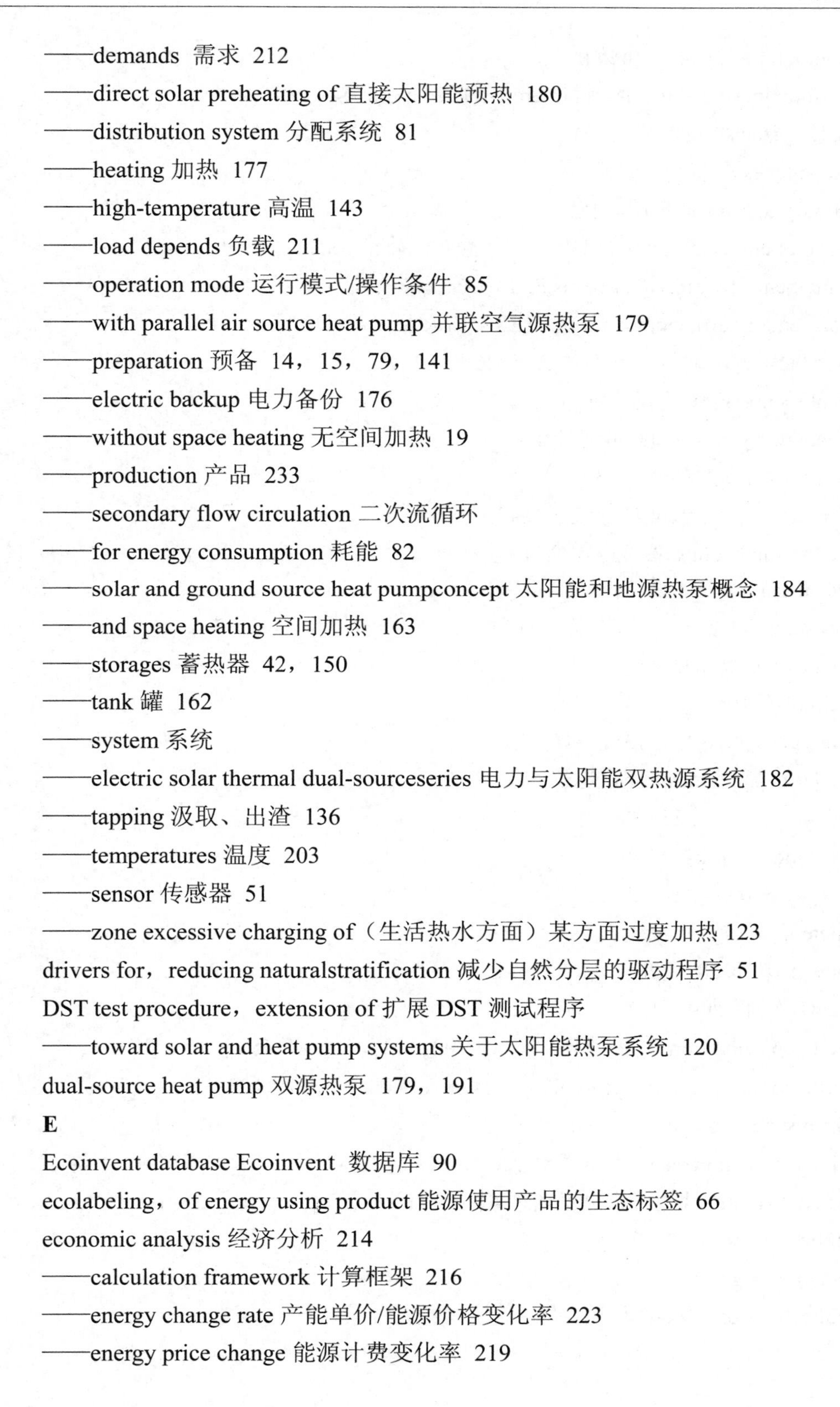

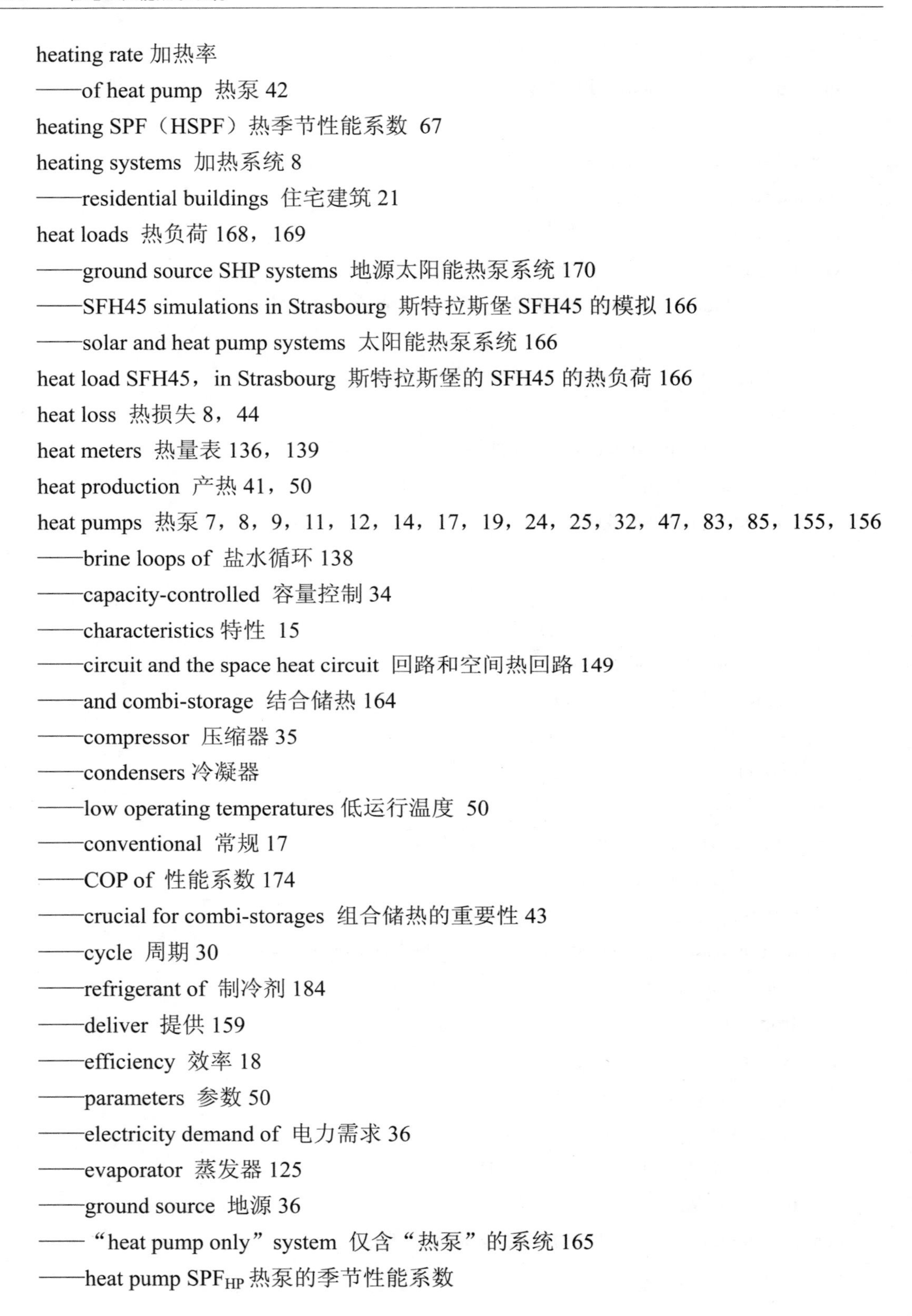

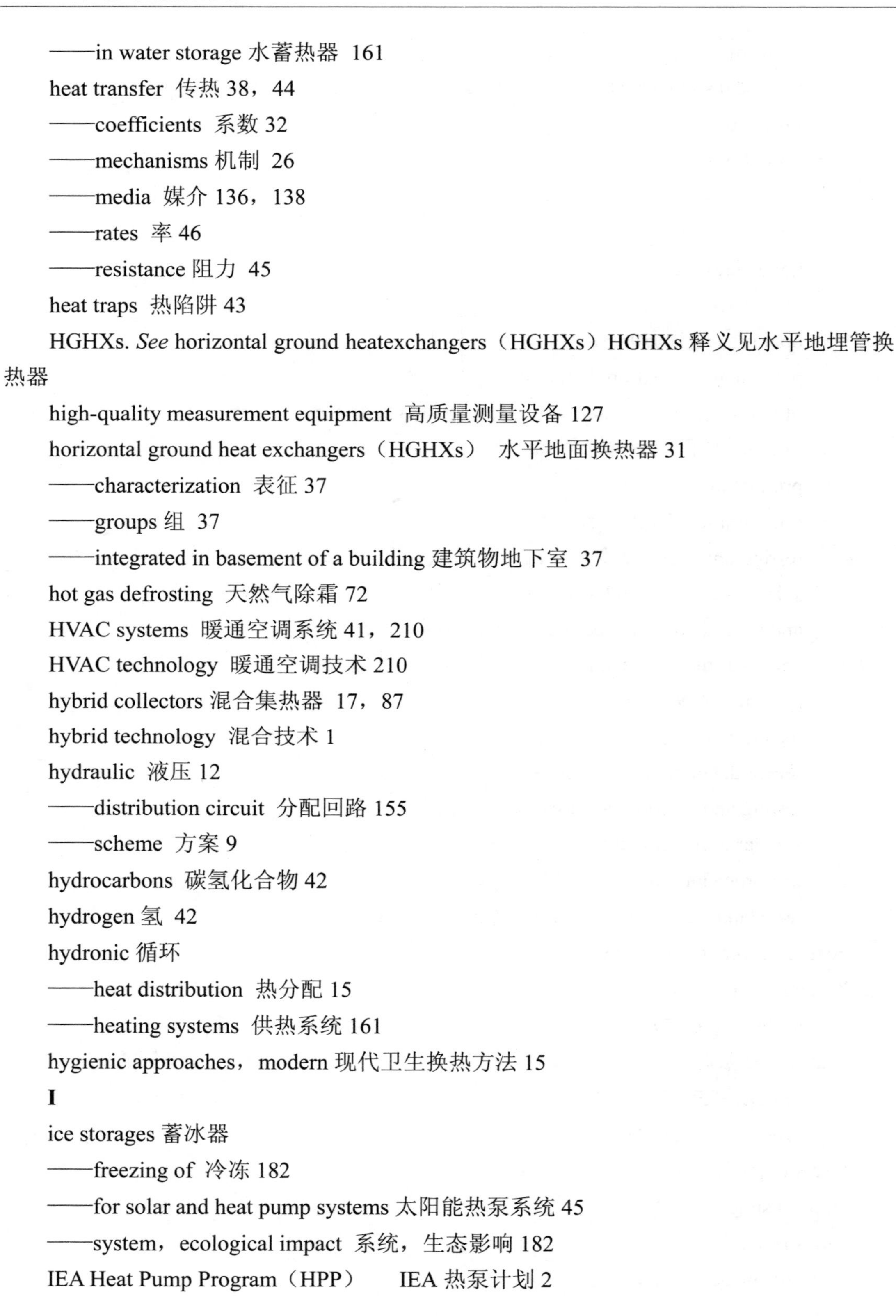

O

P

U

V

W